中国海洋发展研究文集
（2020）

王　飞　主　　编
高　艳　执行主编

海洋出版社

2021 年 · 北京

图书在版编目（CIP）数据

中国海洋发展研究文集．2020/王飞主编．—北京：海洋出版社，2020.12

ISBN 978-7-5210-0710-7

Ⅰ.①中…　Ⅱ.①王…　Ⅲ.①海洋战略-中国-文集　Ⅳ.①P74-53

中国版本图书馆 CIP 数据核字（2021）第 002249 号

策划编辑：白　燕
责任编辑：赵　娟
责任印制：赵麟苏

海洋出版社　出版发行

http://www.oceanpress.com.cn
北京市海淀区大慧寺路 8 号　邮编：100081
北京朝阳印刷厂有限责任公司印刷　　新华书店北京发行所经销
2020 年 12 月第 1 版　2021 年 3 月第 1 次印刷
开本：787 mm×1092 mm　1/16　印张：17.25
字数：410 千字　定价：110.00 元
发行部：62132549　邮购部：68038093　总编室：62114335

海洋版图书印、装错误可随时退换

前 言

“知之愈明，则行之愈笃。”近年来，党和国家坚定不移地走中国特色海洋强国建设之路，奋力谱写着海洋事业发展的新篇章，不断推进海洋强国建设取得新的成就。海洋经济实现稳中向好发展，结构调整持续深化，现代化海洋经济体系加快构建；科技兴海战略深入实施，深海装备体系不断成熟，海水淡化、波浪能和潮流能发电、海洋卫星等领域技术跻身于国际领先或先进行列，创新引擎作用日益凸显；海洋生态文明建设成效显著，海洋生态环境呈现出局部明显改善、整体趋稳向好的积极态势；统筹维稳和维权两个大局，妥善应对和化解周边各种海上风险和复杂局面，为我国经济社会发展赢得和平稳定的外部环境；积极推动构建海洋命运共同体，深度参与全球海洋治理，通过共建“21世纪海上丝绸之路”、发展蓝色伙伴关系，积极推进多领域、全方位的海洋国际合作。当今世界正处于大发展、大变革、大调整时期，建设新型现代化海洋强国的征程上必然机遇与挑战并存，未来我们仍要坚决践行习近平总书记海洋强国战略思想，凝心聚力，砥砺前行，共同谱写新时代谋海济国的华彩篇章！

中国海洋发展研究会和中国海洋发展研究中心自成立以来，始终坚持以“打造中国海洋发展智库”为目标，以“为国家海洋重大问题决策提供咨询服务、为涉海政府部门（企事业单位和院校）提供工作服务、为海洋科学技术人员提供平台服务和为海洋科技队伍建设提供条件服务”为宗旨，全面筹划研究课题、搭建研究平台和组织研究工作，充分发挥海洋智库的优势和职能，对我国海洋领域重大问题开展了卓有成效的研究，取得了一批重要的研究成果，为我国海洋事业发展提供了有力的智力支撑。

为使研究成果发挥更大作用，中国海洋发展研究会和中国海洋发展研究中心从近年来资助项目的研究成果中择优选取部分论文，以及学术交流活动中取得的重要成果、研究员特约文章等，一并汇编成《中国海洋发展研究文集（2020）》，希望能为从事海洋研究的同仁提供帮助，同时献给关注海洋、关心海洋和热爱海洋的每一位读者。编撰工作难免有疏漏和不当之处，敬请广大读者提出宝贵意见和建议。

中国海洋发展研究会理事长　王飞

2020年6月

目　录

第一篇　海洋命运共同体

第二篇　海洋法律

第三篇　海洋生态环境

第四篇　海洋经济

第一篇　海洋命运共同体

海洋命运共同体构建需知行合一

翟崑① 由凯宇 范佳睿

摘要： 2019年4月23日，中国国家主席习近平在青岛出席中国人民解放军海军成立70周年的讲话中首次提出构建海洋命运共同体的理念。习主席指出，海洋孕育了生命、联通了世界、促进了发展。我们人类居住的这个蓝色星球，不是被海洋分割成了各个孤岛，而是被海洋连接成了命运共同体，各国人民安危与共。这一理念对内可以视为党的十八大以来中国提出人类命运共同体建设和海洋强国战略的重大发展，对外则可视为中国参与全球海洋治理的中国方案的重大发展。由于海洋命运共同体提出时间尚短又具有很强的专业性，学术界和政策界对推进海洋命运共同体建设的认知和行动的探讨与筹划刚刚开始，尚未形成体系。因此本文尝试说明，海洋命运共同体的构建是个知行合一的体系，是政策概念体系和战略实践体系的并举合一，这二者在本质上具有一体性，在行动上应相互促进，在目标上追求高标准，在实际推进过程中要防止知行"两张皮"。

关键词： 海洋命运共同体；知行合一；政策概念体系；战略实践体系

2019年4月23日，中国国家主席习近平在青岛出席中国人民解放军海军成立70周年的讲话中首次提出构建海洋命运共同体的理念。海洋命运共同体理念，是人类命运共同体理念在海洋领域的具体实践。海洋命运共同体是实现海洋和平与繁荣的中国方案。海洋命运共同体的理念和实践体系的构建亦需要实现理念与实践的统一。

一、海洋命运共同体的知行体系

"知行合一"的"知"是对道德的认知；"行"是对道德的践行。后世也将这对辩证统一关系延展至道德以外的其他知识领域②。知行合一作为君子道德修养的核心目标之一，

① 翟崑，男，中国海洋发展研究会理事，中国海洋发展研究中心研究员，北京大学国际关系学院教授、博士生导师，法学博士。主要研究方向：东南亚问题、亚太问题、"一带一路"研究、世界政治和国际战略问题等。北京大学国际关系学院博士后由凯宇、2018级博士生范佳睿为课题组成员，他们是本文的共同作者。

② 郑宗义：《再论王阳明的知行合一》，《学术月刊》，2018年第8期，第5-19页；郁振华：《论道德-形上学的能力之知——基于赖尔与王阳明的探讨》，《中国社会科学》，2014年第12期，第22-41页。

强调认知与实践相互助益。主要有三层意思：第一层意思是知与行在本质上的一体性，相辅相成。“未知有而不行者：知而不行，只是未知”，[①] 脱离实践的认识不算真知。“知是行的主意，行是知的功夫；知是行之始，行是知之成。”[②] 强调知与行的一体两面，不可割裂偏废。第二层意思是“知行合一并进”，[③] 双向互动。从知到行与从行到知不能单向发展，而应双向并举，彼此助益。知行并举，是说同时性，知时已行，行时已知，互为始末。“知之真切笃实处，即是行；行之明觉精察处，即是知，知行功夫本不可离。”[④] 第三层意思是知行目标的高标准，堪当典范。“君子动而世为天下道，行而世为天下法，言而世为天下则。”[⑤] “性之德也，合外内之道也，故时措之宜也”，[⑥] 强调将主观能动性、客观局限性有机地协调在一起，促进时间与空间的默契配合，从而促使君子的思想理论和行动方法成为天下的真理、典范和准则。

君子修己达人如此，国家战略的践行亦如此。习近平总书记多次在讲话中强调知行合一的重要性，身体力行，由己及人。2019 年 3 月 1 日，习近平总书记在中央党校（国家行政学院）中青年干部培训班开班式上发表重要讲话，强调“在常学常新中加强理论修养，在知行合一中主动担当作为”。[⑦] “知”是基础，是前提，“行”是重点，是关键，必须以知促行，以行促知，才能真正做到知行合一。在国家战略实践上，习近平主席提出的最高理念是推进人类命运共同体的构建，并不断完善该目标的概念和实践，使之成为一个知行合一、知行互促的高标准人类发展事业的体系。就在“在知行合一中主动担当作为”提出的一个多月之后，2019 年 4 月 23 日，习近平主席在青岛出席中国人民解放军海军成立 70 周年的讲话中，首次提出构建海洋命运共同体的理念。习主席指出，海洋孕育了生命、联通了世界、促进了发展。我们人类居住的这个蓝色星球，不是被海洋分割成了各个孤岛，而是被海洋连结成了命运共同体，各国人民安危与共。[⑧]

海洋命运共同体作为人类命运共同体的有机组成部分，其知行合一体系的构建，也应符合以上知行合一的三个内涵：一是知行一体，海洋命运共同体的政策概念与战略实践在本质上具有一体性，一体两面，相辅相成；二是知行互促，海洋命运共同体政策概念与战略实践需要知行合一、知行并举，既不能脱离海洋建设的实际情况而空谈海洋命运共同体的政策概念，也不能只谈海洋命运共同体的政策概念而没有实际的海洋建设行为支撑；三是高标准，海洋命运共同体作为习近平主席提出的全球海洋治理的中国方案，在政策理念设计和战略实践上都要高标准、严要求，在构建过程中提高自己，助益世界，争取成为构建人类命运共同体在海洋领域具有典范意义的样本。

---

① ［明］王守仁著，王先华译注：《传习录全集》，天津人民出版社 2014 年版，第 21 页。

② 同①，第 22 页。

③ 同①，第 156 页。

④ 同①，第 158 页。

⑤ 王治国编著：《中庸译评》，北京师范大学出版社 2012 年版，第 119 页。

⑥ 同①，第 103 页。

⑦ 《在常学常新中加强理论修养，在知行合一中主动担当作为》，人民网，2019 年 3 月 2 日，http://dangjian.people.com.cn/n1/2019/0304/c117092-30955461.html，访问时间：2019 年 12 月 23 日。

⑧ 《习主席海洋命运共同体理念引共鸣》，新华社，2019 年 6 月 8 日，http://www.xinhuanet.com/2019-06/08/c_1124597883.htm，访问时间：2019 年 12 月 23 日。

二、构建海洋命运共同体的政策概念体系

海洋命运共同体是一个典型的来自中国，但又延伸到中国以外的政策概念。目前，海洋命运共同体政策概念体系的构建刚刚开始，是人类命运共同体理论体系中相对薄弱的部分，需要根据人类命运共同体理念的总体属性、中国海洋事业发展的自身逻辑、全球海洋治理的基本原则等综合构建。

从时代意义上看，海洋命运共同体是人类命运共同体提出后的新理念。海洋命运共同体既是对人类命运共同体理念的丰富和发展，又是人类命运共同体理念在海洋领域的具体实践。① 因此，构建完整的海洋命运共同体政策概念体系，首先，需要将其纳入习近平新时代的战略概念体系中，并加以丰富、完善、创新，而不是另起炉灶、另行一套。其次，海洋命运共同体既是利益共同体、责任共同体，也是命运共同体，人类需要共同面对和处理在海洋领域面临的信任赤字、和平赤字、发展赤字和治理赤字。最后，海洋命运共同体理念体现了中国兼顾自身海洋利益与全球性海洋权益的追求。

从空间连接性上看，在全球互联互通的时代，海洋命运共同体在空间维度上有三层连接含义：一是地球是被海洋连接的命运共同体，全球海洋一体，构建海洋命运共同体需要重视内外统筹；二是海洋命运共同体的建设需要陆上空间的支持，要继续秉承海洋强国战略所强调的陆海统筹，包括中国的陆海统筹，以及亚太海洋体系与欧亚大陆体系的陆海统筹；三是全球互联互通意义上的海洋连接，这里的全球互联互通是指全球物理空间的互联互通，具体是指“海—陆—空—天—网”通过万物互联而成为一个整体空间，海洋命运共同体是万物互联下的共同体建设。

从人海关系上看，海洋命运共同体既要处理好人与海的关系，也要处理好涉海多利益相关方的关系。在人海关系方面，根据人类命运共同体的内涵，海洋命运共同体至少包含了树立共同、综合、合作、可持续的海洋新安全观；维护海洋和平安宁与良好秩序的责任观；推动蓝色经济发展，共同增进海洋福祉的利益观；防治海洋环境污染，保护海洋生物多样性的海洋生态文明观等。② 在涉海多利益相关方关系方面，海洋命运共同体构建的基本原则与中国推进全球治理和“一带一路”建设的原则相同，即“共商、共建、共享”。习主席在2019年4月第二届“一带一路”国际合作高峰论坛上提出推动“一带一路”倡议，需要构建全球互联互通伙伴关系。依此类推，海洋命运共同体建设需要建设全球海洋互联互通伙伴关系。在全球海洋秩序方面，随着传统发达国家相对衰弱和新兴国家的崛起，新的海洋问题不断出现，因而海洋命运共同体的构建需要与国际海洋秩序变革相协调，引导国际海洋秩序朝着更加公正合理的方向发展。近代以来，国际海洋秩序主要由欧美国家主导，其内核是在重视国家主权的基础上，各国最大限度地争取本国的海洋权益。过去几个世纪，荷兰、葡萄牙和英国等海洋强国主要以武力拓展霸权和划定势力范围来追

① 《共同构建海洋命运共同体》，新华网，2019年4月24日，http：//www. xinhuanet. com/mrdx/2019-04/24/c_138003753. htm，访问时间：2019年12月23日。

② 曹川川：《人民海军成立70周年习近平首提构建“海洋命运共同体”》，人民网，2019年4月24日，http：//guoqing. china. com. cn/2019zgxg/2019-04/24/content_74715138. html，访问时间：2019年12月23日。

求海洋权益，那时的海洋观念是冲突对立的。随着海洋的整体性和流动性逐渐被认识，全球海洋问题凸显，各国的海洋观念合作性和包容性日益增强。实践促进认知，人类治海方式的转变促进了知海谱系的重构，而海洋命运共同体理念体现了追求和谐、包容与合作的全球海洋秩序。

三、完善海洋命运共同体的战略实践体系

海洋命运共同体战略实践体系的推进更需要顶层设计的规划和多利益相关方协调的与时并进。自 2012 年党的十八大以来，中国的治国理政和深化改革开放进入顶层设计的爆发期。党的十八大报告首次提出海洋强国战略。2013 年 7 月，中共中央政治局就建设海洋强国研究进行第八次集体学习，习近平总书记阐述了海洋强国建设的内涵、意义和实现路径，指出要进一步关心海洋、认识海洋、经略海洋，推动中国海洋强国建设不断取得新成就，以实现海洋经济向质量效益型转变、海洋开发向循环利用型转变、海洋科学技术向创新引领型转变、海洋权益向统筹兼顾型转变。① 这是海洋命运共同体战略实践的来源，也需要建立一套“行”的体系。

第一，行之有范。海洋命运共同体的构建需要放在国家总体发展目标和战略体系框架之内。2013 年以来，习近平主席相继提出“一带一路”倡议，推进全球治理，构建人类命运共同体，其中“21 世纪海上丝绸之路”建设与海洋强国战略相辅相成。2017 年 6 月国家发展和改革委员会与国家海洋局共同发布《“一带一路”海上合作构想》，进一步将“一带一路”建设与海洋强国战略相结合。② 2019 年 4 月海洋命运共同体理念的提出，为海洋强国战略指明了更具内外融通含义的目标。2019 年 10 月，党的十九届四中全会进一步提出治理体系和治理能力的现代化，为中国在 21 世纪第三个十年推进海洋命运共同体建设，提高全球海洋治理能力和治理体系的顶层设计，提供了大思路框架：一是要“坚持和完善独立自主的和平外交政策，推动构建人类命运共同体”，推动构建海洋命运共同体是题中应有之义；二是“必须统筹国内国际两个大局，高举和平、发展、合作、共赢旗帜，坚定不移地维护国家主权、安全、发展利益，坚定不移地维护世界和平、促进共同发展”，这是建立海洋命运共同体的战略总要求；三是“要健全党对外事工作领导体制机制，完善全方位外交布局，推进合作共赢的开放体系建设，积极参与全球治理体系改革和建设”，这为海洋命运共同体建设提供了涉海国际交流、对外开放、海洋治理等方面的战略指导原则。

第二，行之有矩。海洋命运共同体的建设需要统筹管理，综合施策，并加强法律保障。一是对海洋管理体制进行顶层设计。新一轮的党和国家机构改革决定不再设立中央维护海洋权益工作领导小组，而是在中央外事工作委员会办公室内设立了维护海洋权益工作办公室。此举将维护海洋权益工作纳入中央外事工作的全局统一谋划、统一部署，能集中

① 习近平：《进一步关心海洋认识海洋经略海洋推动海洋强国建设不断取得新成就》，人民网，2013 年 8 月 1 日，http：//cpc. people. com. cn/n/2013/0801/c64094-22402107. html，访问时间：2019 年 12 月 23 日。

② 《国家发展和改革委员会、国家海洋局联合发布〈“一带一路”建设海上合作设想〉》，新华社，2017 年 6 月 20 日，http：//www. xinhuanet. com/politics/2017-06/20/c_1121176743. htm，访问时间：2019 年 12 月 23 日。

外事和涉海部门的力量和资源，更有效地对海洋权益相关事项进行决策部署，更有力地维护了海洋权益。[①] 二是通过部门调整和协调实现了综合施策。国务院整合了以前 8 个部门的相关职责，组建了自然资源部，对外保留国家海洋局牌子，把全民所有自然资源统筹起来,[②] 有利于高屋建瓴、统一规划，进一步破除体制限制，使市场在资源配置中起决定性作用。[③] 2018 年 6 月，根据全国人大常委会决定，原属国家海洋局的海警队伍整体划归中国人民武装警察部队领导指挥，调整组建中国人民武装警察部队海警总队，称中国海警局，统一履行海上维权执法职责。[④] 三是加强海洋命运共同体建设的法律保障。在国内层面，可以考虑出台《海洋基本法》以在整体上界定海洋权益；出台《领海与毗连区法》《专属经济区和大陆架法》《海上交通安全法》《海洋环境保护法》等配套实施细则，补齐海洋法律体系的立法空缺。在国际层面，现有的国际法在全球海洋治理中作用有限，无法有效应对日益兴起的全球海洋安全和海洋污染等问题。因此，海洋命运共同体建设也需要中国与其他国家一起推动国际法的守正创新。

第三，行之有效。海洋命运共同体建设的行之有效，需要加强以下三方面的工作。一是海洋命运共同体的构建需要国家间海洋发展战略的对接，在顶层设计层面为海洋合作提供保障。海洋命运共同体建设可将东南亚作为重点地区，如进一步深化与印度尼西亚的“全球海洋支点”战略的对接，在安全、经贸、文化、科技等各层面为海洋命运共同体构建提供支撑。二是建立海洋命运共同体构建的评估体系。对海洋命运共同体建设的优劣短长评估，中国既要设立自己的评估指标体系，也要参照西方和第三方的评估，才能做到公正客观。三是加强学术界和舆论界的交流，增强海洋命运共同体理念和践行的国际接受度、共识度和参与度，消减来自西方的负面影响。

第四，行稳致远。海洋命运共同体的践行是在百年未有之大变局背景下、全球治理和全球海洋治理供求失衡的条件下，中国提出的全球海洋治理知行并举的方案，其行稳致远需要变通发展、兼顾矛盾、创新突破。一是变通发展，注意目标和能力的长期动态平衡。大战略能否成功在于目标和能力的平衡，量力而行。中国仍处于国力上升阶段，国内外对海洋合作的需求和投入大大增加，但中国能够提供的投入有限，可能的产出也不明确，需要审时度势，与时俱进，不断调整，变通行事。二是兼顾矛盾，海洋命运共同体也是矛盾共同体，需妥善处理多对矛盾，分清主要矛盾和次要矛盾。比如，与其他国家在海洋问题上的合作与对抗的矛盾，海洋经济发展与海洋安全和生态保护的矛盾等。三是创新突破，不断增加海洋命运共同体的内生动力。比如，中欧班列开通，遍布全国，打通亚欧海陆体系，是连贯“一带一路”建设东西向的陆海大动脉。中欧班列活跃了中国中西部的互联互

---

① 张兴华：《中共中央印发〈深化党和国家机构改革方案〉》，新华社，2018 年 3 月 21 日，www. gov. cn/zhengce/2018-03/21/content_5276191. htm#1，访问时间：2018 年 12 月 24 日。

② 徐敬俊：《海域空间自然资源的立体分布特征与其资产化管理路径探索》，《太平洋学报》2019 年第 4 期，第 91-104 页。

③ 刘鹏：《专家：组建自然资源部对自然资源可持续发展利用大有裨益》，中国经济网，2018 年 3 月 29 日，http：//www. ce. cn/cysc/newmain/yc/jsxw/201803/29/t20180329_28646934. shtml，访问时间：2018 年 12 月 24 日。

④ 《（受权发布）全国人民代表大会常务委员会关于中国海警局行使海上维权执法职权的决定》，新华网，2018 年 6 月 22 日，http：//www. xinhuanet. com/politics/2018-06/22/c_1123023766. htm，访问时间：2019 年 12 月 24 日。

通，铁海联运。2019 年 8 月，国家发展与改革委员会出台了《西部陆海新通道总体规划》，以基础设施建设和复合立体交通将西部 13 个省区联通起来，形成从内蒙古到广西的向海大通道，给西部的陆锁省创造“下海”条件，连贯“一带一路”建设南北向的陆海大动脉。两条大动脉交叉互益，在充分发挥临海省市地缘优势的同时，积极调动陆锁省（市）的出海意识，统筹国内各省区发展，这将成为中国建设海洋命运共同体的内生驱动力，形成“全国—全球”陆海统筹新模式。

四、在长期实践中动态优化海洋命运共同体的知行体系

海洋命运共同体建设的知行合一体系应致力于一体化、知行并举和高标准三个目标，但知与行都不易，需要攻坚克难，在长期实践中动态优化。

其一，海洋命运共同体政策概念与战略实践的知行合一。古今中外，大战略的推进均讲究知行合一，但认识与实践“两张皮”的问题也如影随形。海洋命运共同体建设也得克服知行“两张皮”的问题。由上可知，中国的人类命运共同体建设的知行体系已有深厚的基础，但海洋命运共同体知行体系的建设才刚刚起步，政策概念体系和战略实践体系很不完备。比如，海洋命运共同体目前主要停留在政策概念的完善和建构上，相关实践也比较散乱。知行“两张皮”、难合一的原因主要在于学术研究成果较难转化为政策实践，而政策实践又缺乏信息透明度，只有少数政府机构的智库可以得到较为充分的政策实践信息。而这一情况在党的十八大后有所改观，大力加强智库建设，学以致用渐成风气。学术研究机构向政府部门传递研究成果，政府部门向学术部门寻求智力支持。今后需要进一步完善的是海洋领域的跨学科交流、跨部门协调、跨界别合作。进一步而言，建立海洋命运共同体知行合一的体系，需要学术界和实践方共同制定相关政策概念体系和战略规划。

其二，海洋命运共同体政策概念与战略实践的知行互促。海洋命运共同体建设的知行互促是个动态过程，具体可以分成五个由低到高的方面，为全球海洋治理提供公共产品：一是从“中国倡议”转为“国际共识”，中国倡议仅仅是个开始，还需要把国际共识内化为中国的海洋认识；二是从“中国担当”到“国际责任”，中国要在海洋命运共同体建设中有所担当，而且要把海洋命运共同体建设转化为一种各方共担的国际责任；三是从“中国推动”到“国际共建”，中国首先起到对海洋命运共同体的引领推动作用，更要把单一国家行为转化为国际共建的集体行为；四是从“中国标准”到“国际规则”，中国海域辽阔，涉海事务繁杂，全球海洋治理充满复杂性，中国标准是诸多海洋治理标准和规则的一部分，应尽量使“中国标准”和“国际规则”相通相融；五是从“中国道路”到“国际秩序”，中国提出的海洋命运共同体建设是“中国道路”的一部分，正在“弄潮儿向涛头立”的阶段，虽无太多知识储备和实践经验，但必然会对全球海洋治理秩序带来很大影响。只有与其他各方一起，通过共商、共建、共享，才能有利于全球海洋治理秩序的良性互动，做到“手把红旗旗不湿”。

其三，海洋命运共同体政策理念与战略实践的高标准。海洋命运共同体的构建具有高道德标准要求，可遵循目前已经建立的体系。一是习近平主席提出的正确的“义利观”“亲诚惠容”等带有明显中国特色的理念。二是习近平主席在 2019 年 4 月第二届“一带一

路”国际合作高峰论坛上提出的“高质量、可持续、惠民生”这三个更具世界普遍意义的目标。“高质量”强调海洋命运共同体的知识生产和项目落实是高质量的。“可持续”是海洋命运共同体的构建要遵循联合国 2030 年可持续发展目标，可持续发展是全球道义制高点。“惠民生”是海洋命运共同体的构建要以各国人民为中心，让普通民众切实得益，获得最普遍的民意支持。三是参照“一带一路”建设的实际情况，不断为海洋命运共同体提出新的建设要求，如和平、繁荣、开放、创新、文明、绿色、廉洁等。

总之，海洋命运共同体的构建需要“上合于道，下合于身”，“知天、知人、成己、成物”，才能知行合一、知行并举，具有高道德标准。

论文来源：本文原刊于《太平洋学报》2020 年第 1 期，第 97-102 页。
项目资助：中国海洋发展研究会重点项目（CAMAZD201806）。

“21 世纪海上丝绸之路”开启中国同太平洋岛国关系新时代

于镭[①]　赵少峰[②]

摘要：21 世纪以来，中国同建交太平洋岛国关系发展迅速，继 2014 年建立战略伙伴关系之后，中国与岛国领导人又达成了共建“21 世纪海上丝绸之路”南线的战略共识，奠定了中国同岛国关系扬帆再起航的坚实基础。中国同岛国关系健康持续发展既得益于中国坚持平等相处、互利合作、心心相印、守望相助的相处原则及同舟共济的“人类命运共同体”精神，也同太平洋岛国政府和民众渴望独立自主、发展自身经济的强烈内生动力及同域内外西方大国进行施压与反施压博弈的外生动力紧密相关。“21 世纪海上丝绸之路”南线的建设推动了太平洋地区“人类命运共同体”的构建，揭开了中国同太平洋岛国关系新的历史篇章。

关键词：中国—太平洋岛国关系；“21 世纪海上丝绸之路”南线；合作共赢；人类命运共同体

2018 年 11 月 15 日，习近平主席对巴布亚新几内亚进行国事访问，并同建交太平洋岛国领导人举行集体会晤，[③] 达成共建“21 世纪海上丝绸之路”南线的共识。这是继 2014 年中国与太平洋岛国构建“相互尊重、共同发展”战略伙伴关系以来，双方关系发展史上的又一里程碑事件，标志着中国与太平洋岛国关系的扬帆再起航。

一、太平洋岛屿地区：重要地缘政治地位

太平洋岛屿地区位于太平洋西南部连接亚洲与南北美洲的交通要冲，战略地位十分重

---

① 于镭，男，聊城大学太平洋岛国研究中心首席研究员，北京外国语大学澳大利亚研究中心研究员。

② 赵少峰，男，聊城大学太平洋岛国研究中心副教授。

③ 太平洋岛国是指位于南太平洋地区的岛屿国家。2018 年 11 月 15 日，习近平主席对巴布亚新几内亚进行国事访问，并同与中国建交的斐济、萨摩亚、巴布亚新几内亚、瓦努阿图、密克罗尼西亚、库克群岛、汤加和纽埃 8 个太平洋岛国领导人举行集体会谈。本文如无特别说明，所指中国与太平洋岛国关系即中国与上述 8 个建交太平洋岛国关系。补充说明：2019 年 9 月，中国与基里巴斯复交、与所罗门群岛建交，截至 2020 年 5 月，中国与 14 个太平洋岛国中的 10 个国家建立了外交关系。

要，一向被全球体系的主导者美国视作自己的“内湖”。[①] 南太平洋传统地区强国澳大利亚则视太平洋岛屿地区为其“前院”。[②] 长期以来，美国、澳大利亚两国不仅对太平洋岛屿国家进行政治、经济、文化和意识形态的控制，而且还在该地区不断扩建联合军事基地。美国和澳大利亚之所以对太平洋岛屿国家如此重视，主要有以下三方面原因。

一是太平洋岛屿地区丰富的自然资源是西方大国高度重视该地区的首要因素。虽然太平洋岛屿地区的 14 个独立岛国的面积仅为 50 多万平方千米，但其拥有的海洋专属经济区面积却高达 3 000 多万平方千米。[③] 辽阔的海疆蕴藏着丰富的动植物资源和石油、天然气等矿产资源。据澳大利亚有关机构报道，太平洋岛屿地区近来又探明了储量极为丰富并极具战略价值的稀有金属和非金属资源。[④] 这些宝贵的资源既可用于航空、航天等高科技领域，又可用于尖端军事领域。显然，掌握这些资源不仅可使西方大国获得丰厚的经济和军事利益，更可制约潜在竞争对手的发展。

二是太平洋岛屿地区具有重要的军事和战略价值，是超级大国和地区强国一直竭力加以掌控的军事战略区。太平洋岛屿地区位于太平洋中部地带，扼守亚洲与南北美洲的海上交通要道，地理位置十分重要。此外，该地区洋面辽阔、水深流急、岛屿密布，战略舰艇布防于此既易于隐蔽，又便于进攻，对太平洋地区大国具有重要的军事价值。美国和澳大利亚部分媒体曾指出，“二战”期间日本将帕劳殖民地建为军事基地后，东向威胁关岛，西向威慑菲律宾，并一举剪断了美国本土与亚洲的联系，致使太平洋战争伊始，美军菲律宾基地在日军前后夹击下瞬息崩溃，数万美军不战而降。因此，以美国为首的西方国家一直竭力掌控太平洋岛屿地区的安全体系，决不容许岛国与任何非西方国家建立军事和安全合作。

三是太平洋岛屿地区 14 个独立岛国“用一个声音说话”，日益成为国际社会的重要政治力量，是西方国家设法控制的“票库”。20 世纪 70 年代前，太平洋岛国均为美国、澳大利亚、新西兰、日本等帝国主义列强的殖民地。独立后，岛国在经济和外援上一直依赖前殖民宗主国，因而在国际社会并不能真正为自身利益发声。冷战结束后，岛国政府及民众在政治上的独立自主意识空前高涨，在联合国等国际组织中“用一个声音说话”，努力成为一支独立的政治力量。为此，各岛国奉行“不要将所有鸡蛋放在一个篮子里”的策略，[⑤] 努力与包括中国、印度和东盟在内的世界新兴经济体发展全方位的合作关系。[⑥] 西

---

① Thomas Lee, George Yu and Kenneth Klinkner, American Studies in China, New York: University Press of America, 1993, p. 143.

② Yu Lei, “China-Australia Strategic Partnership in the Context of China’s Grand Peripheral Diplomacy”, Cambridge Review of International Affairs, Vol. 29, No. 2, 2016, pp. 740-760.

③ “Australian Department of Foreign Affairs and Trade 2018”, https: //dfat. gov. au/geo/pacifific/Pages/the - pacific. aspx.

④ Michael Peterson and Akuila Tawake, “Deep sea minerals in the Pacific”, http: //dpa. edu. au/sites/default/fifiles/publications/attachments/2017-05/ib_2017_9_ pettersontawake_0. pdf.

⑤ Peter Abigail, Australia and the South Pacific: Rising to the Challenge, Canberra: Australian Strategic Policy Institute, 2008, p. 91.

⑥ “Pacific Opportunities: Leveraging Asia’s Growth”, https: //www. adb. org/publications/pacific-opportunities-leveraging-asias-growth.

方前殖民宗主国并不甘心在该地区力量和影响力的下降，试图在政治、经济和意识形态上竭力恢复对太平洋岛国的控制，并使其成为在联合国和其他国际组织中可以利用的政治工具。

二、区域力量转换下太平洋岛国的新选择

自2006年中国同太平洋岛国合作论坛成立以来，中国与太平洋岛国的关系取得了长足的发展。双方于2014年建立战略合作伙伴关系，2018年达成携手共建“21世纪海上丝绸之路”南线的合作共识，从而将双方关系提升至前所未有的高度。中国同太平洋岛国关系的深入发展与日益强化引起了域内外某些传统大国，特别是太平洋岛国前殖民宗主国的不满和猜忌。这些国家囿于冷战和霸权主义思维，罔顾事实地在国际社会和太平洋岛屿地区渲染“新殖民主义论”“新霸权主义论”“资源掠夺论”和“债务危机论”等谬论，企图遏阻中国与太平洋岛国关系的发展。① 与此同时，前殖民宗主国竞相宣布设立岛国基础设施专项基金，并大幅度增加“无偿援助”，以抗衡并“消除”中国在该地区的影响。②然而在新形势下，前殖民宗主国企图在政治和经济上加大控制岛国的“图谋”已很难变为现实，其主要原因如下。

首先，岛国政府和民众的民族独立与自决意识空前高涨，因此附加了政治条件的“援助”，即使“无偿”，也不为岛国政府和民众所欢迎。据澳大利亚洛伊研究所相关资料，澳大利亚、新西兰、美国等西方“传统援助国”向太平洋岛国提供的大部分资金直接服务于其政治目的，用于输出西方意识形态和价值观，这是岛国政府和民众并不愿接受的“政治献金”。洛伊研究所部分学者曾对“传统援助国”对太平洋岛国的“援助”进行了长期跟踪研究，发现“传统援助国”的“援助”除了一小部分是“人道主义援助”外，其余绝大多数是旨在推进当地“民主”“人权”“法治”和“良政”的政治性项目，并且其效果“远非‘援助国’政府宣传的那样完美”，毕竟输出意识形态和价值观是极其费时费力的事。③

其次，太平洋岛国寻求经济援助和对外经贸合作的对象已不是“仅此一家，别无分店”的西方垄断时代了，包括中国在内的亚洲以及世界其他地区的新兴经济体已经成为岛国地区发展越来越重要的合作伙伴。尽管相较于西方“传统援助国”，中国在过去十年中对太平洋岛国的“援助”额度并不高，但是中国的发展资金主要用于岛国经济和社会发展亟须的基建项目，④ 建成后具有较高的经济效益和社会效益，因而受到当地政府和民众的欢迎。洛伊研究所一些研究人员发现，中国提供的“援助”多为低息贷款或“友好性利

---

① Graeme Smith, “Is there a problem with PRC aid to the Pacific?” China Matters, April, 2018, p. 2.

② Jane Norman, “Scott Morrison reveals multi-billion-dollar infrastructure development bank for Pacific”, https://www.abc.net.au/news/2018-11-08/scott-morrison-announces-pacific-infrastructure bank/10475452.

③ Australia Department of Foreign Affairs and Trade, “Overview of Australia's Pacific Regional aid program”, https://dfat.gov.au/geo/pacific/ development-assistance/Pages/development-assistance-in-the-pacific.aspx.

④ Matthew Dornan and Jonathan Pryke, “Foreign Aid to the Pacific: Trends and Developments in the Twenty-First Century”, Asia & the Pacific Policy Studies, Vol. 4, No. 3, 2017, pp. 386-404.

率”贷款，主要用于推动当地涉及国计民生的大型基础设施建设项目，[①] 并对这些基础设施项目设置了严格的质量和管理标准。因此，更严格地讲，中国的援助项目属于发展性基金。这些学者还发现，中国的基础设施“援助”并非中国“强加”于岛国，而是岛国“积极主动地向中国争取”，其过程类似商业性借贷谈判。

再次，太平洋岛国的前殖民宗主国均已进入国力相对下降期，日渐无力对岛国进行长期“无偿援助”。美国虽是世界第一大经济体，但每年需支出高达 6 000 多亿美元的军费以维持其全球军事霸权，美国国内的基础设施也需要大举投入资金以维护升级。即使是美国政府决心大规模推进的印太地区基础设施建设，也只准备出资 1.13 亿美元。澳大利亚现政府则制订了雄心勃勃的军事计划以期维持其南太平洋地区强国地位，不仅将军费开支提升至国内生产总值的 2%，而且计划未来数年筹措 4 000 多亿澳元（约合 3 000 亿美元）用于从美欧等军事强国购买先进的战机和潜艇，更打算进一步通过大量资金来升级和新建“强大”的军事工业。[②] 庞大的军事开支导致澳大利亚“北部大开发”计划和国家经济“创新转型”计划基本停留在纸面上。部分有识之士指出，与其将宝贵的资金拿来与新兴国家进行冷战式竞争，不如将各自国家早已陈旧的基础设施进行升级改造，以便更好地造福民众，促进社会经济发展。[③]

最后，太平洋岛国在独立前后经历了殖民主义、帝国主义掠夺和与中国平等互利相处的两个时期，岛国政府和民众已具备了高度的辨别力和鉴定力。全球范围经验表明，世界上没有任何一个国家因为与中国建立了紧密的经贸合作而被“殖民”，或被剥削压榨，也没有任何一个国家身陷“债务危机”或“破产”。自 20 世纪 90 年代末，西方国家就曾大肆“妖魔化”中国与一些发展中国家，特别是与非洲国家之间日益紧密的经贸合作关系。但事实上，中非不仅实现了共同发展，更推动了发展中国家群体性崛起。同样，太平洋岛国地区的经济发展在近年实现了高达 7%的年均经济增长率，这是殖民时代难以想象和企及的。[④] 中国始终支持太平洋岛国发展经济、改善民生、提高自主可持续发展能力，为促进其经济社会发展提供了真诚的帮助。太平洋岛国政府和民众在发展中越来越认识到谁是真正的朋友，谁才能真正帮助自己的国家走上稳定与发展之路。因此，任何“妖魔化”中国或诋毁中国同太平洋岛国互利合作关系的言论和行为，都难以在太平洋岛国地区产生诬指者希望的结果。[⑤]

三、影响太平洋岛国积极同中国发展双边关系的因素

近年来，中国同太平洋岛国关系发展迅速。在全球治理领域，双方在气候变化、地区政治、经济秩序等许多国际重大问题上立场相近，相互支持。在经济领域，据中国海关总

---

① Philippa Brant，“Chinese aid in the South Pacific：linked to resources?” Asian Studies Review，Vol. 37，No. 2，2013，pp. 158-177.

② “Australia to Increase Defense Budget”，https：//thediplomat. com/2017/05/australia-to-increase-defense-budget/.

③ Greg Jennett，“Defence White Paper：Australia joins Asia's arms race with spending on weaponry and military forces to reach ＄195b”，http：//www. abc. net. au/news/2016-02-25/defence-white-paper-released increased-spending/7198632.

④ Australian Depart of Foreign Affairs and Trade，https：//dfat. gov. au/geo/pacific/Pages/the-pacific. aspx.

⑤ Peter Brown，“Australian Influence in the South Pacific”，ADF Journal，Issue 189，2012，pp. 66-78.

署统计，2017 年中国和太平洋岛国地区双边贸易额增至 82 亿美元，比 2012 年几乎翻了一番。[①] 在文化、医疗等领域，双方的合作也在不断加深，两国人文交流日益扩大。中国—太平洋岛国关系在过去的十余年之所以发展如此迅速，从太平洋岛国角度分析，既有其渴望独立自主和发展自身经济的强烈内生动力，也有其同域内外西方大国进行施压与反施压博弈的外生动力。

首先，太平洋岛国渴望独立自主、平等合作的政治主张，与中国倡导的和平共处五项原则相互契合，这是双方互利合作迅猛发展的最重要内生动因。太平洋岛国有着漫长的被帝国主义列强殖民和奴役的历史，因此对国家的独立自主和国际社会的平等相待充满渴望。中国在政治上主张国家不分大小，都是国际社会的平等成员；经济上坚持互利、共赢，不附加任何政治条件，因而赢得了岛国政府和民众的尊重和友谊，也收获了丰硕的成果。笔者在太平洋岛国做田野调查时发现，当地政界、学界、工商界，乃至普通民众争相称赞中国对岛国的平等相待和从无丝毫“霸凌”的言行。相比较而言，西方政客、学者总以居高临下的态度大谈“普世价值”和“良政”对太平洋岛国政治、经济和社会发展的“贡献”，往往容易引起岛国政府和人民极大的抵触情绪。

其次，太平洋岛国对提高就业、改善民生有迫切需求，中国不附加任何政治条件提供了力所能及的援助，促进了岛国经济和社会发展，是双边关系迅猛发展的重要动因。澳大利亚洛伊研究所有关研究报告称，澳大利亚、新西兰和美国在过去 10 年间向太平洋岛国提供了 90 多亿美元的“援助”，其中澳大利亚是太平洋岛国的第一大“援助国”。[②] 但该报告指出，西方的“援助”多为政治性的“无偿援助”，而中国的“援助”主要用于帮助岛国地区发展经济和基础设施建设。如中国援建了许多通往偏远乡村的初级公路和农业种植技术培训站等，这些“援助”项目对促进当地经济发展、便利民众生活发挥了重要作用。由此看来，中国对岛国多为“接地气”的“民心”援助工程，不仅拉近了中国与太平洋岛国人民的距离，而且助推了两地互利合作关系的发展。

最后，西方国家企图控制和利用太平洋岛国，并牺牲包括岛国在内的广大发展中国家利益的自私自利行为，是太平洋岛国积极发展对华关系的重要外生动因。中国在国际社会践行正确义利观，支持广大发展中国家维护自身合法权益的言行与西方国家形成了鲜明对比，赢得了太平洋岛国的信任和尊重。太平洋岛国最关心全球变暖和海平面上升的议题，某些大国为一己私利拒不执行“节能减排”的国际公约义务引起岛国强烈不满，而中国在国际气候大会上为太平洋岛国的生存和利益“大声疾呼”，坚定履行“节能减排”的国际承诺，得到岛国的普遍认可和信任。在田野调查中，岛国一些地方领导人和酋长纷纷恳请中国提供能够保护沿海红树林的技术和专家，因为中国是岛国应对气候变化最“值得信赖的朋友”。

---

① 《中国与太平洋岛国贸易和投资简况》，http：//mds. mofcom. gov. cn/article/Nocategory/200210/20021000042986. shtml.

② Lowy Institute，“Chinese Aid in the Pacific interactive map”，https：//chineseaidmap. lowyinstitute. org/.

四、“一带一路”倡议引领中国—太平洋岛国关系扬帆再起航

太平洋岛国赢得独立后，一直渴望获得国际社会的尊重，并走上繁荣富强的发展之路。但现实无论是在国际政治领域，还是在世界经济体系中，太平洋岛国均被极度边缘化。中国政府提出的“一带一路”倡议和构建“人类命运共同体”理念之所以受到岛国政府和民众的欢迎，就在于中国倡导以“平等相处、互利合作”理念与岛国人民携手共建中国—太平洋岛国利益共同体和命运共同体。太平洋岛国政府和民众深刻感受到了中国的真诚，也看到了脱贫致富和国家发展的希望。中国的“一带一路”倡议，特别是“21世纪海上丝绸之路”南线建设，不仅有助于太平洋岛国加强自身的基础设施建设，实现“内联内通”，而且有助于岛国与世界各地，特别是大洋洲之外的亚洲、欧洲和拉丁美洲实现“外联外通”，对岛国的政治稳定和经济的发展均会产生重大而深远的影响。

太平洋岛国“内联内通”，不仅促进了岛国的社会和经济发展，便利了民众的生活，而且增强了各个岛国的民族团结和国家凝聚力。太平洋岛国都是岛屿国家，“岛多国散”是其共同特点，各岛之间交通不便，联系不密，难以形成统一的商品和就业大市场。一些岛国加入中国提出的“一带一路”倡议后，国内基础设施状况得到了极大的改善，不仅便利了当地民众的出行与就业，而且促进了外来投资与国内贸易的发展，岛国人民的生活质量和生活水平得到了较大改善。交通的便利更是促进了各岛屿之间的民众交往，增进了岛国民众对国家的认同感和民族凝聚力。

太平洋岛国“外联外通”，不仅让岛国不再游离于世界经济体系之外，而且极大地促进了岛国与世界各地的经贸交流，带动了岛国经济以前所未有的速度持续发展。太平洋岛国与外部世界更为便利的互联互通引来了世界各地，特别是亚洲新兴国家更为优惠的、不附加政治条件的投资。渔业加工园、农产品加工出口园、旅游工业园等史无前例地出现在太平洋岛国，促进了当地的经济发展和人民生活水平的提高。“外联外通”也让岛国的产品，特别是宝贵的自然资源实现了更大价值，不再因交通不畅而被迫贱卖给前殖民宗主国。“21世纪海上丝绸之路”南线建设正成为太平洋岛国走出世代生活的大洋洲，进而更好地参与经济全球化进程的重要渠道。

太平洋岛国“内外联通”，升华了岛国政府和民众的发展观，拓展了实现国家发展的道路。太平洋岛国在挣脱殖民主义的枷锁后，对发展本国经济、改善民生予以高度重视。但是，由于既有发展观和发展模式的桎梏，太平洋岛国鲜有实现国家富强、人民富裕的成功案例。世纪之交，新兴国家特别是亚洲国家的群体性崛起，给太平洋岛国政府和民众的发展观与发展模式带来了强大冲击，“向北望”成为岛国政府和专家学者的共识。与外部世界，特别是与亚洲各国的互联互通极大地促进了岛国政府和各阶层民众与亚洲国家和人民的交流与往来。“借鉴亚洲发展经验和发展模式”成为许多太平洋岛国社会经济发展规划中越来越重要的考量。①

① Asian Development Bank and Asian Development Bank Institute, Pacific Opportunities, 2015, p. 8.

五、结语

21 世纪以来，中国同太平洋岛国的经贸合作出现了前所未有的大发展，“平等相处、互利合作、心心相印、守望相助”是双方关系健康快速发展的最坚实基础和最强大动力。中国同太平洋岛国关系的深入发展是冷战和霸权主义思维作祟下“遏制”和“妖魔化”策略根本无法阻挡的。太平洋岛国政府和民众热爱自己的国家，坚持捍卫自己的国家主权和国家利益，有智慧、有能力管理和发展好自己的国家。在合作共赢的基础上，中国同太平洋岛国关系不断深化和发展。正如习近平主席所言，浩瀚的太平洋是中国同太平洋岛国关系发展的纽带。[①]“21 世纪海上丝绸之路”南线建设正助力推动太平洋地区“人类命运共同体”的构建，为中国同太平洋岛国关系揭开新的历史篇章。

论文来源：本文原刊于《太平洋学报》2020 年第 1 期，第 97-102 页。
项目资助：中国海洋发展研究会重点项目（CAMAZD201806）。

① 习近平：《让中国同太平洋岛国关系扬帆再启航》，《人民日报》（海外版），2018 年 11 月 15 日。

从欧盟海洋战略的演进看中欧蓝色伙伴关系之构建

程保志[①]

摘要：2007 年以来，欧盟正式启动制定其海洋战略的进程，试图通过积极介入国际海洋事务，以提升其在海洋治理中的国际地位，进而扩大其“作为全球行为体”在国际体系中的政治影响力。建立与升级伙伴关系是欧盟参与国际海洋治理的显著特点；在海洋领域进行广泛深入的合作也符合中欧双方的长远共同利益。除传统的海运、造船与相关港口经济合作外，中欧在国家管辖范围外生物多样性保护与可持续利用以及南北极事务上的合作已成为中欧海洋合作的新亮点。蓝色伙伴关系的构建将进一步夯实中欧全面战略伙伴关系的基础。

关键词：欧盟；海洋战略；蓝色伙伴；中欧合作

党的十九大报告指出，中国要“坚持陆海统筹，加快建设海洋强国”[②]；“要以‘一带一路’建设为重点”，“形成陆海内外联动、东西双向互济的开放格局”。可见，中国加快建设海洋强国的基本路径是推进“一带一路”倡议中的“21 世纪海上丝绸之路”进程，重点是发展海洋经济，基础是加快发展海洋科技的创新步伐。2017 年 6 月，国家发展和改革委员会和国家海洋局联合发布的《“一带一路”建设海上合作设想》明确将共建经北冰洋连接欧洲的蓝色经济通道建设列为海上合作的三大主要海洋通道之一。2018 年 7 月，中欧正式签署《关于为促进海洋治理、渔业可持续发展和海洋经济繁荣在海洋领域建立蓝色伙伴关系的宣言》（以下简称中欧《蓝色伙伴关系宣言》），这也是欧盟与域外国家建立的第一个蓝色伙伴关系。因此，加强对欧盟海洋战略与政策实践的研判，对于实质性推动中欧海洋合作、构建中欧蓝色伙伴关系具有十分重要的现实意义。

---

① 程保志，男，上海国际问题研究院海洋与极地研究中心副研究员，中国海洋发展研究中心研究员。研究方向：国际法、欧盟法与全球治理问题研究。

② 习近平：《决胜全面建成小康社会夺取新时代中国特色社会主义伟大胜利——在中国共产党第十九次全国代表大会上的报告》，人民出版社 2017 年版。

一、欧盟海洋战略的演进与转型

欧洲被两洋四海所环绕。[①] 这一地理位置使欧洲的利益与海洋息息相关。欧盟 28 个成员国中有 23 个国家临海，沿海地区人口在欧盟总人口中占到一半左右，沿海地区经济总量也占到欧盟的近一半，欧盟对外贸易的 75%及内部贸易的 40%均依靠海运完成。此外，3%~5%的欧洲国内生产总值来自海洋相关产业。欧洲的相关海洋活动和产业主要涉及四个领域，即航运、渔业、造船和港口。其他的海洋活动和产业囊括（但不限于）航海设备、海上能源（包括石油、天然气和可再生能源）、海上和滨海旅游、水产业、潜艇通信、海洋生物科技和海洋环境保护。这些高度发达的蓝色产业已成为欧盟经济的重要支撑，并助推欧盟成为世界上领先的海洋力量。而作为全球治理的重要参与方，欧盟在全球海洋治理中扮演着积极角色。正如欧盟 2016 年发布的《国际海洋治理：我们海洋未来的议程》这一政策文件所指出的："欧盟对于保护海洋有着重要的责任。它扮演着海洋治理框架方面的全球行为体角色、海洋资源的利用者角色以及可持续发展的引领者角色。同时，欧盟应该加强努力，以确保海洋安全、和谐、干净以及可持续利用，造福当代以及子孙后代。"[②]

（一）从参与国际海洋事务到引领国际海洋治理

欧盟参与国际海洋事务始于 20 世纪 70 年代。当时的欧洲经济共同体及其成员国共同参加了第三次联合国海洋法会议。有关国际组织的参加事项成为会议中最复杂、最费时的议题；最终通过的《联合国海洋法公约》（以下简称《公约》）附件九因而有些为欧共体"量身定做"的意味，被称为"欧洲经济共同体参加条款"。迄今为止，欧盟仍然是《公约》唯一的一个国际组织缔约方。欧盟参与《公约》及其两个"执行协定"[③] 的谈判并加入这些国际条约，使其获得了参与国际海洋治理的主体资格，打通了参与国际海洋事务的基本渠道。但是，由于欧盟并非主权国家，只能在成员国让渡的有限领域享有海洋事务的专属权能和共享权能，用来维护和拓展自身海洋权益的手段和工具仍很有限。加之当时欧盟还没有自身的海洋战略，参与《公约》谈判的现实目的，是为了解决因成员国让渡部分涉海权能在谈判中给第三国造成的混乱。因此，加入《公约》后，欧盟初步确定了海洋战略，即在一定时期内致力于在联盟内部遵守和实施《公约》。

经过 10 多年的内部建设后，欧盟在 2007 年 10 月正式出台了首份"海洋蓝皮书"——《欧盟综合性海洋政策》（The Integrated Maritime Policy，IMP）。这份蓝皮书全面阐述了欧盟关于海洋利用和保护的未来设想与规划，[④] 标志着欧盟海洋战略开始转型：从早期聚焦区域海洋治理迈向积极投身全球海洋事务。在此基础上，2009 年 10 月，欧盟

① 即大西洋和北冰洋，以及波罗的海、北海、地中海和黑海。

② International ocean governance：agenda for the future of our oceans. 2016-04-09［2019-11-01］.

③ 即 1994 年《海洋法公约第十一部分执行协定》和 1995 年《养护和管理跨界鱼类种群和高度洄游鱼类种群执行协定》。

④ Timo Koivurova. A Note on the European Union's Integrated Maritime Policy. Ocean Development and International Law，2009（40）：174.

出台第二份“海洋蓝皮书”——《欧盟综合海洋政策的国际拓展》（以下简称“2009 年蓝皮书”）。该蓝皮书秉承欧盟在“2007 年蓝皮书”中宣示的基本海洋治理观，即“促进欧盟在国际海洋事务中发挥领导作用”。这种“领导作用”有两个维度：第一，加强欧盟内部协调，在国际海洋事务中“用一个声音说话”，确立欧盟在海洋事务方面的单一实体地位，目标是迈向“共同海洋政策”；第二，践行“海洋区域主义”，整合区域海洋治理经验，通过“欧盟方案”在全球层面引导和主导国际海洋治理的新发展。一方面，欧盟是区域海洋治理的先行者，在渔业资源的养护和可持续利用、海洋环境保护和污染防治等方面积累了丰富经验；另一方面，欧盟通过在某些方面以较高标准遵守《公约》和其他国际协定，谋求树立其在国际社会忠实履行国际义务的良好形象，增加其参与国际海洋事务的正当性和话语权。[①]

（二）欧盟实施海洋战略的路径——扩大海洋治理伙伴关系

欧盟积极引领全球海洋治理规范的制定。欧盟认为，全球海洋治理即保护和利用海洋及其资源，目的是维护海洋的健康、安全、稳定。同时，欧盟塑造了全球海洋治理的三个重要领域：完善全球海洋治理框架、减少人为压力对海洋的影响以为可持续的蓝色经济创造条件、强化全球海洋治理的研究和数据信息。“2009 年蓝皮书”进一步提出了欧盟参与国际海洋治理的 12 个具体战略目标，其中包括：各成员国以及欧盟和国际社会以更协调一致的方式更多参与多边行动，发挥欧盟作为全球行为体的重要作用；在全球推动更多国家加入《公约》；与欧盟的关键伙伴建立高水平对话关系，确保部门对话可产生协同效应；支持以综合方法加强海洋生物多样性的养护和可持续利用，特别是国家管辖范围外海域的生物多样性保护，包括建立海洋保护区；强化在确保航行自由和安全方面业已开展的行动。

由于海洋治理任务艰巨，单独一个或两个国家难以完成这项任务，因此保护海洋需要国际合作。建立伙伴关系是欧盟参与海洋治理的显著特点。欧盟在致力于自身改革和解决本地区海洋问题的基础上，积极推进全球海洋治理规范的改革，试图在全球海洋治理中扮演“领头羊”的角色，其中，扩大多边和双边海洋治理伙伴关系是重要内容。2016 年欧盟委员会发布的《国际海洋治理：我们海洋的未来议程》，具体反映了欧盟引领改善全球海洋治理架构的广泛意向，该议程认为在管理国家管辖海域外区域和执行已达成的可持续发展目标（如到 2020 年海洋保护区面积达到全球海洋面积 10%的目标）等方面，既存的国际海洋治理模式仍需要进一步发展和深化。该文件尤其强调了建立伙伴关系的重要性：“欧盟应当促成与海洋有关的国际组织之间的协调与合作。这可以通过备忘录和合作协议的形式，完善具有共同或补充目标的机构之间的合作。欧盟将支持多边合作机制的角色，比如联合国海洋网络。欧盟致力于与主要海洋行为体在海洋事务和渔业资源中的双边对话。未来五年，欧盟将逐渐把这些海洋行为体升级为‘海洋伙伴关系’。”[②]《欧盟海洋安全战略》也确立了海洋安全战略的原则，其中之一就是“海洋多边主义”，即在尊重欧盟

① 刘衡：《介入域外海洋事务：欧盟海洋战略转型》，《世界经济与政治》2015 年第 10 期，第 61-62 页。

② 梁甲瑞：《积极介入：欧盟参与南太平洋地区海洋治理路径探析》，《德国研究》2019 年第 1 期，第 54-55 页。

机制框架的同时，与相关国际伙伴和组织，尤其是联合国和北约以及海洋领域的区域组织进行合作。

在欧盟看来，伙伴关系正是其构建国际、区域、国家、地方多层级联动的，政府、非政府主体积极互动的一体化海洋治理的关键途径。从全球层面而言，伙伴关系也是2015年联合国通过的《变革我们的世界：2030年可持续发展议程》（以下简称《2030年议程》）的核心精神和重要组成要素，是该议程提出5P要素——人类（People）、地球（Planet）、繁荣（Prosperity）、和平（Peace）及伙伴关系（Partnership）之一。《2030年议程》将“重振可持续发展全球伙伴关系”作为第17个可持续发展目标。①

二、中欧蓝色伙伴关系的内涵及重点合作领域

中国提出的蓝色伙伴倡议是在海洋这一全球治理的具体领域践行构建全方位伙伴关系总体思路的有力举措，也是促进在海洋领域落实联合国可持续发展目标的重要途径。蓝色伙伴关系具有开放包容、具体务实和互利共赢的特点，与联合国所倡导的可持续发展伙伴关系在内涵和理念上高度契合。中欧蓝色伙伴关系涵盖了蓝色经济、渔业管理以及包括气候变化、海洋垃圾、南北极事务在内的各种海洋治理问题，将有力促进双方在相关领域的协调与协作，加强双方为维护和加强海洋治理机制和架构的共同行动。②《中欧蓝色伙伴关系宣言》的签订标志着中欧双边海洋合作上升到一个新的高度。目前，欧盟已成为中国第一大贸易伙伴，2018年中欧双边贸易额超过6 820亿美元，其中60%都是通过海运实现的；近年来，中欧在港口经济及相关海洋产业合作、国家管辖范围外生物多样性保护与可持续利用以及南北极事务上所取得的进展已成为中欧海洋合作的新亮点。

（一）港口经济及相关海洋产业合作

中国与希腊、意大利等欧盟成员国在港口经济合作方面取得重大成果。比雷埃夫斯港项目已成为中国和希腊共建“一带一路”的旗舰项目。比雷埃夫斯港是希腊最大的港口。2008年，中远集团获得了该港2号、3号集装箱码头的特许经营权。2016年，中远海运收购比港港务局67%的股份。经过几年发展，港口集装箱吞吐量从2010年的88万标准箱，增加到2018年的490万标准箱，全球排名从并购时的第93位跃升至第32位，成为全球发展最快的集装箱港口之一，并于2019年问鼎地中海第一大港宝座。2019年10月9日，希腊港口发展和规划委员会批准了中远比雷埃夫斯港港务局提交的后续发展规划（Master Plan）。该规划投资总额约6亿欧元，其获批标志着中远比港后续发展规划进入正式实施阶段。作为中希合作的标志性项目，比港为当地提供了3 000多个直接就业岗位和1万多个间接就业岗位。中国在比港的投资有效促进了希腊当地经济社会的发展，也是两国互利共赢合作的典范。

2019年3月23日，中意两国签署了共同推进“一带一路”建设的谅解备忘录，意大

① 《变革我们的世界：2030年可持续发展议程》，2015-09-25［2019-11-01］，载https：//www. un. org/zh/documents/treaty/files/A-RES-70-1. shtml。

② 朱璇、贾宇：《全球海洋治理背景下对蓝色伙伴关系的思考》，《太平洋学报》2019年第1期，第57页。

利从而成为第一个与中国签署这一合作文件的七国集团国家。中意双方认识到“一带一路”倡议在促进互联互通方面的巨大潜力，愿加强“一带一路”倡议同泛欧交通运输网络的对接，深化在港口、物流和海运领域的合作；意大利热那亚港和的里雅斯特港将承担起连接中欧海运的任务。根据协议，中国交通建设股份有限公司将协助热那亚和的里雅斯特的港务局，管理有关重组和后勤改造工程的招标。

（二）国家管辖范围外生物多样性养护与南极海洋保护区

通过建立公海保护区（包括禁捕区），已被欧盟证明是一种有效保护海洋环境和生物多样性的方式。自 2004 年联合国大会建立“国家管辖海域外生物多样性（以下简称 BBNJ）养护和可持续利用问题”非正式特设工作组以来，欧盟一直是围绕 BBNJ 养护和可持续利用拟订一份具有法律约束力国际文书的主要支持者和倡导者。欧盟认为建立公海保护区是解决 BBNJ 问题的可行方法，并于 2006 年首次提出 BBNJ 新协议应侧重于生物多样性保护和养护，包括通过建立海洋保护区、推动现有主管机构之间的合作与协调、确定脆弱的生态系统和物种，以推动 BBNJ 问题谈判。

2011 年，欧盟、七十七国集团及中国决定将公海保护区和深海遗传资源问题列入“一揽子事项”（Package Deal），共同推动实现各自意向。2015 年，第 69 届联合国大会通过第 292 号决议，正式启动就 BBNJ 养护和可持续利用拟订一份具有法律约束力国际文书的进程。[①] 2019 年 4 月，中国代表与欧盟领导人会晤并发表联合声明，首次将设立南极海洋保护区作为有效落实海洋领域蓝色伙伴关系的交流内容，[②] 该声明释放出一个积极的信号，双方在南极海洋保护区建设议题上有着很大的协作空间。2019 年 11 月 6 日，中法两国领导人在北京共同发布《中法生物多样性保护和气候变化北京倡议》，其中明确提及“动员所有国家根据《联合国海洋法公约》制定一项具有法律约束力的国际文书，以养护和可持续利用国家管辖海域外生物多样性”；“根据《南极海洋生物资源养护公约》促进南极海洋生物资源的养护，并继续就包括设立南极海洋保护区在内的南极海洋生物多样性的养护和可持续利用问题进行讨论，包括在那里建立海洋保护区。”这无疑为中法，乃至中欧在该议题上开展务实合作奠定了坚实基础。

（三）北极治理

在北极治理问题上，中欧之间存在着颇多相似之处：中欧都试图打破美国、加拿大、俄罗斯等北冰洋沿岸国的垄断，扩大北极事务的参与权；在北极相关水域的法律定位问题上，双方均认为应为北极航道的自由航行奠定制度基础等。欧盟更为强调“知识、责任与参与”三个层面，即通过进一步加大在北极生物多样性维护、基于生态系统的管理、持久性有机污染物的防治、国际海运环境标准与海事安全标准的制定及可再生能源产业等知识领域的投资以保护北极环境、促进地区和平与可持续发展，强调对商业机遇的开发采取负责任的方法，并与北极国家及原住民进行建设性的接触与对话。欧盟将北极突出的环境保

---

① 该文书被视为《联合国海洋法公约》“第三个执行协定”。

② 《第二十一次中国-欧盟领导人会晤联合声明》，2019-04-09［2019-11-01］，载 http：//www.xinhuanet.com/2019-04/09/c_1124345605.htm。

护、航行安全及基础设施问题内化为其“北极责任”，试图将自身界定为北极治理公共产品提供者的身份，以便其更加有效地介入北极事务。

2018 年 1 月发布的《北极政策白皮书》是中国政府首次对外宣示自己有关北极事务政策立场，白皮书强调，北极事务没有统一适用的单一国际条约，它由《联合国宪章》《联合国海洋法公约》《斯匹次卑尔根群岛条约》等国际条约和一般国际法予以规范。中国倡导构建人类命运共同体，是北极事务的积极参与者、建设者和贡献者，愿依托北极航道的开发和利用，与各方共建“冰上丝绸之路”。北极航道，尤其是东北航道的开通将大幅度削减中欧之间贸易的航运成本；经济快速发展的中国对于北极的潜在需求，无疑为中欧之间的合作提供了新的增长点。中欧业已在北极科考合作方面取得丰硕成果，中国第二艘极地破冰船“雪龙 2”号就是中国和芬兰北极合作的具体成果。可以预期的是，随着“冰上丝绸之路”各类项目的逐步推进，中欧在北极地区经济社会发展上进行合作的空间和潜力巨大，北极基础设施建设、北极气候变化研究、北冰洋联合考察和监测、船员能力联合培训、北极联合搜救演习，以及创新与绿色发展等均是未来值得双方期待的重点合作领域。

三、构建中欧蓝色伙伴关系的若干政策思考

中欧蓝色伙伴关系的构建自然不能脱离整个国际格局的影响；欧盟作为一种规范性的软力量，其对多边主义的坚守在当下单边主义盛行、民粹主义泛滥的时代背景下具有十分重要的意义，这也为中欧深化海洋合作打下了必要的现实基础。但是，我们也必须认识到，中欧蓝色伙伴关系的构建将是一个长期目标，不可能一蹴而就，而是要从点滴做起，逐步扩大双方高层共识和必要的民意基础。

（一）构建中欧蓝色伙伴关系的主要障碍

首先，在“英国脱欧”、欧美“大飞机”贸易争端的背景下，欧洲一体化进程陷入停滞甚至倒退，欧洲公民对欧盟集体身份的认同感在下降；加之美俄对中欧深度开展海洋合作（无论是经由北冰洋连接欧洲的蓝色经济通道建设，还是中欧海军联合军演或搜救）的忌惮与牵制，从中短期看，中欧海洋合作的广度和深度都受到较大的限制。

其次，中欧双方对蓝色伙伴关系的认知目标存在一定的差异。中方重在通过打造蓝色伙伴关系加强中欧在海洋经济和科技上的合作以加快海洋强国建设；而欧方则侧重加强国际海洋治理的架构以应对气候变化和可持续发展上的挑战。这种认知上的差异对双方今后深化海洋合作构成潜在障碍。

再次，欧盟对我国“一带一路”倡议的心态复杂，一方面需要“一带一路”倡议带来的贸易投资项目以提振其经济，但另一方面成员国与欧盟机构的双重身份及双层决策机制又使得欧盟极易出现“政治焦虑”，担忧“17+1”中东欧合作、“5+1”北欧合作等次区域机制对其产生分化、弱化效应，并试图在欧盟立法层面对我国有关项目投资设置安全审查门槛，[①] 鉴于此，蓝色伙伴倡议在欧盟政治机构和欧盟民众中的能见度和存在感还

① 王振玲：《欧盟机构对“一带一路”倡议的认知以及中国的应对策略——认知与权限类别基础上的多重对接》，《太平洋学报》2019 年第 4 期，第 61-62 页。

较低。

最后，由于意识形态、社会制度以及文化习俗的不同，欧盟在涉港、涉台、涉南海等我国核心利益问题上的分歧与偏见也会对中欧海洋合作的深化带来极大的负面影响。

(二) 构建中欧蓝色伙伴关系的相关建议

首先，在百年未有之大变局的背景下，加强中欧合作具有十分重要的战略意义。中欧之间不存在地缘政治和全球战略上的根本冲突，不存在结构性矛盾。[①] 中欧双方在维护推进经济全球化总体进程，维护全球多边贸易体制和国际关系民主化方面具有共同语言和战略共识。由于美欧之间跨大西洋的战略盟友关系，我们不能指望欧盟站在中国一边，但应将对美外交与对欧外交进行统筹，将欧洲尤其是德国、法国、英国三国视为协调对美关系和全球战略平衡的重要力量。

其次，中欧蓝色伙伴关系的建构是一个长期目标，要锲而不舍、久久为功。具体到海洋领域，中欧双方应积极培育新的共识基础和合作领域，在应对气候变化和可持续发展、国家管辖海域外生物多样性养护和利用、南北极事务等议题上加强协调与沟通。此外，中欧目前都处于经济转型与产业结构调整的关键时期，这不仅为双方深挖传统领域的合作潜力创造了有利条件，也为拓展双方在低碳技术、生物科技、新能源、人工智能等新兴产业领域的合作提供了广阔空间。

再次，加强增信释疑，重视社会层面的沟通与合作，以理性务实的态度着眼于解决中欧间的实际分歧。作为中欧《蓝色伙伴关系宣言》的重要后续成果，2019 年 9 月在比利时布鲁塞尔举行的首届中欧蓝色伙伴关系论坛取得了较好的社会效果，今后可考虑使其机制化，以提升规格，扩大影响；应通过切实有效的行动，将欧盟委员会、欧盟理事会、欧盟对外行动署等欧盟层面的主体吸纳进相关合作平台，使有关合作计划更趋多边性和开放性，从而化解欧盟的误解和猜忌。

最后，低调务实，淡化相关合作项目的政治色彩，中欧海洋合作应更加精细化、科学化，知行合一，对外宣传要科学、务实，讲究实际效果。尤其需要在对欧政策的精细化和有效性上下功夫。对欧投资既要算经济账，也要算政治账，对经济问题可能引发的政治后果要制定有效的政策与法律应对预案。同样，对于维护中国安全和利益的海外行动也要做到谋定而后动，提高专业水化水准，更加讲究方式方法。

总之，中欧蓝色伙伴关系的构建是推进“海洋强国”和“21 世纪海上丝绸之路”建设的重要一环，同时也是进一步夯实中欧全面战略伙伴关系的重要抓手。随着中欧海洋合作的深化和拓展，这一伙伴关系的内涵也会日趋丰富。

论文来源：本文原刊于《江南社会学院学报》2019 年第 4 期，第 34-38 页。
项目资助：中国海洋发展研究会基金项目（CAMAJJ201805）。

① 胡宗山：《欧盟的多元困境与中国的对欧战略》，《人民论坛 · 学术前沿》2019 年第 6 期，第 48 页。

“全球公域”视角下的极地安全问题与中国的应对

邓贝西[①]

摘要：在全球公域的界定标准下，北极和南极都存在超出国家主权边界之外、涉及国际社会整体利益的部分，因此极地至少存在着部分“全球公域”的事实。极地公域的地理连通性、战略威慑有效性、资源丰富性、大国集聚性以及与其他全球公域的密切配合，使其对于全球安全的重要性不断提升。极地相较于其他类型公域的显著区别在于受到主权的影响，且主权对两极产生影响的程度亦有不同。因主权或主权声索获得地缘优势而追求权力最大化的国家和希望利用极地的公域属性获得平等且排他性权利的国家之间的互动和博弈构成极地公域安全问题的源起。如何尽可能维护极地公域的边界和保障极地活动空间不受挤压，是国际社会多数国家在应对极地公域安全问题时思考的根本内容。本文将以全球公域为切入视角，勾勒出极地公域的区域范围并分析其面临的安全挑战，进而结合中国对极地安全利益的界定提出加强极地安全能力的举措。

关键词：全球公域；极地安全；中国

一、“全球公域”研究的安全维度：形成与发展

当前，随着科学技术的发展和进步，作为科学前沿、经济增长点和军事新高地的全球公域成为全球治理政策和安全研究的前沿领域。现代意义上对公域的关注可追溯至 20 世纪 60 年代，以美国生态经济学家加勒特·哈丁（Garret Hardin）《公地的悲剧》为代表。其研究最初着眼点聚焦于环境（全球公地）、资源（人类共同财产）和法律（人类共同遗产）维度，并随着气候变化、资源短缺等全球性问题的涌现而方兴未艾。随后几十年里，国际社会达成了以《南极条约》（1959 年）、《外层空间条约》（1967 年）、《月球活动协定》（1979 年）、《联合国海洋法公约》（1982 年）和《蒙特利尔议定书》（1992 年）为标志的一系列条约和协议，确立了南极洲、公海、国际海底区域、大气、太空等“处于任意

① 邓贝西，男，中国极地研究中心极地战略研究室助理研究员。主要研究方向：北极地缘政治。

国家政治管辖范围之外的资源、领域或区域"[①] 作为公域的法律地位。同时也制定了针对在公域开展活动的规制和约束，建立了诸如可持续发展、代际公平、代内公平、风险与损害预防等重要原则。

交通和通信手段的发展使得公域的通达性大大提升，公域自由出入和资源分配的优势不再为少数国家垄断。新兴国家和非国家行为体逐渐介入公域事务，与拥有既有优势的国家形成竞争态势。这也催生了21世纪初将公域研究的关注点推向战略和安全高度，美国是这新一轮公域研究的策源地和重要推手。2003年美国学者巴里·波森（Barry Posen）首次将公海、国际领空、太空等"处于国家直接控制之外，但因其提供了与全球其他地区联系的通道，进而对国家和其他全球行为体产生至关重要影响的区域"[②] 赋予"全球公域"的概念。2007年成立的新美国安全中心（Center for a New American Security，简称CNAS），以"发展强大、务实、有原则的国家安全和防务政策"为使命，将全球公域研究纳入其安全研究的重要一环，并试图为美国和西方国家的全球安全战略寻找新的增长点，以应对来自全球和新兴国家的挑战。

与全球公域安全维度研究的兴起同步发展的，是美国、北约、欧盟等行为体在其安全与防务政策中频频出现全球公域相关的论述。2010年美国国防部发布的《四年防务报告》认为，全球公域是国际体系的联通渠道，全球的安全和繁荣取决于货物通过海洋或天空的自由运输，以及信息通过海底和太空的自由流动[③]，这是美国国家安全战略的重要目标。2014年美国国防部发布的《四年防务报告》[④] 再次强调美国保护全球公域的责任，并指出美国与其盟友将加强联合规划和采取跨区域多边行动，以应对全球公域的进入自由和航行自由所面对的挑战。2015年《美国国家安全战略报告》指出，美国对全球公域或共享区域（Shared Spaces）重视的原因在于"这些区域是全球人员、货物、信息、思想流通的载体"[⑤]，这些区域能够使军队得以部署并续存，同样也能使支撑全球经济体系的商业活动得以进行和维持。美国学界和战略界所关注的公域问题，并非如气候变化、跨境环境污染等民用领域的议题，而是那些会导致冲突和危机并与维护美国现阶段以及未来权力地位所密切相关的领域。[⑥]

纵观新一轮的全球公域研究，其着眼点已从起初的环境和法律维度，转向对战略和安全维度的关切。全球公域的研究范式发生重大转变，内涵得到进一步拓展，特征也日渐明晰：全球公域不为任一行为体所拥有或控制；对掌握必要技术能力的国家和非国家行为体，可以以政治、经济、科学和文化目的出入其中并加以利用，甚至可以作为军事移动的

---

① UNEP, Division of Environmental Law and Convention, IEG of Global Commons.

② Posen Posen, "Command of Commons: The Military Foundation of U.S. Hegemony", *International Security*, Vol. 28, No. 1, 2003, pp. 5-46.

③ U.S. Department of Defense, Quadrennial Defense Review Report, 2010.

④ U.S. Department of Defense, Quadrennial Defense Review Report, 2014.

⑤ The White House, The 2015 National Security Strategy, February 2015.

⑥ 吴莼思：《美国的全球战略公域焦虑及中国的应对》，《国际展望》2014年第6期，第94页。

通道和军事冲突的场所①。虽然全球公域具有公共性和非排他性等特性，但是由于各国进出其中并加以利用的能力不同，对全球公域的实际利用也存在差异。这体现出知识性权力，即科学发展和技术水平，对于国家参与和利用全球公域所发挥的重要作用。知识性权力占优势的国家，不仅在公域建章立制的过程中占据主导地位和话语权，而且在实践和利用层面，知识性权力越来越成为获得增量权益的必要条件。

在全球公域的界定标准下，北极和南极都存在超出国家主权边界之外、涉及国际社会整体利益的部分，因此，极地至少存在着部分“全球公域”的事实。在全球化进程加速和全球气候变暖的背景下，极地与域外行为体在经济、政治、文化和安全层面的联系日益紧密，科学技术的进步和交通条件的改善也为联系的加深创造了基础条件。

极地公域相比于网络、外太空等其他类型公域的显著区别是受到主权的影响，且主权对两极产生影响的程度亦有不同。因主权（或主权声索）获得地缘优势而追求权力最大化的国家与希望利用极地的公域属性获得平等且非排他性权利的国家之间的互动和博弈构成极地公域安全问题的源起。在北极，基于地缘毗连性，北冰洋沿岸国对其位于北冰洋的领海享有主权，对专属经济区、大陆架以及大陆架延伸享有管辖权和主权权利，因此能够对区域国际关系施加更为显著的影响。而南极大陆主权归属存在争议，目前处于冻结状态，该状态是通过在地理区位上远离南极大陆的强权国家（美国和苏联）与地理上接近南极大陆或历史上率先发现南极的主权声索国（阿根廷、智利、英国、法国、挪威、澳大利亚和新西兰）之间所达成某种程度的平衡和妥协而形成的。南北极不同的地缘政治结构和治理模式也使得两者在公域特性和公域所面临的安全挑战方面存在差异。

二、北极全球公域及其面临的安全挑战

在北极地区，北冰洋除沿岸国管辖范围水域外，存在着约280万平方千米的公海海域。至于国际海底区域，截至目前已有俄罗斯、挪威、丹麦（格陵兰）向联合国大陆架界限委员会（CLCS）提交北冰洋大陆架外部界限延伸（外大陆架）的申请②；加拿大也在积极准备划界方案。美国虽未加入《联合国海洋法公约》，但在北冰洋问题上，趋于将《联合国海洋法公约》等同习惯国际法对待，因此不排除未来美国可能提出陆架延伸的主张。据估算，若将北冰洋沿岸国已提出和未来可能提出的陆架延伸主张计算在内的话，总面积将达250万平方千米，占北冰洋公海海底区域近九成。这意味着北冰洋国际海底区域的总面积最终可能仅余30万平方千米。

北极地区还存在适用于过境通行制度的国际海峡，如连接北冰洋和太平洋的白令海峡，连接北冰洋和大西洋的弗拉姆海峡、丹麦海峡、戴维斯海峡。它们是进出北冰洋的咽喉要道。此外，围绕北方海航道（东北航道）和西北航道的部分航路是属于沿岸国管辖的内水还是适用于国际海峡过境通行制度，作为内水主张国的俄罗斯和加拿大与以美国为代

① Abraham M. Denmark, James Mulvenon, eds, *Contested Commons: The Future of American Power in a Multipolar World*, Washington D. C.: Center for a New American Security, 25 Jan 2010, p. 10.

② 根据《联合国海洋法公约》第76条第8款沿岸国向联合国大陆架界限委员会提交的大陆架外部界限申请的列表，载 http://www.un.org/Depts/los/clcs_new/commission_submissions.htm。

表的坚持航行自由的国家就北极航道法律地位存有争议。北极航道作为连接东北亚、北美和西欧世界三大经济区块的海运捷径，与传统的南部航线构成环绕欧亚大陆和北美大陆的海运闭环网络。随着海冰消融加速，北极航道的适航性将逐步提升，航行窗口期将持续延长，其经济潜力和战略价值有望进一步释放。国际社会，特别是全球军事大国和经济大国，必将对北极航道的开放性和通达性提出更高要求。

然而，只有欧洲议会曾正式提出将北冰洋沿岸国管辖范围外的海域认定为全球公域。2008 年通过的《关于北极治理的欧洲议会决议》称："从南极条约和 1991 年关于南极环境保护的马德里议定书获得启发，尊重北极地区与南极的根本性差异，以及北极地区国家和居民所享有的权利和需求，相信至少在无人居住和国家管辖范围以外的北冰洋中心区域可以有一个与《南极条约》相类似的条约。"① 这种表述引发了北极国家，特别是北冰洋沿岸国（美国、俄罗斯、加拿大、挪威、丹麦）的强烈反应。五国在 2008 年 5 月共同发表《伊卢利萨特宣言》明确指出："没有必要再发展新的全面的管理北冰洋的国际机制。"② 纵然北极地区存在着作为部分全球公域（公海和国际海底区域）的事实，北极域外国家和国际组织或迫于北极国家压力或存在与其合作的需求，选择在公开表述中回避北极部分存在的公域属性。在现今北极战略价值加速释放的背景下，北冰洋沿岸国的地缘优势不断转化为在北极公域事务上的主导权；而对于域外国家而言，北极公域边界和公域活动范围则不断受到挤压，公域安全也面临挑战。

首先，北极公域的"私域化"趋势严峻，主要体现在三个方面。

第一，北极航道沿岸国对北极航道提出不同程度的主权主张，对船只过境航行实行强制性的申请和报告制度。出于环境保护目的，《联合国海洋法公约》赋予沿岸国特有权利，对其专属经济区的冰封海域制定和执行"顾及适当航行和以现有最可靠的科学证据为基础"的法律和规章。在实际操作中，航道沿岸国倾向于执行"内水化"的通行制度。对于北方海航道，俄罗斯持该航道属于国家历史性交通干线的立场，对途经该航道的维利基茨基海峡、绍卡利斯基海峡、德米特里·拉普捷夫海峡和桑尼科夫海峡主张为"历史性内水"③。俄罗斯 2013 年最新生效的《关于北方海航道水域商业航运的修正案》④ 尽管未提及"历史性水域"的说辞，但是界定了"北方海航道水域"的概念，明确其外部边界为俄罗斯北冰洋沿岸 200 海里专属经济区的界限。该法律还规定商业船舶进入北方海航道水域前需要向俄方申请通航许可。对于西北航道，加拿大对途经其北极群岛的主航段提出内水主张，通过沿北极群岛外缘划定领海直线基线使主权固化。同时依据《联合国海洋法公约》，加拿大以保护冰封海域环境为由将其北极水域范围延伸至北纬 60°以北的专属经济区，并制定了如《北极水域污染防治法》《加拿大北方船舶交通服务区规章》等十余部法

① European Parliament resolution of 9 October 2008 on Arctic governance, http: //www. europarl. europa. eu/sides/getDoc. do? type=TA&language=EN&reference=P6-TA-2008-474.

② The Ilulissat Declaration, Arctic Ocean Conference, Ilulissat, Greenland, 27-29 May, 2008.

③ United States Response to Excessive National Maritime Claims, Limits in the Sea. No. 112, March 9, 1992.

④ Federation Council of Russia, The Russian Federation Law on Amendments to Specific Legislative Acts of the Russian Federation related to Governmental Regulation of Merchant Shipping in the Water Area of the Northern Sea Route, 2013. www. arctic-lio. com/nsr_ legislation.

律和规章，建立了强制性报告、冰区领航、航行安全控制区等一系列独有且严格的航行准入和管理制度。

第二，北冰洋沿岸国相继提出对其北冰洋外大陆架的主张，使得北冰洋国际海底区域不断缩小。截至目前，俄罗斯、加拿大、丹麦（格陵兰）均提出将其北冰洋陆架延伸至北极点的主张，除了直接获取资源利益外，其长远目的在于获取更广泛的活动空间和地缘战略支配权。尽管俄罗斯、加拿大、丹麦的外大陆架主张存在重叠区域，但相互间倾向于将争议“域内化”。北冰洋沿岸五国 2008 年发表的《伊卢利萨特宣言》即声明在现有国际法框架下解决北极领土争端，以科学证据作为决定北极外大陆架归属的依据，以谈判和协商的方式就北极利益做分割。另外，值得警惕的是，尽管北极外大陆架界限未得最终确认，个别国家却有将管辖权拓展至外大陆架及其上覆水域的意图。例如，加拿大认为沿岸国除了拥有对外大陆架海床和底土自然资源的主权权利外，还拥有对在该区域开展特定活动（如海洋科学调查）的管辖权。[①] 事实上，根据《联合国海洋法公约》，沿岸国外大陆架上覆海域属于公海，但加拿大将此认定为国家管辖范畴，无疑是对现有权利主张的过度扩大。如此举被其他北冰洋沿岸国效仿，将会对在北冰洋公海区开展科学考察、地形勘测、海底光缆敷设、渔业资源调查等活动的自由构成限制。

第三，挪威划定斯瓦尔巴渔业保护区，对斯瓦尔巴群岛水域行使“准专属经济区”的管辖权。1925 年签署的《斯匹茨卑尔根群岛条约》（以下简称《斯约》）承认挪威对斯瓦尔巴群岛享有充分和完全的主权，同时也赋予其他缔约国在该地区行使渔业活动、开展商业活动、科学考察和采矿的权利。《斯约》签署之时，专属经济区、大陆架等现代海洋法概念尚未形成，从文本和字面来看，其适用范围限于斯瓦尔巴群岛及其领海。但随着海洋法发展及相关概念的产生，挪威开始觊觎将其主权权利和管辖权延展至专属经济区和大陆架，而且以一种折中且不引发与其他《斯约》缔约国产生争议或利益冲突的方式。挪威于 1977 年颁布《经济区法令》并建立斯瓦尔巴 200 海里渔业保护区，随后于 2006 年向联合国大陆架界限委员会递交斯岛水域的外大陆架划界申请并获得批复。[②] 在《斯约》缔约国尚未对北极事务及其斯岛权益充分关注之时，挪威以“合法的方式”扩大对斯岛的权利，甚至也未有国家对挪威递交的涉及斯岛水域的外大陆架划界申请提出异议，这使挪威对于斯岛水域的管辖成为既成事实。现阶段《斯约》缔约国尤为担心的是挪威的实际管辖从渔业保护区向类同于专属经济区权利扩大的趋势，包括未来斯岛陆架的油气和矿产资源、海洋科学调查和海底地质勘探以及海底光缆敷设的权利是挪威独有且排他性的还是缔约国享有与挪威一样的平等且非歧视性的权利。

第四，北冰洋沿岸国利用地缘优势在北冰洋公海区建立主导性的制度安排，北冰洋公

① 加拿大称，无论加拿大向联合国大陆架界限委员会递交陆架延伸申请的审核结果如何，在该海域进行海洋科学调查需得到加拿大同意。详见加拿大政府网站。Canada's Extended Continental Shelf Program，http：//www. science. gc. ca/eic/site/063. nsf/eng/h_98773CA7. html？OpenDocument.

② CLCS，Summary of the Recommendations of the Commission on the Limits of the Continental Shelf in regard to the Submission made by Norway on 27 November 2006，27 March 2009，http：//www. un. org/Depts/los/clcs_ new/submissions_ files/nor06/nor_ rec_ summ. pdf.

海渔业治理即是突出的例子。自 2007 年以来，北冰洋沿岸五国围绕北冰洋公海渔业治理开展多轮磋商，于 2015 年出台了规范北冰洋中央海域公海捕捞行为的临时管制措施，明确在未获得足够科学数据、未制定相应渔业制度之前，禁止北冰洋公海区的商业渔业活动。[①] 在北冰洋公海区制定预防性措施，防止 IUU 捕捞（非法、不报告、不管制捕捞）和过度捕捞行为在政策上有其合理性，但是北冰洋沿岸国却利用毗邻北冰洋的地缘优势掌握规则制定的主动权，选择性地忽视北冰洋公海区事关国际社会整体利益的根本出发点。后来，为弥补操作层面的合法性缺失，北冰洋沿岸五国又拉入中国、日本、韩国、冰岛、欧盟等利益相关方进行谈判磋商，最终于 2017 年制定并通过《防止北冰洋中部公海无管制渔业活动协议》，规定在 16 年的有效期内禁止在协议区域开展商业性捕捞活动。[②] 在北冰洋公海渔业问题上，这种所谓“A5+5”的治理机制模式反映出北冰洋沿岸国在北冰洋中心区公海事务上掌控主导权的意图，非北冰洋沿岸国是被动性地且有选择性地纳入一个已事先制定好的既有框架中进行讨论，对于未有纳入协议磋商进程的其他《联合国海洋法公约》成员国而言亦是不公平的。尽管这种北冰洋沿岸国主导、非北冰洋沿岸国中的重要利益相关方参与的制度安排是临时性的，但仍需警惕北冰洋沿岸国将此模式推演复制到北冰洋公海问题的其他领域，特别是北冰洋中心区公海的海洋科学调查和航行问题，进而获得议程设置和规则制定的主导权。

第五，北冰洋独特的地缘区位决定其在全球安全事务中的重要地位。北冰洋地缘区位的特殊性，即北极点距欧亚大陆和北美大陆最北端的海上直线距离仅为千余千米，使得无论在冷战期间还是当前，美国和俄罗斯（苏联）均将北极视为使对方本土置于战略威慑和打击范围内的隐蔽场所和最短路径。两国布设在该地区的军事设施亦可在最短时间内对北半球其他国家的腹地实施威慑和打击。北冰洋中心海域常年海冰覆盖，加之与大西洋连接的弗拉姆海峡水深达 2 000 米以上，这使得核潜艇在北冰洋自由出入和冰下游弋具有较强的机动性和隐蔽性。除制海权外，争夺和掌控北冰洋上覆空域的制空权也是北极地缘竞争的重要目标。美国自冷战起建立的从阿拉斯加经格陵兰至冰岛的导弹防御系统以及与加拿大联合建立的早期预警网络已运作至今，俄罗斯空军则依然保持在北极地区固定频次的远程空中巡航。尽管冷战结束后美俄关系的缓和推动北极从两大阵营的军事对抗过渡到有限度的区域合作，但北极地区的安全威胁并未完全消除。2014 年乌克兰危机以来美国与俄罗斯之间的紧张局势更是向北极外溢，新一轮强化军事行动能力的计划相继启动，两国在北极地区部署的军事设施（如战略轰炸机、核潜艇、预警雷达网等）均处于布防状态并保持高频率的演习和训练。北冰洋的地缘战略价值无关乎北极所发生的气候变化而更在于其地理禀赋和现代战争的演变趋势。这使得北极在北半球战略安全和全球安全事务中始终占有一席之地，北极的安全态势也受到中国、日本、德国、欧盟等其他北半球重要国家和国际

---

① Declaration Concerning the Prevention of Unregulated High Seas Fishing in the Central Arctic Ocean, Oslo, Norway, 16 July 2015, https://oceanconservancy.org/wp-content/uploads/2017/04/declaration-on-arctic-fisheries-16-july-2015-1.pdf.

② 《中国国际法前沿：北极国际治理迈出重要一步——北冰洋中部公海渔业协定结束谈判》，载 http://mp.weixin.qq.com/s/1bw0vgvr4RuPSp_RBjTYkQ。

组织的广泛关注。

三、南极全球公域及其面临的安全挑战

南极全球公域泛指南纬60°以南的所有地区，涵盖南大洋约2 000万平方千米的公海、可能小于2 000万平方千米的国际海底区域，以及处于主权冻结状态的约1 400万平方千米的南极陆地。南极的公域属性由《南极条约》“主权冻结”原则所奠定，该条约签署国作为南极治理体系的主体，享有对南极事务平等参与和充分知情的权利。然而在该体系内，不同国家在科研水平或后勤保障能力上的差异产生了被区分的身份定位，即协商国和缔约国；身份的差异也决定了这些国家在南极治理的议程设置和政策制定中实现利益程度的差异。其中，以美国、俄罗斯为代表的全球军事大国和部分在地理上与南极毗邻或在历史上提出过南极领土主张的国家，它们对南极的利益诉求有可能超越现有的制度框架，从而构成南极公域“不安全”的来源。

一方面是不断涌现的对南极陆地和海域的权利主张，集中反映在外大陆架和特别保护区问题。

关于外大陆架问题，先于《联合国海洋法公约》制定的《南极条约》虽然暂时冻结了对南极大陆的领土主权要求，但并未对南极大陆周边海域的经济专属区、大陆架等问题做出规定。部分“南极主权声索国”在《联合国海洋法公约》框架下提出划分南极周边海域大陆架的主张。根据现已向联合国大陆架界限委员会提交的划界申请可分为两类：第一类是以本国陆地领土的自然延伸为基础、超过200海里延伸至南纬60°以南海域的外大陆架划界申请，由英国和澳大利亚所提出；第二类是以相关国家历史上声索的南极领土的自然延伸为基础、超过200海里的外大陆架划界申请，澳大利亚、挪威、阿根廷、智利、英国等国已相继提出①。一旦此类申请获得批准，则等同于承认这些国家对南极领土主权的主张。在此类外大陆架划界申请中，除了阿根廷以外的其他国家均不要求大陆架界限委员会审议。尽管如此，不难发现这些国家的用意也是想通过对大陆架的权利主张来强化其对南极领土主权的声索，挑战《南极条约》领土冻结原则的底线。

除外大陆架问题外，相关国家以环境保护为由，通过建立南极陆地和海洋特别保护区来实现对南极特定区域的有效“软控制”，这事关国际南极管理新空间的竞争。目前，南极陆地地区共有72个南极特别保护区（ASPA）和7个南极特别管理区（ASMA）获得批复②。其中南极7个主权声索国（澳大利亚、新西兰、阿根廷、智利、英国、挪威、法国）和2个声索保留国（美国、俄罗斯）共设立南极特别保护区63个，占比87.5%。其中美国设立的保护区个数最多（16个）、面积也最大（占南极特别保护区总面积的73%）。保护区的设立从一定意义上扩大了国家对南极空间的管理权限。虽然《南极条约》协商国和缔约国均可提出进入保护区的申请，但设立国对于是否允许进入保护区、什么时候可以

① 根据澳大利亚、英国、挪威、阿根廷、智利等国依据《联合国海洋法公约》第76条第8款沿岸国向联合国大陆架界限委员会提交的大陆架外部界限的申请整理，载 http：//www. un. org/Depts/los/clcs_ new/commission_ submissions. htm。

② 南极保护区数据库：http：//www. ats. aq/devPH/apa/ep_ protected. aspx？ lang=e。

进入保护区以及进入后开展何种活动都可加以限制。在南极大陆资源开发受到技术、环境、经济成本和国际制度等因素限制的情况下，南大洋渔业捕捞成为南极为数不多的资源开发活动之一。不过，与《南极条约》并行的《南极海洋生物资源养护公约》（CCAMLR）赋予缔约国以生物资源养护为目的在南大洋设立海洋保护区（MPA）并实施禁捕措施的权利。在现有两个海洋保护区中，由美国、新西兰牵头的罗斯海海洋保护区总面积达155万平方千米，在特定区域制定了严格的禁捕和养护措施。[①] 以设立海洋保护区为名实施禁捕或者限制船只进入的区域和时间以及削减捕捞配额，可能对其他利益相关国的远洋渔业发展造成损失。

尽管保护区远非主权领土的概念，但保护区的设立国对该片陆地或海洋拥有比其他国家更多的权利。对照南极主权声索国和主权声索保留国已申请或申请中的陆地和海洋保护区，不难发现保护区的分布和走向基本与其南极领土主张的扇形区块相一致，并有将管辖范围扩展至海域的趋势。以至于有学者称，"因'冻结'原则而搁置了50余年的南极主权之争由南极大陆转向更具战略与资源利益的南大洋"。[②] 在《南极条约》禁止提出新的领土要求的情况下，在具有战略意义的南极区域建立保护区无疑是各国有效划定"势力范围"的有效选择。

影响南极安全的另一因素是南极军事化趋势。《南极条约》明确规定"南极应只用于和平目的；一切具有军事性质的措施，例如建立军事基地、构筑要塞、进行任何类型武器的试验以及军事演习，均予禁止"，但同时也声明"（条约）不妨碍为了科学研究或其他和平目的而使用军事人员或军事设备"。该表述为在南极开展军事活动留有解释余地，事实上包括美国、智利、阿根廷、日本在内不少国家的南极考察后勤保障均是由军队提供支持。以后勤保障的名义开展南极军事活动，将南极科学考察与国家安全密切结合，其根本动机在于针对未来可能的南极资源争夺和领土划分中占得先机，谋取有利的全球战略态势。[③] 尽管以和平为终极目的的《南极条约》使得南极与域外冲突基本保持隔绝，但南极作为电磁、气象、卫星武器研究的极佳试验场所，以及作为全球大国部署"全球到达、全球打击"战略重要一环的安全价值依然存在。现阶段的南极军事化趋势体现如下。

一是南极研究的军民两用性日益凸显，使得南极非军事化条款解释效力模糊。《南极条约》未禁止以科学考察或和平目的使用相关军事人员和装备，为相关国家的南极军事存在提供了合法依据；同时《南极条约》也未明确区分军事性研究和非军事性研究的界限，体现在目前南极开展的科学研究多兼具民用和军事意义，且两者界限越来越模糊。在南极及南大洋开展与国防通信相关的卫星通信和大气物理研究、与潜艇通行相关的冰下声呐和水声传播研究以及地磁、气象科学等研究领域可根据需要转化为军事用途，科研成果也可服务于国家军事目的。

二是相关国家以各种形式在南大洋建立军事存在。《南极条约》所声明的"不应损害或在任何一方面影响任何一个国家在该地区内根据国际法所享有的对公海的权利或行使这

① Ross Sea Region Marine Protected Area，https：//www.state.gov/e/oes/ocns/opa/ross/index.htm.

② 陈力：《论南极海域的法律地位》，《复旦学报（社会科学版）》2014年第5期，第151页。

③ 陈玉刚、秦倩：《南极：地缘政治与国家利益》，时事出版社2017年版，第289页。

些权利”，保留了在南极海域行使公海自由的权利。相关国家以此为据，在南大洋开展军事活动，对南极非军事化原则构成直接的挑战和削弱。例如，英国在马尔维纳斯群岛保持了相当数量的驻军，定期开展具有威慑效果的军事演习。智利于 2008 年重启阿图罗·普拉特海军基地，使其设立在南设得兰群岛军事基地的数量达到 3 个，以便“更好地控制海上运输、确保南极海域旅游人员的安全，并有助于监控环境污染状况”①。美国在南大洋军事存在则时间更长、维度更广，其联合澳大利亚、新西兰、智利等同盟国家建立的南半球军事基地以及自身发展的南极航空保障网，大大提升了美军在南极地区的通达性。冷战期间，美国海军就维持着美国南极科考的核心后勤保障任务。尽管美国对外宣称军方提供后勤保障是以科考为目的，其根本用意是针对苏联模拟北极环境的冰区作战准备，包括武装力量的远程投送、冰区装备的研发和试验、人员战术和作战能力训练等。随着苏联解体和俄罗斯国力不复从前，南极作为模拟北极极寒条件下的备战和训练价值有所降低，美国海军也在冷战结束后逐步将科考保障职能移交至其他民事（国家科学基金会）和军事（空军）部门。然而“9·11”恐袭爆发后，美军于 2002 年重新将南极纳入职责范围。②太平洋司令部（PACOM）将南极支持任务列入战区平时任务序列，建立第 13 特别任务大队，调集军方资源执行南极后勤保障任务。③ 尽管美国声称此举在于全球反恐布局和服务于南极搜救、后勤保障等任务的需要，但实际上美国这一战略调整无疑将增强其南大洋的军事存在，巩固南极全域到达和介入能力。

一般情况下，外部地缘政治事件或国际政治紧张局势很难直接影响到南极。但南极安全问题需要警惕的是其体系内部出现军事化倾向可能出现效仿行为和外溢效应。效仿行为是指如果某一国利用其南极考察基地开展军事活动或军备研发，如情报侦察、卫星轨迹追踪和遥感控制，或某一国被臆断在南极开展相关活动，可能将会导致类似军备竞赛，促使其他国家的效仿从而导致竞争性行为的出现。而外溢特别是指南大洋军事价值的外溢。特别是随着俄罗斯国力的恢复，中国、印度、巴西等新兴国家海上力量的发展，南大洋军事价值处于不断提升中，如果当美国以外的大国在南极海域集结和部署军事力量时，可能会引发对《南极条约》颠覆性的影响。

四、极地全球公域之于中国的安全利益及其实现途径

极地公域的地理连通性、战略威慑有效性、资源丰富性、大国集聚性以及与其他全球公域的密切配合，使其对于全球安全的重要性不断提升。例如，极地公域与全球其他海洋公域的联动可以使一国军事力量形成通达性更强、覆盖范围更广的网状结构，可快速投送军事力量，开展远程运输，并进行全球打击。此外，作为极轨卫星最佳发射场所的两极地

① 《智利总统巴切莱特宣布正式重启南极洲海军基地》，新华网，2008 年 3 月 13 日，载 http://www.chinanews.com/gj/lmfz/news/2008/03-13/1191304.shtml。访问时间：2018 年 3 月 5 日。

② 南极及其周边海域分属美国太平洋司令部（PACOM）、非洲司令部（AFRICOM）和南方司令部（SOUTHCOM）管辖范围，其中在非洲司令部、南方司令部的行动主要通过民用部门支撑（美国国家科学基金会——NSF）。

③ Klaus Dodd, Alan D. Hemmings, “The United States 2002 Unified Command Plan: Antarctica and the Areas of Responsibility of Military”, Polar Record, April 2008.

区与战略新高地的外太空的联动使连续性的全球军事活动、C3ISR（指挥、控制、通信、情报、监视、侦察）和精确打击成为可能。但不容忽略的是，极地存在着全球公域的同时，也存在着公域向私域转性的可能发展趋势，这种转变更多由具有地缘优势国家的主权诉求所驱动而非纯粹以环境保护等国际社会整体利益的考量为目的。2015 年 7 月 1 日中国颁布的新《中华人民共和国国家安全法》提出，“国家坚持和平探索和利用外层空间、国际海底区域和极地，增强安全进出、科学考察、开发利用的能力，加强国际合作，维护我国在外层空间、国际海底区域和极地的活动、资产和其他利益的安全”。① 这昭示着对以极地为代表的全球公域的参与已上升至国家安全的高度。如何认知中国在极地安全领域存在的利益，以及通过哪些途径可以实现极地安全利益并尽可能维护极地公域边界和保障极地活动空间不受压缩，是应对极地公域安全问题时应思考的根本内容。

（一）中国极地安全利益的界定

极地的部分“公域”属性对于国家利益不具有不言自明的直接性，一国往往需要通过实践来界定和明晰利益，驱动政策出台和决定资源投放。中国在极地的权益和利益处于不断变化和发展之中。正如中国参与极地事务逐步深入，南北极战略目标趋于明晰，包括提出“近北极国家”“北极利益相关方”等身份定位，同时一些一开始就具有模糊性和不确定性的利益也开始显露，而安全利益就属于此类范畴。

对于北极而言，中国作为域外国家，与北极国家在主权、主权权利和管辖权问题上没有利益冲突，但并不意味着北极安全与中国不相关。在 2018 年 1 月发布的《中国的北极政策》就首次从官方层面强调中国作为联合国安理会常任理事国肩负着共同维护北极和平与安全的重要使命。② 中国对北极的安全关切体现在如下方面。首先，作为潜在的北极航道和资源利用大国，中国参与北极开发合作需要和平稳定的地区安全环境作为保障；其次，美俄在北极地区部署的导弹防御系统、核潜艇等军备设施对包括中国在内的北半球其他国家存在战略威慑，美俄对北极制空权和对北极战略咽喉通道（如白令海峡）的制海权掌控的绝对优势也将对保障未来北极海上贸易的运输安全带来挑战；再次，现阶段北冰洋沿岸国对北极公域“私域化”的种种举措将有损于新《国家安全法》所维护的在北极公域的“安全进出、科学考察、开发利用”等利益；最后，中国参与北极事务易被西方舆论冠以脸谱化的“威胁论”或“资源饥渴论”的论调，将中国假想为不满足于现有利益分配而试图改变体系的修正力量，在政治上削弱中国的道义感召力，在战略上起到孤立中国的作用，为中国与北极国家深入开展合作制造阻碍。

相比于北极存在的可感知的安全威胁，直接来源于南极的安全威胁并不显著。中国对南极的安全关切更多是随着科技进步、国力增强、海外利益增长等新变化而日益发展起来的。一方面，在南极自由进出以及开展科考、渔业等活动的权利或在一定程度上受到设立南极陆地和海洋保护区等“圈地”行为的限制，这要求中国更加实质性地参与《南极条

① 《中华人民共和国国家安全法》，2015 年 7 月 1 日，载 http：//www. scio. gov. cn/xwfbh/xwbfbh/wqfbh/2015/33098/xgbd33107/Document/1441382/1441382. htm。

② 国务院新闻办公室：《中国的北极政策》白皮书，2018 年 1 月 26 日，载 http：//www. gov. cn/xinwen/2018-01/26/content_5260891. htm。

约》和《南极海洋生物资源养护公约》等南极治理机制的议程设置，巩固以现有站基考察站为基础的南极存在。另一方面，南极独特的地理区位和环境禀赋使其成为试验和研发空间天气、卫星遥感、电磁、气象等前沿军事技术，以及训练军事人员和检验军事装备在极端条件下作战能力的有效场所。《南极条约》在科研条款中未对军事性和非军事性研究做出明确区分，这也为中国在维护《南极条约》根本原则的基础上拓展南极的利用领域打开窗口。目前已有相关国家以后勤支撑和保障的名义将南极科学考察与国家安全战略相结合，开展前沿科技领域的研究试验以及建立跨南极的航空运输和卫星监测网络，或将对中国有所启示。

综上所述，对于极地安全利益的界定应更多地从发展性和动态性的视角出发。极地与我国的安全关联可能在目前来看并不直接或显著，但并不意味着未来不会产生直接关系。如果简单地定性描述，中国极地安全利益可界定为创造、改善和维护在极地实质性存在和参与利用的战略条件，并涵盖以下要素：保障极地科学考察实施、资产、航行等活动及人员安全；保障和维护依据相关国际法律和制度（如《联合国海洋法公约》《南极条约》《斯匹茨卑尔根条约》等）在极地自由进出的权利；参与极地资源开发和公平贸易的权利；维护公正合理的极地秩序、塑造客观理性的舆论氛围、确保利于我国参与极地事务的和平稳定的安全环境；减少来自极地的战略威慑以及其他不确定的安全隐患。

（二）中国加强极地安全能力的举措

习近平总书记在中央国家安全委员会第一次会议上指出，“当前中国国家安全的内涵和外延比历史上任何时候都要丰富，时空领域比历史任何时候都要宽广”①。在国家总体安全观的指导下，以极地为代表的全球公域被纳入国家安全范畴，不仅反映出在全球化进程下中国与全球发展的各个领域休戚与共的现实，也是维护日益拓展的海外利益的需要。当然，中国参与极地事务不可避免地会受到掣肘和挑战，一方面出于自身技术水平和能力建设不足，另一方面也源于西方国家对于中国深入参与的矛盾心态——既希望中国能够为极地安全领域的治理做出贡献，又担心其主导权受到挑战，继而试图利用话语权、军事优势以及外交协调来防范和牵制中国。面对这种既有需求又有困扰的参与，中国该如何应对？若观照美国全球公域安全战略，不难发现其中带有鲜明的层次感——首先是确保公域的有效和自由进入，进而发展优势地位和提升公域稳定性，最终获得公域的主导权和控制权。在极地领域，抛开美国作为北极国家对北极的特殊利益不谈，美国对南极的参与基本沿袭着上述制权思维。但对于中国而言，对极地的安全认知、资源有效投放和实质性参与尚处于起步阶段，无法与美国、俄罗斯等具有地缘、经济、军事、技术等优势的先入者相比拟，因而现阶段应确保在极地公域的有效和自由进出的基础上通过以下途径加强安全能力建设。

一是倡导极地公域包容性发展，增强战略主动性，提出基于共同利益的极地公域观。2017 年 1 月习近平总书记在联合国日内瓦总部的演讲中提出以“人类命运共同体”为引

① 《中央国家安全委员会第一次会议召开，习近平发表重要讲话》，中央政府门户网站，2014 年 4 月 15 日，载 http：//www. gov. cn/xinwen/2014-04/15/content_2659641. htm。

导，秉持和平、主权、普惠、共治原则，把深海、极地、外空、互联网等领域打造成各方合作的新疆域，而不是相互博弈的竞技场。[①] “人类命运共同体”是为应对全球性挑战而形成的中国独特的全球治理理念，意旨与国际社会共同寻找发展利益的交汇点，创造利益的共享面。[②] 2018 年 1 月发布的《中国的北极政策》白皮书提出参与北极事务的“尊重、合作、共赢、可持续”基本原则，2017 年 5 月发布的《中国的南极事业》白皮书也提出，中国将秉持“和平、科学、绿色、普惠、共治”的基本理念，致力于维护南极条约体系稳定，坚持和平利用。[③] 以“人类命运共同体”理念作为构筑参与极地公域的道义基础，寻求既符合其自身利益诉求又与全人类根本利益相一致的契合点，体现了作为全球性大国维护极地和平与稳定的责任，以及对国际条约和制度的遵守和履行。倡导极地公域包容性的发展观，有助于推动中国参与共生性的极地治理体系的建设，树立积极正面的国际形象。

二是积极参与，防范异化，开展广泛、多层次的国际合作。积极参与极地公域的制度建设，提出建设性、公平公正的治理方案和行为准则，是防范公域“异化”或“私域化”的重要举措。就北冰洋公海区、南极大陆、南大洋等重点区域的不同安全议题，与相应国家和国际组织加强合作，寻求共识的达成，特别是要推动制度安排的公正化和规则制定的民主化，避免少数国家对相关公域事务的垄断或设置准入壁垒。在北极事务上，针对北冰洋公海、国际海底区域、国际海峡通行等议题支持在《联合国海洋法公约》框架下公域治理的机制建设；同时，加强与北极国家在海空搜救、海上预警、应急反应、情报交流等北极低政治层级和非传统安全领域的双多边合作，适机参与如北极海岸警卫队论坛等多边安全机制，妥善应对海上事故、环境污染、海上犯罪等安全挑战；此外，可借助“冰上丝绸之路”合作倡议与北极国家的北极开发战略进行对接，建立安全与政治互信，营造有利于中国和平开发利用北极的安全环境。在南极特别保护区（ASPA）、南极特别管理区（AS-MA）、南大洋海洋保护区（MPA）等涉及实质性存在的议题上提升议程设置能力，结合我国南极内陆考察站布局建设性地参与保护区设立的提案和审议，并切实践行南极视察权利。

论文来源：本文原刊于《江南社会学院学报》2018 年第 3 期，第 31-38 页。
项目资助：中国海洋发展研究会重点项目（CAMAZD201605）。

① 习近平：《共同建构人类命运共同体——在联合国日内瓦总部的讲话》，2017 年 1 月 18 日于日内瓦，载 http://cpc.people.com.cn/n1/2017/0120/c64094-29037658.html。

② 杨剑：《为北极治理做出中国贡献——写在〈中国的北极政策〉白皮书发表之际》，《光明日报》，2018 年 1 月 29 日第 12 版。

③ 国家海洋局：《中国的南极事业——我国政府首次发布白皮书性质的南极事业发展报告》，国家海洋局门户网站，2017 年 5 月 23 日，载 http://www.soa.gov.cn/xw/hyyw_90/201705/t20170523_56194.html。

第二篇　海洋法律

国家管辖范围外区域海洋生物多样性养护和可持续利用问题

金永明[①]

摘要： 国家管辖范围外区域海洋生物多样性养护和可持续利用问题，已成为国际社会关注的焦点。这一方面起因于相关国际条约的制度性缺失，另一方面起因于海洋生物多样性对国际社会的重要性。为制定海洋生物多样性养护和可持续利用新制度，国际社会面临建立在以公海自由原则基础上的公海制度和以人类共同继承财产原则基础上的国际海底区域制度的协调和平衡挑战。为消除《联合国海洋法公约》依事项性规范和船旗国管辖的弊端，在国家管辖范围外区域实施综合性管理、适用人类共同继承财产原则以强化国际机构职权的价值取向，无疑是海洋治理合适而有效的方法。这种思想和管理模式能否被新制定的执行协定所采纳，不仅直接关联海洋法规范性功能的实现和发展方向，而且涉及国家在公海自由使用的权利带来的限制和影响。据此，国际社会对海洋生物多样性养护和可持续利用问题新执行协定的审议有利于丰富《联合国海洋法公约》的宗旨和内涵。

关键词： 国家管辖范围外区域；海洋生物多样性；公海自由；人类共同继承财产

国家管辖范围外区域海洋生物多样性的养护和可持续利用问题，尤其是公海和国际海底区域内的海洋生物多样性包括基因资源的利用和分配等成为国际社会关注的焦点。具体表现形式是联合国大会通过了题为《根据〈联合国海洋法公约〉的规定就国家管辖范围外区域海洋生物多样性的养护和可持续利用问题拟订一份具有法律拘束力的国际文书》的决议（A/RES/69/292，2015 年 6 月 19 日）。依据该决议成立的筹备委员会应在政府间会议前提交有关案文要点的建议，供联合国主持下的政府间会议审议。2017 年 7 月 20 日，筹备委员会向联大提交了《海洋生物多样性养护和可持续利用的具有法律拘束力的国际文书建议草案》（A/AC. 287/2017/PC. 4/2，2017 年 7 月 31 日），同时建议在联合国的主持

① 金永明，男，中国海洋发展研究会常务理事，中国海洋发展研究会海洋法治专业委员会副主任委员、秘书长；中国海洋发展研究中心海洋战略研究室主任；上海社会科学院法学研究所研究员。主要研究方向：国际海洋法。

下尽快决定召开政府间会议，充分考虑上述草案的各项要素并依其案文展开详细讨论。[①]为此，涉及国家管辖范围外区域海洋生物多样性的养护和可持续利用问题的《联合国海洋法公约》将带来新的重大变化，不仅关联各国的利益，而且涉及《联合国海洋法公约》的原则和制度，包括公海制度的公海自由原则、以人类共同继承财产原则为基础设立的国际海底区域制度等方面的影响，所以，有必要对其予以解析。

一、联合国审议海洋生物多样性养护和可持续利用问题的必要性

海洋生物多样性的养护和可持续利用是国际社会新出现的问题。同时，海洋生物多样性的养护和可持续利用问题不仅关联国际社会的生存和发展，而且对其起因、分布和环境影响等因素由于技术的限制并不完全了解，即使在综合规范海洋事务的《联合国海洋法公约》中并未做出明确的规定，甚至在第三次联合国海洋法会议（1973—1982 年）期间也未予以讨论，所以是一个需要补充和完善的新领域。因为海洋生物多样性尤其是生态系统，不仅对于维持地球上的自然循环及生命是重要的，而且对于确保人类生存的环境和人类生活发挥着重要的作用。那么，为什么国际社会多关注国家管辖范围外区域海洋生物多样性的养护和可持续利用问题，而少关注国家管辖范围内区域的海洋生物多样性的养护和可持续利用问题？

一般而言，生物多样性既存在共同性，也具有差异性。而《联合国海洋法公约》是依据各种不同的海域规范的，主要包括两种类型，即国家管辖范围内的海域（例如，领海、专属经济区和大陆架）和国家管辖范围外的海域（例如，公海、国际海底区域）。而国家管辖范围内的海域的管辖权主要依赖于沿海国，国家管辖范围外的海域的管辖权主要依赖于船旗国，但由于各国对公海的海洋生物资源和非生物资源的过度开发和利用，严重地损害了海洋的资源和环境，对海洋的可持续利用带来危机，并损害海洋生物多样性的养护和可持续利用，进而危害人类社会的生存和发展，从而成为需要规范的新领域。

众所周知，规范海洋生物多样性的国际条约主要为《联合国海洋法公约》和《生物多样性公约》。

联合国环境发展会议于 1992 年 6 月 5 日通过的《生物多样性公约》中，第 2 条对“生物多样性”的概念规定为：所有来源的形形色色生物体，这些来源除其他外包括陆地、海洋和其他水生生态系统及其所构成的生态综合体，包括物种内部、物种之间和生态系统的多样性。依据其第 22 条第 2 款的规定，缔约国在海洋环境方面实施本公约不得抵触各国在海洋法下的权利和义务。在适用范围上，《生物多样性公约》第 4 条规定，生物多样性组成部分位于该国管辖范围的地区内；在该国管辖或控制下开展的过程和活动，不论其影响发生在何处，此种过程和活动可位于该国管辖区内也可在国家管辖区外。从《生物多样性公约》第 1 条规定的目标内容看，其目标不全是保护生物多样性，也重视对其组成部分的利用和利用遗传资源而产生的利益的公平分配。同时，从《生物多样性公约》的

① 筹备委员会报告（中文版），载 http://www.un.org/ga/search/view_doc.asp?symbol=A/AC.287/2017/PC.4/2&referer=english/&lang=c，2018 年 2 月 20 日访问。筹备委员会报告（英文版），载 http://www.un.org/ga/serach/view_doc.asp?symbol=A/AC.287/2017/PC.3/L.2，2018 年 2 月 20 日访问。

"序言"内容可以看出，随着国际社会整体对保护地球意识的高涨，《生物多样性公约》无疑是历史上首次对生物多样性保护予以正面规制的条约。但事实上在《生物多样性公约》的通过阶段，国际社会还没有意识到对独立地保护国家管辖范围外海域的生物多样性的必要性，因而也缺失相应的具体措施和管理制度。

从《联合国海洋法公约》尤其是第12部分（海洋环境的保护和保全）的内容看，尽管其规范了对海洋环境的保护和保全的内容，但未出现"生物多样性"及"遗传资源"的用语，对于"海洋科学研究"的第13部分，尽管其依不同的海域规范了在领海、专属经济区、大陆架、公海、国际海底区域的海洋科学研究的规则，同时将海洋科学研究作为公海自由之一予以鼓励，体现了社会发展过程中增进海洋科学知识的重要性，但对于海洋科学研究的定义并未做出规定，所以从保全海洋生物多样性的角度看，何种类型的调查活动是《联合国海洋法公约》规定的海洋科学研究也并不明确。① 即在《联合国海洋法公约》的谈判及审议过程中，针对生物多样性保护问题的认识和科学依据还并未充分，更谈不上对其予以审议和讨论并做出相应的规范了。这体现了《联合国海洋法公约》的局限性。

可见，海洋生物多样性保护问题不仅是全人类的共同关切事项；② 同时，其对人类社会的发展具有重要的作用，但国际社会的上述两个重要条约均未对海洋生物多样性的养护和可持续利用做出明确的规定，所以对国家管辖范围外区域海洋生物多样性的养护和可持续利用问题制定新的具有法律拘束力的国际文书是十分必要的。

二、国际社会提起及审议海洋生物多样性养护和可持续利用问题概要

鉴于《生物多样性公约》和《联合国海洋法公约》对海洋生物多样性的养护和可持续利用问题存在制度上的缺陷，国际社会多认为对国家管辖范围外区域海洋生物多样性的养护和可持续利用问题的新制度应与上述两个条约相一致，并具有整合性（一致性），特别应考虑它们审议和讨论此议题的发展进程、吸纳其成果。为此，有必要重点论述《生物多样性公约》和《联合国海洋法公约》机构对此议题的审议进程。

（一）海洋生物多样性养护和可持续利用问题的提起及发展

对海洋生物多样性养护和可持续利用问题的提起，可以追溯到在公海设立保护区的建议。设立保护区的建议于1992年在联合国环境发展会议上通过的《21世纪议程》中有所涉及。具体内容为：第一，沿海国在自国管辖的海洋中应为维护生物多样性采取措施，并能对保护区进行设立和管理；第二，沿海国为提升收集和分析与影响海洋活动有关的情报，有必要制作沿岸海域保护区的概况；第三，沿海国为识别高阶生物多样性的海洋生态系统，特别应通过指定保护区等以对海洋的利用采取必要的限制。但应指出的是，《21世纪议程》中的保护区范围仅限于在自国管辖范围内的海域的保护区，没有言及国家管辖范

① 尽管《联合国海洋法公约》未直接定义海洋科学研究的概念，但从第246条第3款的内容可以反推出对海洋科学研究的内容。其是指为和平目的并为增进关于海洋环境的科学知识以谋全人类利益。

② 例如，《生物多样性公约》"序言"指出，缔约国确认生物多样性的保护是全人类共同关注的事项。

围外的海域的保护区。

国家管辖范围外海域海洋生物多样性的养护和可持续利用问题的发展，在2002年9月可持续发展世界峰会上通过的“实施计划”上得到验证。具体内容为：第一，应维持包括国家管辖范围内外的两种海域内的所有海洋脆弱性的生产能力和生物多样性；第二，强调了应依据于1995年在《生物多样性公约》第2次缔约国会议上通过的与海洋和沿岸生态系统的保全和可持续利用有关的“雅加达指令”所规定的工作计划实施的重要性；[①] 第三，为促进对海洋的保存和管理，应依据《21世纪议程》第17章，到2012年底努力采用生态系统方法、废除有害的渔业惯例，并依据国际法及科学情报设立海洋保护区包括确立代表性的网络。[②] 可见，在上述“实施计划”中指出了在国家管辖范围内外海域维持生物多样性的重要性，并建议在公海设立海洋保护区的提案。这可谓是对海洋生物多样性养护和可持续利用问题的发展。

（二）国际机构审议海洋生物多样性养护和可持续利用问题概要

1. 在《生物多样性公约》缔约国会议上的审议情况

在《生物多样性公约》缔约国会议上，比较重要的内容为以下几次会议成果。[③]

（1）在1995年举行的第2次缔约国会议上通过的“雅加达指令”，即为保护海洋生物多样性，应鼓励把设立海洋保护区作为生态系统方法的一部分并要求缔约国采取全球应对措施。

（2）在1997年举行的第4次缔约国会议上，设立了海洋保护区特设技术专家组。其对国家管辖范围外海域的海洋保护区进行了讨论并达成以下三点共识：第一，多个生态系统存在于国家管辖范围以外的海域；第二，现今有效保护广泛的生物多样性的海洋保护区并不存在，但相关海域的生物多样性正遭遇很大的威胁，所以在这些海域有必要设立海洋保护区；第三，对公海及国际海底区域的环境而言，有可适用的多个国际和区域文件，所以对于在公海的海洋保护区，应慎重地讨论其位置及方法，同时应与其他有关机构进行协商。[④]

（3）在2004年举行的第7次缔约国会议上，就海洋保护区尤其是国家管辖范围外海域的海洋保护区内容做出了以下决定。[⑤] 第一，针对国家管辖范围外海域的生物多样性的危机明显增大，而在该区域的海洋保护区在目的、数量及对象方面极不充分；第二，符合国际法和依据科学情报包括设立海洋保护区，同意以改善国家管辖范围外海域生物多样性养护和可持续利用为目的的国际合作和紧急行动是必要的；第三，尽管海洋法对国家管辖

---

① The Jakarta Mandate, A/51/312, Annex II, decision II/10, para. 12.

② See World Summit on Sustainable Development, Plan of Implementation, 4 September 2002, para. 32, A/CONF. 199/20, pp. 24-25.

③ 《生物多样性公约》第23条第1款规定，特此设立缔约国会议。缔约国会议第一次会议应由联合国环境规划署执行主任于本公约生效后一年内召开。其后，缔约国会议的常会应依照第一次会议所规定的时间定期举行。

④ See UNEP/CBD/SBSTTA/8/9/Add. 1, 27 November 2002, p. 14.

⑤ See Decision Ⅶ/5, Marine and Coastal biological diversity, Decisions adopted by the Conference of the Parties to the Convention on Biological Diversity at its Seventh Meeting, UNEP/CBD/COP/7/21, pp. 133-175.

范围以外海域的活动规范了法律框架，但要求事务局局长与联合国秘书长和其他有关的国际和区域机构合作，并提供帮助；第四，决定设立保护区特设工作组，任务是依据科学情报，为在国家管辖范围以外的海域设立海洋保护区进行合作提供方法。[①]

2. 在《联合国海洋法公约》缔约国会议上的审议概要

2000 年以后每年举行此类缔约国会议，针对与海洋生物多样性养护和可持续利用问题有关的内容如下。

（1）在 2003 年举行的第 4 次会议上，就海洋保护区特别是在国家管辖范围外海域设立海洋保护区的问题进行了讨论。对于在公海设立保护区的法律问题，存在以下三种不同而对立的观点：第一，合法论，即意大利主张的在现行国际法的框架下，在公海设立保护区是合法的观点；第二，违法论，即挪威主张的在公海设立保护区与公海自由原则相抵触而违法的观点；第三，未定论，即在现阶段无法断定这种行为的合法或违法性，有必要对此问题进行重复讨论后再断定其性质的荷兰主张。[②]

（2）在 2004 年以后举行的第 5 次至第 8 次（2004—2007 年）会议上，对国家管辖范围外海域的海底包括生物多样性的保护和管理的可持续利用问题、渔业和可持续发展对渔业的贡献、生态系统的管理方法，以及海洋遗传资源等内容进行了讨论，确认了在公海设立保护区、保护国家管辖范围外海域的生物多样性的政策等应依据包括《联合国海洋法公约》（以下简称《公约》）在内的国际法以及依据科学情报的重要性。

总之，在《公约》的缔约国会议上，尽管对于组成海洋生物多样性的一部分的遗传资源进行紧急保护达成了共识，但对于海洋遗传资源的保护，《公约》能适用到何种程度；对海洋遗传资源的科学调查活动，可否使用在公海的公海自由原则；在国际海底区域内的相应活动，是否接受国际海底管理局的管辖等问题在国家间产生了不同的观点。不可否认，这些重要而核心的内容均是今后应明确的议题。[③]

3. 在联合国的审议概要

在联合国审议国家管辖范围外区域海洋生物多样性问题的方式是通过联合国大会、联大决议，以及联合国秘书长的《海洋与海洋法》的年度报告推进的。与该主题有关的内容，主要为以下几项。

（1）2002 年 12 月的联大决议（GA/RES/57/141）。该决议指出，为阻止海洋生物多样性的丧失，各国应采取措施，并依据国际法以及科学情报于 2012 年底设立海洋保护区的代表性网络，采用生态系统管理方法，消除包括违法、无报告、无规制的破坏性渔业惯例；同时要求各国与相关国际组织合作，紧急探讨依科学情报整合和改善对海山、其他海洋地物中的海洋生物多样性具有危险的管理方法。

（2）2004 年 11 月的联大决议（GA/RES/59/24）。该决议决定成立“研究国家管辖范

---

① See Decision Ⅶ/28, Protected Areas, Marine and Coastal biological diversity, Decisions adopted by the Conference of the Parties to the Convention on Biological Diversity at its Seventh Meeting, UNEP/CBD/COP/7/21, pp. 339-358.

② ［日］田中则夫：《国际海洋法的现代形成》，东信堂 2015 年版，第 315 页。

③ ［日］田中则夫：《国际海洋法的现代形成》，东信堂 2015 年版，第 315-317 页。

围外海洋生物多样性的保护和可持续利用问题的不限名额非正式特设工作组”。其任务是对联合国各机构的有关国家管辖范围以外的海洋生物多样性的保护和可持续利用有关的过去、现在的活动进行调查，从科学、技术、经济、法律、环境和社会经济的角度加以讨论，在适当时为促进国际合作明确可供选择的方案和方法。“不限名额非正式特设工作组”的设立不仅是联合国正式讨论国家管辖范围外海洋生物多样性保护问题的论坛，而且也是具体实施《生物多样性公约》和《公约》规范的原则和制度的延伸。

（3）自 2006 年 2 月联合国非正式特设工作组举行首次会议以来，至 2015 年 1 月共举行了 9 次会议。[①] 在这些会议中，讨论的要点及达成的共识，主要为如下两个方面。第一，《公约》是规范海洋所有活动的法律框架性条约，国家管辖范围外海洋生物多样性的保护和可持续利用的任何活动应符合《公约》；同时，在探讨国家管辖范围外海洋生物多样性的保护和可持续利用问题时也应留意《生物多样性公约》的宗旨和目的。第二，国家管辖范围外海洋生物多样性的保护和可持续利用应基于最好可能利用的科学知识，运用生态系统及预防方法，以促进对海洋生物多样性的科学调查和研究。

（4）按照 2015 年 6 月联大决议设立的筹备委员会（Preparatory Committee）应在 2016 年和 2017 年分别举行两次会议的要求，在这四次会议上讨论的内容，主要为：第一，包括利益分配在内的海洋遗传资源问题；第二，包括海洋保护区在内的划区管理工具等的措施；第三，环境影响评估；第四，能力建设和海洋技术转让四个综合而整体性的问题。

三、海洋生物多样性养护和可持续利用新执行协定内容及焦点

（一）海洋生物多样性养护和可持续利用新执行协定的主要内容

从联合国迄今审议和讨论国家管辖范围外区域海洋生物多样性的养护和可持续利用问题，尤其是依联大决议就根据《公约》的规定拟订一份具有法律拘束力的国际文书的案文草案要点的筹备委员会报告内容看，主要包括以下方面。

1. 新执行协定的地位和性质、原则和方法

第一，海洋生物多样性养护和可持续利用新执行协定的地位和性质。国际社会普遍认为，新执行协定应以《公约》为核心，尊重现行其他相关法律文书和框架以及相关全球、区域和部门机构的作用，为此，需要一个全面的全球制度，以更好地处理国家管辖范围外区域海洋生物多样性的养护和可持续利用问题。换言之，新执行协定是对《公约》的细化、补充和完善。

第二，海洋生物多样性养护和可持续利用新执行协定的适用范围和基本目标。在空间范围上，新执行协定规范的是国家管辖范围以外的区域，主要是在公海和国际海底区域内的生物资源和非生物资源的养护和可持续利用问题。在属事范围上，新执行协定规范的是作为一个整体处理海洋遗传基因资源包括惠益分享问题、划区管理工具包括海洋保护区等措施、环境影响评估以及能力建设和海洋技术转让问题。所以，制定新执行协定的目的是

① See Marine biological diversity of areas beyond national jurisdiction legal and policy framework，paras. 8-23，pp. 2-7. See http：//www. un. org/depts/los/biodiversityworkinggroup/webpage_ legal_ and _policy. pdf，2018 年 1 月 5 日访问。

通过有效执行《公约》，确保国家管辖范围外区域海洋生物多样性的养护和可持续利用。

第三，海洋生物多样性养护和可持续利用新执行协定的基本原则和方法。新执行协定内容应包括如下原则和方法。尊重《公约》所载之权利、义务和利益的平衡；兼顾《公约》有关条款所适当顾及的事项；尊重沿海国对其国家管辖范围内所有区域，包括对200海里内外的大陆架和专属经济区的权利和管辖权；尊重各国主权和领土完整；只为和平目的利用国家管辖范围外区域的海洋生物多样性；促进国家管辖范围外区域海洋生物多样性的养护和可持续利用；可持续发展；在所有各级开展国际合作与协调；相关利益攸关方的参与；生态系统方法、风险预防方法、统筹方法、基于科学的方法利用现有的最佳科学资料和知识包括传统知识；适应性管理；建设应对气候变化影响的能力；符合《公约》不将一种污染转变成另一种污染的义务、谁污染谁付费原则、公众参与、透明度和信息的可取得性；小岛屿发展中国家和最不发达的特别需要，包括避免直接或间接地将过度的养护行动负担转嫁给发展中国家，以及诚信原则。[①]

2. 新执行协定在具体内容上的共识和分歧

第一，海洋遗传基因资源包括惠益分享问题。如何规范在公海和国际海底区域内的海洋遗传基因资源（Marine Genetic Resources）是生物多样性新执行协定讨论的重要内容之一。因对其的利用需要资金和技术，所以，事实上仅限于发达国家，而对如何规制海洋遗传基因资源的获取和利益分享则是发展中国家关注的焦点。对于国际海底区域（在《公约》中简称“区域”）内的资源而言，已存在人类共同继承财产的原则。即《公约》第136条规定，“区域”及其资源是人类的共同继承财产。如果仅从“区域”内的“资源”是“矿物资源”的内容看，其规范的对象并未仅涉及矿物资源，也可规范“区域”内非生物资源的遗传基因资源；至于“区域”是否可以规范生物资源内的海洋遗传基因资源，则存在不同的观点，需要国际社会进一步审议包括在具体制度上予以明确。[②] 同时，对于海洋遗传基因资源的获取，一些发展中国家主张在新制定的执行协定中应增加对样品的获取以及确保对其跟踪的可能性和透明性的内容；而以美国、日本和欧盟为主的发达国家认为，海洋遗传基因资源的获取应遵守公海自由原则，对其的研究和开发活动不应有任何的限制。在对海洋遗传基因资源利益分享上的最大分歧是，发展中国家强调财政上分享利益的必要性，主张应以现存的国际制度为参考制定新的国际制度；同时，认为应在新执行协定中包含保护与海洋遗传基因资源有关的知识产权内容，对此，发达国家虽采取了反对的立场，但在对获取遗传基因资源的援助等方面，认为可以以非财政的利益分享方式对发展中国家进行帮助。

第二，划区管理工具包括海洋保护区等措施。海洋保护区起源于在国家管辖范围内的海域，现今出现了在公海和国际海底区域设立海洋保护区的呼声和要求。尽管联大决议决定在新执行协定中应商定包括海洋保护区在内的划区管理工具的措施，但对于“海洋保护

① 《（联合国）大会关于根据〈联合国海洋法公约〉的规定就国家管辖范围以外区域海洋生物多样性的养护和可持续利用问题拟订一份具有法律拘束力的国际文书的第69/292号决议所设筹备委员会报告》内容，第8-9页。

② ［日］滨本正太郎：《国家管辖范围外海洋生物多样性：保护和利用》，载［日］柳井俊二、村濑信也编：《国际法的实践》，信山社2015年版，第502-503页。

区”和“划区管理工具”的概念，在国际社会并不明确存在。

尽管国际社会对于设立海洋保护区的法律依据存在争议，但在国家管辖范围内以保护特定区域内的生物多样性的海洋保护区依然得到了发展，而在国家管辖范围外的海域设立特定的海洋保护区，则会在习惯国际法的公海自由原则和依据区域性的协议设立海洋保护区的义务之间发生对立和冲突，即区域性协定设立的海洋保护区无法拘束非缔约国的权利，这是无法回避的现象和事实，从而影响区域性海洋保护区协议的执行和效果。

第三，环境影响评估内容。《公约》第 206 条规定，各国如有合理根据认为在其管辖或控制下的计划中的活动可能对海洋环境造成重大污染或重大和有害的变化，应在实际可行范围内，就这种活动对海洋环境的可能影响做出评估，并应依照第 205 条规定的方式提送这些评估报告的结果。[①] 而国家提交这种评估报告的义务，依据国际海洋法法庭海底争端分庭的咨询意见，在国家管辖范围外“区域”上的活动报告，已成为习惯国际法上的义务。[②] 但在《公约》和习惯国际法上，对必须实施环境影响评估的范围和内容并未做出具体规定，所以，细化国家管辖范围外区域的环境影响评估内容，应是制定新执行协定时所要讨论的内容。

第四，能力建设和海洋技术转让内容。《公约》第 14 部分规定了“海洋技术的发展和转让”内容，在第 11 部分第 144 条规定“区域”内活动的资源开发者向管理局企业部和发展中国家转让技术的义务，但此技术转让义务因受到发达国家的反对，在 1994 年制定的《关于执行〈联合国海洋法公约〉第 11 部分的协定》中已经取消。

不可否认，为实现新执行协定的目的，向发展中国家提供能力建设和海洋技术转让帮助是重要的内容，但过分而强制性地帮助能力建设和转让海洋技术无疑会增加国家管辖范围外区域活动者的附加负担，所以需要有协调和平衡的制度设计。同时，对于海洋遗传基因资源的衍生物以及电子化产品包括知识产权，也应纳入海洋技术转让范围，所以，提升发展中国家的能力建设和转让海洋技术的对象范围是广泛的，对其海洋技术范围的界定也应是新执行协定规范的内容。

（二）海洋生物多样性养护和可持续利用新执行协定的争议焦点

从新执行协定规范的范围看，如果依据《公约》对不同海域的规范，国家管辖范围以外的海域具体指超越国家管辖范围以内的海域（专属经济区和大陆架），即公海和国际海底区域。如上所述，《公约》体系内的公海制度以公海自由原则为基础，国际海底区域制度以人类共同继承财产原则为基础。那么，新执行协定设立的制度应以什么原则为基础，又与这些原则如何协调和平衡？

---

① 《联合国海洋法公约》第 205 条规定，各国应发表依据第 204 条所取得的结果的报告，或每隔相当期间向主管国际组织提出这种报告，各该组织应将上述报告提供所有国家。第 204 条第 1 款规定，各国应在符合其他国家权利的情形下，在实际可行范围内，尽力直接或通过各主管国际组织，用公认的科学方法观察、测算、估计和分析海洋环境污染的危险或影响；第 2 款规定，各国特别应不断监视其所许可或从事的任何活动的影响，以便确定这些活动是否可能影响海洋环境。

② 参见［日］西本健太郎：《国家管辖范围外区域的海洋生物多样性的养护和可持续利用——新的国际制度的形成与国内的影响》，《法学家》2016 年秋季号（第 19 期），第 12 页。

1. 公海自由原则的确立及发展

长期以来，海洋自由思想是海洋秩序的基础。在古罗马时代，根据万民法，海洋对所有人开放，禁止私人占有及分割，即所谓的海洋自由原则。进入中世纪后，欧洲各国开始对沿岸海域主张领有权，从而出现了对抗自由用海的势力。大航海时代，作为海洋帝国的西班牙和葡萄牙将世界分为大陆和海洋两部分，并对其实施控制。被称为国际法之父的荷兰国际法学者雨果·格劳秀斯（Hugo Grotius）强烈反对对海洋的万人之物加以领有或控制，主张海洋自由原则。对此，英国的约翰·塞尔登（John Selden）为使英国对海洋的控制正当化，提出了“领有海洋”的观点。而在大航海时代以后的国际社会中，一般将海洋分为国家权利可及的“狭窄的领海”、不属于任何人但可以自由利用的“宽广的公海”（公海自由原则）两部分。①

从海洋法的视角看，1945 年 9 月 28 日美国杜鲁门总统发布的《大陆架公告》，直接推动了海洋法的发展。②《大陆架公告》指出，美国政府认为，处于公海下但毗连美国海岸的大陆架的底土和海床的自然资源属于美国，受美国的管辖和控制。此公告公布后，很多国家相继仿效，主张沿海国对其附近海域的管辖权，为此，联合国于 1958 年主持召开了第一次联合国海洋法会议，并缔结了包括《领海及毗连区法》《公海公约》等在内的“日内瓦海洋法四公约”。其中，《大陆架公约》第 1 条和第 2 条关于大陆架的范围，以及沿海国为勘探和开采自然资源的目的，对大陆架行使主权权利的规定，不仅突破了领海以外即公海的二元论结构，而且打破了传统性的海洋自由绝对论的思想。③ 这种现象在《公约》中得到进一步的发展，例如，其第 87 条第 2 款规定。换言之，公海自由原则经历了“自由放任”到“适当顾及”的阶段，可谓是对公海自由原则的限制。④

从《公约》制度看，对公海自由原则的限制，特别体现在专属经济区和国际海底区域制度的设立上。对于专属经济区制度，《公约》第 56 条赋予了沿海国对具体事项（如海洋科学研究、海洋环境的保护和保全等）的专属管辖权，即所谓的事项性或功能性的管辖权，而对于这些事项性的管辖权由沿海国或船旗国予以行使，所谓的沿海国的专属性事项管辖权，但船旗国因受意愿、条件、能力、资金和技术及设备等方面的限制，《公约》所规范的目标并未能得到切实实现，包括呈现对渔业资源的过度捕捞、海洋环境的污染等情形，所以，在国际社会出现了综合管理海洋的趋势，即所谓的海洋综合治理。

一般认为，海洋的综合治理包括规范、执行、意思决定过程、完备的制度等要素。其

---

① 金永明：《海洋问题时评（第一辑）》，中央编译出版社 2015 年版，第 3-4 页。

② 美国总统的《大陆架公告》内容，参见北京大学法律系国际法教研室编：《海洋法资料汇编》，人民出版社 1974 年版，第 386-387 页。

③ 例如，《公海公约》第 1 条规定，“公海”是指不包括在一国领海或内水内的全部海域；《领海与毗连区公约》第 24 条第 1 款规定，沿海国在毗连其领海的公海区域内，得行使下列事项所必要的管制。

④ 不可否认，公海自由原则从“自由放任”到“适当顾及”的发展，也受到国际法院判决的影响。例如，国际法院在 1974 年“渔业管辖案”判决中指出，随着渔业活动范围的增加，国际海洋法的发展结果是，曾经在公海对海洋生物资源的自由放任措施，被通过对他国权利及为万人需要保存而应采取适当措施义务的承认所替换。参见［日］坂元茂树：《区域渔业管理机构功能扩大对国际法发展的影响：从渔业规制到海洋管理》，载［日］柳井俊二、村濑信也编：《国际法的实践》，信山社 2015 年版，第 459 页。

包括两个层面的含义：第一，在规制层面上，是指公海自由应服从于国际社会共同利益的实现；第二，在执行层面上，为确保公海秩序应实施分权化的机制。[①] 换言之，针对公海自由原则的限制，在国际社会呈现了由事项性管辖向综合性管辖，并由不同机构包括国际、区域以及其他机构共同合作管理的发展趋势。即公海自由经历了自由放任（完全自由）、适当顾及综合管理的发展趋势。这种发展趋势应适用到海洋生物多样性养护和可持续利用问题的新执行协定之中，这也正是 2015 年 6 月 19 日联大通过决议时所指出的应在《公约》的框架下全面地探讨新的全球性制度以更好地处理国家管辖范围外区域海洋生物多样性养护和可持续利用问题，并不应损害现有有关法律文书和框架以及相关的全球、区域和部门机构之要义，这种观念应该得到国际社会的认可。

2. 人类共同继承财产原则的内涵

如上所述，在《公约》内确立了以人类共同继承财产为原则的国际海底区域制度。其内容，主要为以下四条。第一，国际海底区域及其资源的法律地位。例如，《公约》第 136 条规定，"区域"及其资源是人类共同继承财产，同时，人类共同继承财产原则成为不可减损之原则。第二，国际海底区域资源的平行开发制度。例如，《公约》第 153 条第 2 款规定，"区域"内活动由企业部进行，和由缔约国或国营企业、或在缔约国担保下的具有缔约国国籍或由这类国家或其国民有效控制的自然人或法人、或符合本部分和附件三规定的上述各方的任何组合，与国际海底管理局（以下简称管理局）以协作方式进行。第三，设立了管理"区域"内活动的专职性机构。例如，《联合国海洋法公约》第 156 条规定，兹设立国际海底管理局，按照本部分（即第 11 部分）执行职务；第 157 条第 1 款规定，管理局是缔约国按照本部分组织和控制"区域"内活动，特别是管理"区域"资源的组织。第四，管理局的职能和功能。主要包括以下方面：管理性功能，对"区域"内资源的一切权利属于全人类，由管理局代表全人类行使；分配性功能，管理局应通过任何适当的机构，在无歧视的基础上公平分配从"区域"内活动取得的财政及其他经济利益；规范性功能，管理局可对"区域"内的活动和保护海洋环境、生产政策等制定规则、规章和程序；职权性功能，管理局可对"区域"及其资源进行海洋科学研究并协调和传播研究和分析的结果，管理局应采取措施取得有关"区域"内活动的技术和科学知识，并促进和鼓励向发展中国家转让这种技术和科学知识。

除在《公约》本身规范国际海底区域制度外，在其组成部分的附件三、附件四也规定了探矿、勘探和开发的基本条件，以及企业部的章程。[②] 但其在技术转让和财政上的负担等，因有损于技术的研发和市场经济的原则，致使一些发达国家抵制加入《公约》并在其体系外缔结协议以开发"区域"内的资源，这样的举措不仅损害《公约》的普遍性，而且损抑人类共同继承财产原则目标的实现，所以，在联合国秘书长主持下，于 1994 年在联合国第 48 届会议续会上通过了《关于执行〈联合国海洋法公约〉第 11 部分的协定》。

① ［日］兼原敦子：《国家管辖范围外海洋生物多样性新协定：公海制度的发展视角》，《日本海洋政策学会会刊》第 6 期（2016 年 11 月），第 6–7 页。

② 例如，《联合国海洋法公约》第 318 条规定，各附件为本公约的组成部分，除另有明文规定外，凡提到本公约或其一个部分也就包括提到与其有关的附件。

《关于执行〈联合国海洋法公约〉第11部分的协定》主要对“区域”制度的实质性条款做了修改，不仅满足了发达国家在技术和财政等方面的关切，而且推进了《公约》的普遍化进程，特别是使建立在人类共同继承财产原则上的国际海底区域制度的实施成为可能。

在此应该指出的是，人类共同继承财产原则在国际海底区域制度的创设，反映了时代的发展趋势，一些发达国家尤其是美国接受此原则的主要依据是，为开发国际海底区域的矿物资源需要排除他国的参与，即为开发“区域”内资源需要取得排他性的权利，而这种排他性的权利在公海自由原则下是无法取得的，所以，为取得这种排他性权利需要建立与公海制度不同的新国际制度，从而认同了建立在人类共同继承财产原则基础上的国际海底区域制度。①

四、海洋生物多样性养护和可持续利用新执行协定展望

在海洋法的发展过程中，由于海洋科技的发展，使得国际社会开发海洋空间及资源的活动成为可能，而为使全人类尤其是发展中国家获得海洋利益，避免发达国家凭借其技术和资金优势独享成果，从而出现了修改大陆架范围、将人类共同继承财产运用于国际海底区域制度的呼声和要求，进而丰富和发展了海洋法体系。现今人类对海洋生物多样性的认知程度和相应的技术也获得了发展，所以如何规范其行为和活动，成为国际社会关注的热点议题。

结合联合国对海洋生物多样性养护和可持续利用问题新执行协定的审议过程，海洋法体系尤其是《公约》体系呈现出如下的发展趋势。

第一，立法模式的发展性。在《公约》体系的发展过程中，不是对其自身加以修改和补充，而是通过制定“执行协定”的方式补充和完善海洋法体系，这可谓是立法模式的发展。从《维也纳条约法公约》第30条、第59条规定的内容看，后续条约如不违反先前条约的宗旨和目的，并就相互关系上在后续文本中加以说明或规定，则采用这种“执行协定”的模式以细化和修正先前条约的内容是可行的。对于国家管辖范围外区域海洋生物多样性养护和可持续利用问题新执行协定的制定，也将采用此种模式。

第二，立法思想的发展性。由于受到海洋意念、认识和技术等方面的局限，《公约》和《生物多样性公约》并未就海洋生物多样性的养护和可持续利用问题做出明确的规定，而为养护和可持续利用国家管辖范围外区域海洋生物多样性资源，有必要在国际社会设立一项具有法律拘束力的文书，已经成为国际社会的共识。但就其在具体适用的原则和制度上，存在公海自由原则和人类共同继承财产原则之间的对立和分歧，在具体适用的制度上包括在遗传基因资源的获取、利益分享、环境影响评估、技术转让等方面因受认识和技术的限制，也存在不同的意见，所以，如何管理生物多样性资源包括设立新的国际机构或扩大和明确国际海底管理局的职责和功能将是政府间会议讨论的焦点。

从《公约》依事项性规范和船旗国专属管辖的弊端看，因国家特别是发展中国家在资金和技术及装备等上的局限性，无法消除因开发利用海洋空间及资源造成的不利影响，所

① ［日］田中则夫：《国际海洋法的现代形成》，东信堂2015年版，第19-26页。

以在新制定的执行协定中采用综合性管理海洋的理念并由国际机构管理海洋生物多样性资源是理想的选择，这就面临限制公海自由、适用人类共同继承财产原则所蕴含的思想的挑战，而这能否在政府间会议上得到认可并被采纳，将是今后我们持续关注的重要问题。

第三，立法路径的可行性。从现今联合国主导的对海洋生物多样性的养护和可持续利用问题制定新执行协定的立法路径看，采纳了设立国际海底区域制度并制定《公约》的立法路径，即通过联大决议确立方向和原则，通过设立工作组和筹备委员会拟定文本草案，再供政府间会议讨论，以缔结新执行协定的路径。这应该是制定国际条约的基本方法，所以这种立法路径对于制定新的执行协定是可行的。但不可否认的是，在政府间会议上对一些具体问题的争议将是无法回避的，这需要国际社会尤其是大多数国家的共同努力和积极贡献。

总之，《公约》自 1982 年通过以来，在其发展和完善的过程中已积累了一定的经验和教训。如何将这些经验和教训融入新制定的执行协定中，对于消除其弊端，具体化《公约》的原则和制度，是国际社会面临的重大选择。即《公约》体系面临新的考验和发展机遇，这种考验和机遇特别体现在对公海自由原则的限制和以人类共同继承财产原则为基础扩大国际海底管理局的功能和范围的适用上，但如想在近期通过海洋生物多样性养护和可持续利用问题新执行协定，则采用建立在人类共同继承财产原则基础上的国际海底区域制度包括明确和扩大国际海底管理局的职能，则是一个比较容易被国际社会接受且具有成本效益比较高的路径抉择。国家管辖范围外区域海洋生物多样性养护和可持续利用问题新执行协定的未来如何，仍有待我们持续观察和关注。

论文来源：本文原刊于《社会科学》2018 年第 9 期，第 12-21 页。
项目资助：中国海洋发展研究会重大项目（CAMAZDA201601）。

论国家管辖范围以外区域海洋遗传资源的法律地位

张磊[①]

摘要： 随着科技的重大进步，人类开始认识到国家管辖范围以外区域海洋遗传资源具有重要的战略价值。于是，联合国大会正在拟定相关的国际文书，以实现该资源的养护与可持续利用。在这样的背景下，上述资源的法律地位无疑是建章立制的根本性问题。为了更好地养护该区域的遗传资源，不应依据海域类型采取"分而治之"的做法，而更宜采取统一的法律地位。相比"共有物"，统一的法律地位更宜界定为"人类共同财产"。不过，鉴于"人类共同财产"理论在国际海底区域的实践屡遭挫折，为了汲取教训，该理论只有经过改进之后才能适用于国家管辖范围以外区域海洋遗传资源。在开发方面，"人类共同财产"理论应当摒弃由国际组织直接开发的思路，只需要保障各国机会均等；在收益方面，该理论不应再执着于经济利益的平均化，而应当兼顾经济价值和使用价值。

关键词： 国家管辖范围以外区域；遗传资源；人类共同财产；公海；国际海底区域

一、问题的提出

随着科学技术的日新月异，人类对生物多样性的认识取得巨大的进步。换言之，我们开始意识到：生物不但可以成为实物产品（如食物、服饰等），而且生物的遗传资源是一笔巨大的无形资产。根据《生物多样性公约》第2条，所谓遗传资源，是指"具有实际或潜在价值的遗传材料"。从这些遗传材料中提取的基因信息可以被广泛地用于药物研发、农业增产等重要领域。于是，世界主要国家纷纷将遗传资源上升到战略资源的高度。我国《加强生物遗传资源管理国家工作方案（2014—2020年）》提出："生物遗传资源是国家战略资源，是经济社会可持续发展的基础，也是国家生态安全和生态文明建设的重要物质

---

① 张磊，男，中国海洋发展研究会理事，华东政法大学国际法学院教授、上海高校智库——上海交通大学海洋法治研究中心兼职研究员。研究方向为国际海洋法。

保障。”

就现代海洋法而言，所谓国家管辖范围以外区域（以下简称国家域外），是指公海和国际海底区域。[①] 国家域外海洋遗传资源非常丰富，由于公海约占全部海洋面积的60%，[②] 因此，生活在公海的生物种群与数量必然繁多和庞大。同时，国际海底区域也蕴藏着人类尚未发现的大量新物种。这些新物种的基因信息往往是攻克科学难题的钥匙。因此，国家域外海洋遗传资源的养护与可持续利用成为国际社会关注的焦点问题。

2015 年，第 69 届联合国大会通过第 292 号决议（以下简称《联大决议》），决定根据 1982 年《联合国海洋法公约》（以下简称《海洋法公约》），就国家域外海洋生物多样性的养护和可持续利用问题拟订一份具有法律拘束力的国际文书，并将遗传资源的养护和可持续利用作为未来国际文书的核心内容之一。[③] 在这样的背景下，国家域外海洋遗传资源的法律地位是一个根本性的问题，因为不同的法律地位将决定不同的法律制度。有的国家主张贯彻公海自由原则，即其法律地位应体现“共有物”理论；有的国家则主张模仿国际海底区域的做法，即其法律地位应为“人类共同财产”，还有的国家主张将公海与国际海底区域分割开来，分别采用“共有物”和“人类共同财产”理论。对此，需要深入辨析和研究。

二、国家域外海洋遗传资源更宜采取统一的法律地位

（一）海域类型划分与生物资源养护之间存在一定的矛盾

根据《海洋法公约》，从领海基线向海洋延伸 12 海里是领海。国家对领海享有主权。再从领海向海洋延伸相应的距离分别是专属经济区和大陆架。[④] 国家对专属经济区和大陆架享有一定程度的管辖权。在领海、专属经济区、大陆架以及国家管辖的其他区域之外，《海洋法公约》确立了公海和国际海底区域。由于任何国家不得对公海和国际海底区域主张主权或管辖权，所以它们构成了国家管辖范围以外区域。

随着海域类型的划定，生物资源被置于不同的法律制度之下。众所周知，生物会在不同距离内进行迁徙，并且各个物种之间环环相扣，唇齿相依，构成统一的生态系统。不过，海域类型的划分似乎无法较好地兼顾生物的迁徙性和生态系统的整体性，因而导致生物资源的养护问题始终困扰着国际社会。例如，领海的宽度肇始于 18 世纪出现的“大炮

---

① See Marine biological diversity beyond areas of national jurisdiction，http：//www. un. org/Depts/los/biodiversityworkinggroup/marine_biodiversity. htm，2017-09-20.

② 刘文宗：《公海的法律制度简述》，《海洋开发与管理》1996 年第 1 期。

③ 第 69 届联大第 292 号决议的全称是《根据〈联合国海洋法公约〉的规定就国家管辖范围以外区域海洋生物多样性的养护和可持续利用问题拟订一份具有法律拘束力的国际文书》。

④ 专属经济区的宽度自领海基线量起不超过 200 海里。大陆架的宽度自领海基线量起不超过 350 海里或不超过 2 500米等深线以外 100 海里。

射程说”。[①] 很显然，生物资源的养护不是划定领海宽度的主要因素。早在 1893 年发生的“白令海海豹仲裁案”就凸显了领海制度在生物资源养护方面先天局限性。[②] 又如，专属经济区的宽度最早是由智利在 1946 年的声明中提出的，目的是涵盖拉美国家附近的主要渔场。然而，专属经济区同样无法较好地解决生物资源的养护问题，因为它不可能禁锢海洋生物。在这方面，比较突出的问题是跨界鱼类种群和高度洄游鱼类种群的养护；上述鱼种主要穿梭于专属经济区与公海之间，它们由于部分国家在公海上的过度截杀而出现物种衰退现象。于是，国际社会在 1995 年通过了《执行 1982 年 12 月 10 日〈联合国海洋法公约〉有关养护和管理跨界鱼类种群和高度洄游鱼类种群的规定的协定》（以下简称《鱼类种群协定》）。《鱼类种群协定》允许沿海国将鱼类养护的管辖权由专属经济区拓展至周边公海上的船舶。这种具有“补漏”性质的措施恰恰说明海域类型划分与生物资源养护之间存在一定的矛盾。

（二）国家域外遗传资源的法律地位可以与海域类型“松绑”

《海洋法公约》将国家域外的水体和底土区分为两个不同的区域，即公海和国际海底区域，并且确立了不同的法律制度。公海法律制度贯彻公海自由原则，将公海视为“共有物”，允许各国“先来先得”。国际海底区域则被视为“人类共同财产”，由国际海底局统一管理。[③] 与此同时，在国家域外，生物同样会在水体与底土之间迁徙，并且物种相互之间也存在依存关系。从这个角度看，国家域外的遗传资源是一个整体。因此，如果将公海与国际海底区域分割开来，分别采用“共有物”和“人类共同财产”理论，那么海域类型划分与生物资源养护之间的上述矛盾会延伸至国家域外。

从 1893 年“白令海海豹仲裁案”到 1995 年《鱼类种群协定》，100 多年的实践说明：海域类型划分与生物资源养护之间的矛盾既缘于海域类型的划分无法较好地兼顾生物的迁徙性和生态系统的整体性，也缘于《海洋法公约》将生物资源的法律地位与海域类型“捆绑”在一起，即前者依后者而定。我们应当承认，由于已经划归国家管辖，所以领海、专属经济区等国家管辖区域的现状较难改变。不过，国家域外依然存在避免上述矛盾的机会，因为《联大决议》要求就此制定一项新的国际文书。如果走“分而治之”的老路，那么上述矛盾必然会重现。倘若要兼顾生物的迁徙性和生态系统的整体性，即更好地养护海洋遗传资源，我们就要开辟一条新路，即将海洋遗传资源的法律地位与海域类型“松绑”，换言之，公海和国际海底区域的海洋遗传资源采取统一的法律地位。

---

① 荷兰学者宾刻舒克（Bynkershoek）在 1702 年发表的《海洋领有论》中提出：“滨海国家的主权可以延伸到武器射程所及的范围。”1782 年，意大利学者季里亚尼（Galiani）将所谓的“武器射程所及的范围”解释为当时大炮的射程，即 3 海里。于是，3 海里就成为近代领海的宽度。之后，各国又根据各自需要分别拓展领海宽度，直至《海洋法公约》最终将领海的宽度统一为 12 海里。

② 美国的普里比洛夫岛是太平洋海豹的主要繁殖地点。英国渔船在该岛周边的公海上不断截杀前往繁殖地的海豹。1881 年，美国宣布其有权在公海采取行动，以保护前往本国领土的海豹，并开始阻挠英国渔船的截杀行为。英国以公海自由为依据反对美国的做法。之后，英美将争端提交了国际仲裁。结果，仲裁庭支持了英国的主张。参见 Cairo A. R. Robb，International Environmental Law Reports，Cambridge University Press，1999，pp. 43-88。

③ 根据《海洋法公约》第 133 条，国际海底区域的“资源”仅指矿产资源，即不包括生物资源。这是因为制定《海洋法公约》的联合国第三次海洋法会议发生在 1973 年至 1982 年，而人类当时认为海底不可能存在任何生物。

既然国家域外海洋遗传资源更宜采取统一的法律地位，那么在“共有物”与“人类共同财产”之间，哪个法律地位更加合适呢？

三、国家域外海洋遗传资源更宜作为“人类共同财产”

公海和国际海底区域都不是无主物，因为《海洋法公约》第 89 条和第 137 条不允许任何国家对它们主张主权。在这样的前提下，《海洋法公约》在公海和国际海底区域确立了不同的法律制度。

（一）资源过剩时代形成的“共有物”理论已经落后

公海自由原则体现了将公海作为“共有物”的理论。正如伊恩·布朗利教授所言：“具有共有物特征的公海在平等的基础上向所有国家开放，供各国使用。”① 归纳起来，这种理论包含了三个方面的主张：第一，反对垄断；第二，自由开发；第三，各自受益。

“共有物”的概念来源于古罗马法。根据古罗马的《优士丁尼法典》，海洋属于“共有物”，即可为一切人所有之物，不能由任何人据为己有。② 据此，古罗马法将众人共有之物放任大家自由开发和各自从中受益。③ 不过，从 15 世纪开始，葡萄牙、西班牙提出要将海洋据为己有的主张。在 17 世纪，英国、威尼斯等国家也提出类似的主张。然而，以荷兰为代表的国家表示反对，由此引发了割据海洋和开放海洋两种力量的斗争。荷兰学者格劳秀斯（Grotius）在 1609 年发表了《海洋自由论》，明确提出“海洋自由”的思想。这种思想继承了古罗马法有关“共有物”的概念。一方面，格劳秀斯认为葡萄牙不能因为教皇的赐予或者通过战争而获得对海洋的垄断权，因为海洋是不能被任何人占有的；另一方面，他认为海洋应当向所有国家开放，因为海洋资源取之不尽，用之不竭。④ 尽管格劳秀斯没有明确提到自由开发之后的受益问题，但从荷兰和后世对海洋自由的实践来看，自由开发的收益应当归开发人自己所有，即各自受益。英国学者塞尔顿（Selden）在 1635 年发表了《海洋闭锁论》，论证国家有权控制和瓜分海洋。经过两百多年的斗争，这两种思想交锋的结果是领海与公海的诞生。由此可见，公海自由是海洋自由的延续，而海洋自由的思想又传承自古罗马法上“共有物”的概念。因此，现代国际法继续将公海自由作为公海法律制度的核心，就是将公海视为“共有物”。

不过，值得注意的是，格劳秀斯和许多信从他的学者主张公海自由的主要理由之一是公海的资源取之不尽，用之不竭。⑤ 然而，这个理由在现代社会似乎难以继续成立。反过来，公海自由所体现的“共有物”理论使原本有限的公海资源更加不堪重负。1968 年美国学者加勒特·哈丁（Garrett Hardin）在著名的《科学》杂志上发表了一篇题为《公地悲剧》的论文。哈丁在该文中列举了这样一个事例：一群牧民面对向他们自由开放的公共草

---

① ［英］伊恩·布朗利：《国际公法原理》，曾令良、余敏友等译，法律出版社 2007 年版，第 229 页。

② 江平、米健：《罗马法基础（修订本第三版）》，中国政法大学出版社 2004 年版，第 179 页。

③ 蒙振祥主编：《罗马法》，陕西人民出版社 2004 年版，第 126-127 页。

④ ［荷］格劳秀斯：《论海洋自由或荷兰参与东印度贸易的权利》，马忠法译，上海人民出版社 2005 年版，第 12-16 页。

⑤ ［英］劳特派特修订：《奥本海国际法（上卷第二分册）》，商务印书馆 1981 年版，第 105 页。

地，每个人都想再多放养一些牛，因为公共草地上的放养成本非常低。就牧民自己来说，这显然是划算的，但会最终导致公共草地被过度放牧。这就是“公地悲剧”。[①] 由此及彼，“共有物”的自由开发和各自受益也使公海成为哈丁笔下的“公地”。[②] 因此，这种自由主义的思想以及资源过剩时代形成的分配规则日益受到了公正思想的挑战，即有必要将上述空间及其资源交由国际组织管理，实现公正分配的目标，并强化环境保护与可持续利用的制度。[③] 既然如此，我们不难理解：由于存在出现“公地悲剧”的风险，所以将国家域外海洋遗传资源视为“共有物”是不适合的。

（二）“人类共同财产”理论具有比较明显的进步性

联合国第一次海洋法会议于 1958 年在日内瓦召开。会议通过的各项公约均体现了公海自由原则。此时，大多数亚非拉国家尚未实现独立。在 20 世纪 60 年代之后，伴随着民族解决运动的兴起，大批发展中国家摆脱殖民统治，得以独立。在获得民族解放和国家独立的同时，它们也普遍要求建立国际经济新秩序。所谓国际经济新秩序，是旨在促进世界各国在公平、合理、互利的基础上进行经济合作与发展国家之间的经济关系体系。它与国际经济旧秩序相对立。[④] 后者形成于殖民主义时期，并在殖民体系瓦解之后，使发达国家通过不合理的国际生产体系、贸易体系和金融体系继续控制、剥削和掠夺发展中国家的财富和资源。[⑤] 建立国际经济新秩序的主张在 1964 年举行的第二次不结盟国家首脑会议上被首次提出，并在 1974 年联合国大会通过的《建立国际经济新秩序宣言》和《建立国际经济新秩序行动纲领》中得到集中体现。在这样的历史背景下，马耳他驻联合国大使阿维德·帕多（Arvid Pardo）在 1967 年联合国大会上发表重要的演讲，并提交了相应的提案。他主张将海底及其资源作为“人类共同继承财产”，各国不得据为己有，并由国际社会通过有效的国际制度进行合作开发。[⑥] 该提案缘于这样的考虑——若将海底作为“共有物”任凭各国自由开发和各自受益，则会进一步拉大发达国家与发展中国家在经济水平上的差距，因为前者在技术、资金等方面拥有巨大的优势。换言之，“共有物”理论是国际经济旧秩序的延续。“人类共同财产”的主张体现了发展中国家希望全球资源开发秩序更加公平合理的普遍诉求。在帕多提案的推动下，联合国大会在 1970 年通过《关于国际海底区域的原则宣言》，接受了“人类共同财产”理论。[⑦] 在 1973 年至 1982 年的联合国第三次海洋法会议上，西方发达国家仍然幻想将“共有物”理论延伸至国际海底区域，但遭到以七十七国集团为代表的发展中国家的强烈反对。后者要求将国际海底区域作为“人类共同

---

① See Garrett Hardin, The Tragedy of the Commons, at http://science.sciencemag.org/content/sci/162/3859/1243.full.pdf, 2017-06-17.

② See Scott J. Shackelford, The Tragedy of the Common Heritage of Mankind, 28 Stanford Environmental Law Journal, 115-116, 120-124 (2008).

③ ［德］W.G. 魏智通主编：《国际法（第五版）》，吴越、毛晓飞译，法律出版社 2012 年版，第 396 页。

④ 廖盖隆等主编：《马克思主义百科要览（上卷）》，人民日报出版社 1993 年版，第 1 516-1 517 页。

⑤ 庞元正、丁冬红主编：《当代西方社会发展理论新词典》，吉林人民出版社 2001 年版，第 129-130 页。

⑥ ［美］路易斯·B. 宋恩等：《海洋法精要（原书第 2 版）》，傅崐成等译，上海交通大学出版社 2014 年版，第 187 页。

⑦ 项克涵：《国际海底矿藏开发问题上的斗争》，《武汉大学学报（社会科学版）》1982 年第 4 期。

财产”。由于南北分歧严重，所以在第三次海洋法会议临近结束时，会议不得不放弃协商一致的原则，改用投票表决的方式决定是否通过《海洋法公约》。最终，《海洋法公约》以 130 票赞成、4 票反对和 17 票弃权的结果获得通过。① 《海洋法公约》的表决通过意味着“人类共同财产”理论在国际海底区域成为现实。

除了《海洋法公约》之外，写入“人类共同财产”理论的另一个国际条约是联合国大会 1979 年通过的《指导各国在月球和其他天体上活动的协定》（以下简称《月球协定》）。早在 1970 年，阿根廷向联合国外空委员会提交了第一个有关月球的条约草案。该条约草案第 1 条要求将月球及其自然资源视为“人类共同继承财产”。② 之后，经过艰苦的国际谈判，最终通过的《月球协定》第 11 条第 1 款规定：“月球及其自然资源均为全体人类的共同财产。”

根据《海洋法公约》和《月球协定》，“人类共同财产”理论包含三个方面的主张：第一，反对垄断；第二，统一开发；第三，共同受益。在反对垄断上，“人类共同财产”与“共有物”是一致的，但是前者反对后者所主张的自由开发和各自受益。正因为如此，《海洋法公约》第 137 条将开发国际海底区域的权利交由国际海底局，由其代表全人类统一行使。同时，根据《月球协定》第 11 条第 5 款，未来一旦开发月球的自然资源变得可行时，将建立统一开发的国际制度。由此可见，就开发国际海底区域和月球而言，各国不享有类似在公海的自由。更重要的是，在上述空间进行统一开发的收益必须由世界各国分享。根据《海洋法公约》第 140 条，国际海底局应当在无歧视的基础上把取得的财政及其他经济利益公平地分配给世界各国。根据《月球协定》第 11 条第 7 款（d）项，所有缔约国应公平地分享月球自然资源所带来的惠益。

相较于“共有物”，“人类共同财产”理论具有比较明显的进步性。它不但可以遏制“公地悲剧”的发生，而且有助于国际经济新秩序的构建。尽管这种理论从诞生至今已经过去半个多世纪了，但它的先进性丝毫未减——一方面，相比过去，人类在今天所面临的共同挑战越来越多，也越来越严峻；另一方面，无论是遏制“公地悲剧”，还是构建国际经济新秩序，这两个目标都尚未实现。同时，在新的历史条件下，“人类共同财产”理论也成为共筑人类命运共同体的重要载体。人类命运共同体的理念直指阻碍人类社会发展进步的顽疾，主张用共建共享卸下以邻为壑的“篱笆”，用合作共赢拧开世界经济动力的阀门。③ 很显然，“人类共同财产”所主张的统一开发和共同受益能充分实践人类命运共同体的理念。

由此可见，相较于“共有物”理论，“人类共同财产”理论具有比较明显的进步性。既然如此，将“人类共同财产”作为国家域外海洋遗传资源的法律地位是更加适合的。然而，问题并非如此简单。换言之，“人类共同财产”理论只有经过重大调整之后，它才更适合作为国家域外海洋遗传资源的法律地位，因为我们必须从该理论在国际海底区域的实践挫折中汲取教训。

① 刘中民：《国际海底制度之争》，《海洋世界》2007 年第 1 期。

② 贾兵兵：《国际公法：和平时期的解释与适用》，清华大学出版社 2015 年版，第 354 页。

③ 钟声：《人类命运共同体理念成为广泛共识》，《人民日报》2017 年 2 月 14 日第 3 版。

四、“人类共同财产”理论在国际海底区域的实践屡遭挫折

既然“人类共同财产”理论主张统一开发和共同受益，那么它就必须建立一套开发与分享的实施机制，而这是“共有物”无须考虑的问题。由于对月球资源进行商业化开发尚不可行，所以《月球协定》目前没有建立上述机制。因此，“人类共同财产”理论的实践主要是《海洋法公约》第11部分（国际海底区域）。然而，从1982年至今，相关实践却不断遭遇挫折。

（一）《海洋法公约》最初严格地贯彻“人类共同财产”理论

《海洋法公约》在1982年获得通过，但直到1994年才正式生效。在通过之初，《海洋法公约》试图严格落实“人类共同财产”理论。这主要体现在资源开发和收益分配这两个关键环节上。

在资源开发方面，《海洋法公约》规定开发活动由国际海底局控制。在国际海底局的控制下，海底开发以“平行开发制”的方式进行，即允许缔约国及其公私企业（以下简称“开发者”）与国际海底局企业部（以下简称“企业部”）同时开发，但前者必须具备一定的条件，符合一定的标准，履行一定的义务，并且决定其是否获准开发的权力属于国际海底局。值得指出的是，《海洋法公约》最初在以下几个方面进一步做出特别规定。第一，技术转让。《海洋法公约》要求“开发者”应当向“企业部”转让必要的技术。技术转让在一定程度上是带有强制性的义务。第二，提供资金。《海洋法公约》最初还要求“开发者”向“企业部”提供后者进行开发所需要的资金。第三，缴纳费用。根据《海洋法公约》的最初设计，“开发者”应当就自己的商业开发行为向国际海底局缴纳费用。具体而言，自每份开发合同生效之日起，“开发者”应缴纳50万美元的申请费和每年100万美元的年费。在实现商业化生产之后，“开发者”还应以缴纳生产费和净收益费的方式向国际海底局做出资金贡献。上述费用对“开发者”而言是非常沉重的负担。第四，贡献“保留区”。根据《海洋法公约》的设计，“开发者”应当向国际海底局提交两块具有同等经济价值的矿区。国际海底局选择其中一块供“企业部”开发，成为“保留区”；另一块划归“开发者”使用，成为“合同区”。[①] 这实际上为“企业部”省去了寻找资源和前期勘探的巨额成本。此外，《海洋法公约》还规定了种种有利于“企业部”、不利于“开发者”的制度。显然，《海洋法公约》在开发的关键环节均明显偏向“企业部”。理由很简单，即它是代表全人类进行开发的。

在收益分配方面，根据《海洋法公约》第173条最初的规定，国际海底局所获得的经济和实物收益应首先用于支付自己的行政开支。在支付行政开支之后，剩余收益可以用于以下三个方面：第一，在符合全人类利益的宗旨下，由国际海底局大会（以下简称“大会”）决定如何分享收益；第二，为“企业部”执行职务提供所需资金；第三，鉴于海底开发可能导致矿物价格或出口量降低，由“大会”决定如何补偿因此遭受经济上严重不良影响的发展中国家。由此可见，在收益分配问题上，《海洋法公约》最初采取的是“大

① 高之国：《论国际海底制度的几个问题》，《中国政法大学学报》1984年第1期。

会”单一决策制度。这样设计的初衷是收益分配能够体现“全人类”的意志，因为“大会”由国际海底局全体缔约国参加。同时，由于发展中国家在“大会”中占据绝对多数，所以它们在收益使用方面显然具有较大的发言权。

（二）《执行协定》做出了重大调整以便迁就发达国家的要求

《海洋法公约》的上述规定遭到发达国家的强烈反对和抵制。美国、英国、德国等西方国家拒绝签署《海洋法公约》。更糟糕的是，发达国家在《海洋法公约》之外通过国内立法和另行缔结条约的方式试图建立自己的海底开发制度。例如《美国深海海底固体矿物资源法》《意大利深海海底资源勘探和开发法》《法国深海海底矿物资源勘探和开发法》《英国深海采矿法》《德国深海海底采矿暂时调整法》以及《日本深海海底采矿暂时措施法》等一系列国内立法相继出台。此外，1982 年，美国、德国、英国、法国缔结了《关于深海海底多金属结核的临时措施的协议》。1984 年，美国、德国、法国、日本等国又缔结了《关于深海底问题的临时谅解》。[①]

在《海洋法公约》迟迟无法生效，海底开发制度面临分裂之际，国际社会在 1990 年 7 月至 1994 年 6 月就海底问题重新进行了谈判，并最终形成了《关于执行 1982 年 12 月 10 日〈联合国海洋法公约〉第 11 部分的协定》（以下简称《执行协定》）。该协定在 1996 年正式生效，150 多个国家相继签署和批准。[②]《执行协定》是《海洋法公约》的组成部分。国家只有加入《海洋法公约》之后才能成为《执行协定》的缔约方。[③]《执行协定》对“人类共同财产”的实施机制做出了重大调整。该调整同样体现在资源开发和收益使用两个方面，目的是迁就发达国家的要求，以便《海洋法公约》得以尽早生效。

在资源开发方面，《执行协定》不但废止了“开发者”向“企业部”进行技术转让的强制性义务，而且取消了“开发者”向“企业部”提供开发资金的义务，还改变了“开发者”向国际海底局的缴费制度，即取消分阶段缴费制度（第一阶段缴纳 50 万美元申请费和 100 万美元年费，第二阶段缴纳生产费和净收益费），代之以单一缴费制度，并且费率应不超过相同或类似矿物在陆上开采的一般费率。[④]这大大减轻了“开发者”在资金方面的压力。很显然，《执行协定》在削减“企业部”各种特权的同时，也取消了“开发者”进行开发的各种限制。

在收益使用方面，《执行协定》将国际海底管理局的决策体制由大会单一决策制度改变为大会与国际海底局理事会（以下简称“理事会”）相互制衡。[⑤]换言之，先由理事会就收益分配提出建议，再由大会核准，然后才能付诸实施。理事会不走第一步，大会不能走第二步。因此，尽管“大会”保留了核准权，但收益分配的内容设计和程序启动的权力却转移至理事会。更重要的是，发达国家在理事会占据相当比例的席位。因此，这不但极

① 刘中民：《国际海底制度之争》，《海洋世界》2007 年第 1 期。

② See Valerie Epps，International law，Carolina Academic Press，2009，p. 203.

③ See Martin Dixon and Robert McCorquodale，Cases and Materials on International Law，Oxford University Press，5 edition，2011，p. 385.

④ 汪兆椿：《迟至今日生效的〈联合国海洋法公约〉》，《海洋世界》1994 年第 11 期。

⑤ 王金强：《国际海底资源分配与美国的政策选择》，复旦大学 2011 年博士学位论文，第 102 页。

大地削弱了大会的权力，而且在实质上也较大地削弱了发展中国家的发言权。此外，对于因为海底开发遭受经济上严重不良影响的发展中国家，《执行协定》将原本的“补偿”降格为“经济援助”。这显然是为了减少在这方面的资金使用量。

（三）国际海底区域的开发管理实践与最初设想的差距进一步拉大

由于《执行协定》满足了发达国家的部分要求，所以《海洋法公约》最终得以生效。不过，《执行协定》的通过却意味着“人类共同财产”理论遭遇重大挫折。发展中国家在投票票数上具有优势，但发达国家在技术和资金上占据绝对优势。因此，虽然前者可以使《海洋法公约》获得通过，但后者却可以不参加《海洋法公约》。更重要的是，假如没有发达国家的参与，那么《海洋法公约》第 11 部分的实施将举步维艰。于是，在现实面前，发展中国家不得不做出让步。《执行协定》是理想向现实的第一次妥协，但却不是最后一次。1996 年以后，即《执行协定》生效之后，开发利用海底区域的实践与“人类共同财产”的最初设想之间的差距在进一步拉大。

在资源开发方面，国际海底局制定的勘探规章允许“开发者”与“企业部”建立联合企业。这是受“开发者”青睐的方式，因为若选择这种方式，则勘探规章不再要求“开发者”向国际海底局贡献一块具有同等经济价值的矿区，即“保留区”。同样重要的是，在联合企业内部，“企业部”将处于从属地位，因为它的股份最多不得超过 50%。与此同时，就开发“保留区”而言，“企业部”可以选择自己开发，也可以与“开发者”联合开发，还可以交由“开发者”单独开发。如果联合开发，发展中国家“开发者”具有优先权。如果交由“开发者”单独开发，只有发展中国家的“开发者”才有资格。然而，发达国家“开发者”往往通过在发展中国家注册“壳公司”的方式获得发展中国家“开发者”才能拥有的上述优先权或单独开发资格。① 这些新动向说明：“开发者”，尤其是发达国家“开发者”，在国际海底区域的开发活动中越来越多地发挥“主角”作用，而《海洋法公约》赋予“企业部”和发展中国家的种种优越性却在逐渐丧失。

在收益分配方面，发达国家的发言权在继续增加。一方面，在“理事会”的 36 个席位中，一半由代表各种利益的国家或国家集团占据，另一半是按照地理公平原则进行分配。前者主要包括矿物产品的主要消费国（4 个）、主要投资国（4 个）、主要输出国（4 个）和代表各种特殊利益的发展中国家（6 个）；后者主要按照亚洲、非洲、拉丁美洲、东欧、西欧和其他国家分配席位。② 很显然，这样的席位分配对于发达国家比较有利，因为尽管国家数量远远少于发展中国家，但发达国家凭借在消费、投资和输出方面的优势地位可以获得与其国家数量不相称的席位；另一方面，推动建立国际经济新秩序的运动逐渐陷入低谷，并且发展中国家之间的利益诉求也开始出现分化，因为中国、印度、巴西、韩国等新兴经济体积极投身于国际海底区域的开发，而其他发展中国家在深海领域却被进一步边缘化。于是，后者对“人类的共同继承财产”逐渐失去兴趣，以至于“虽有近 130 个

① 张丹：《关于国际海底区域法律制度的研究》，《太平洋学报》2014 年第 3 期；周勇：《国际海底“人类共同继承财产”原则的困境与原因》，《国际论坛》2012 年第 1 期。

② 李裕国：《论人类共同继承财产原则与国际海底制度》，《外交学院学报》1986 年第 2 期。

发展中国家是管理局成员，但近些年每年只有不到50个发展中国家派代表参加管理局会议”。[①] 在上述两方面因素的共同作用下，发展中国家与发达国家在收益分配方面的发言权进一步此消彼长。

五、国家域外遗传资源适用“人类共同财产”理论时应有所改进

鉴于前文所述的诸多挫折，我们不难看出：在发达国家有条件“自行其是”的情况下，严格地贯彻“人类共同财产”的最初设想是不明智的。由此及彼，如果“人类共同财产”理论未经改进，直接适用于国家域外海洋遗传资源，那么类似挫折在所难免。因此，结合30多年的经验教训，作为国家域外海洋遗传资源法律地位的“人类共同财产”应当在理论内涵上做出以下重大调整。

（一）在开发方面只需保证各国机会均等，而非由国际组织直接开发

在资源开发上，“人类共同财产”理论主张统一开发，反对自由开发，目的是维护人类的共同利益。据此，《海洋法公约》确立了“平行开发制”，即由“企业部”和“开发者”同时进行开发，并且在各方面明显偏向“企业部”。实践证明，《海洋法公约》将“企业部”作为人类共同利益的化身，由其直接进行开发的思路是失败的。“企业部”的失败说明由国际组织代表全人类直接开发的条件还不成熟。

有鉴于此，对所谓“统一开发”的理解应当是由国际组织代表全人类管理开发活动，并且管理的目的是防止部分国家的开发活动剥夺其他国家的开发机会，即保证各国机会均等。实际上，《海洋法公约》在设计“平行开发制”时就已经包含了这样的思想。根据“平行开发制”，“开发者”应当向国际海底局提供两块矿区，即前文所述的“保留区”和“合同区”。我们不妨设想：一个缔约国的“开发者”是否可以将整个太平洋一分为二，提供给国际海底局，并要求开发其中之一？这显然是不能接受的。那么为什么这个方案不能接受？根本原因不是“企业部”没有能力开发半个太平洋，而是它从根本上剥夺了其他国家的开发机会。我们再退一步设想：如果将上述方案中申请开发的面积缩小至1万平方千米，那么国际海底局是否可以接受？接受的可能性较大，因为这没有从根本上剥夺其他国家的开发机会。不过，即便如此，国际海底局还会要求将其中一部分划为“保留区”，并且“保留区”与“合同区”应当具有同等的经济价值。这是为什么呢？因为即使在这样的面积里，国际海底局仍然要保证其他国家也有开发的机会。换言之，所谓“保留区”应该被视作“为其他国家保留的区域”。然而，以往实践的失误之处就在于，它在真理的基础上又往前迈出了多余的一步，即让“企业部”直接开发“保留区”。事实上，即使“保留区”始终闲置也没有关系，因为它的存在本身就保障了其他国家的开发机会没有被剥夺，即已经满足了将海底作为“人类共同财产”的本质要求。

上述道理同样适用于国家域外海洋遗传资源。将这部分资源作为“人类共同财产”，并不意味着我们应当让一个国际组织代表全人类去直接开发，而是应由国际组织对各国的开发行为进行管理，防止部分国家凭借技术和资金上的优势肆意开发，从而剥夺了其他国

① 周勇：《国际海底“人类共同继承财产”原则的困境与原因》，《国际论坛》2012年第1期。

家的开发机会。即使大部分发展中国家目前尚不具备开发海洋遗传资源的能力，但它们未来进行开发的机会仍然需要保留。就遗传资源而言，这种开发机会的保留主要体现在对生物多样性的养护。所谓生物多样性，包括物种多样性、遗传多样性和生态系统多样性三个层次。[①] 这三个层次是相互联系，彼此共生的关系。举例来讲，假如一个国家的“开发者”准备从深海捕捞一种海葵，以分析基因信息或提取化合物，那么国际组织就要评估“开发者”的捕捞是否会造成该物种衰退或消亡。如果这种海葵属于濒危物种或者人类尚不了解的新物种，那么根据预防原则，应当禁止捕捞或者只允许少量捕捞以供科学研究。[②] 如果这种海葵不属于上述情形，那么可以在可持续利用的前提下允许更大规模的捕捞活动。之所以这样，是为了通过保护物种多样性来维持遗传多样性，从而为其他国家保留开发机会。同样道理，通过保护生态系统多样性也可以达到上述目的。

那么如何通过制度化的方式将“各国机会均等”落在实处呢？设立海洋保护区将是主要的方式。就保护生物多样性的效果而言，《生物多样性公约》要求缔约国在国家境内设立“保护区”的实践被证明是非常成功的。因此，将“保护区”的做法延伸至国家域外是必然的选择。我们应当注意到，《联大 62/292 号决议》中明确提到：未来国家域外生物多样性的养护与可持续利用应当考虑“海洋保护区在内的划区管理工具”。事实上，在这方面，实践领先理论。目前，世界上已建成四个涵盖国家域外的海洋保护区，包括地中海派拉格斯海洋保护区、南奥克尼群岛南大陆架海洋保护区、大西洋中央海脊海洋保护区、南极罗斯海地区海洋保护区。

（二）在受益方面应兼顾经济价值和使用价值，不求经济利益平均化

在收益分配上，“人类共同财产”理论主张共同受益，反对各自受益。鉴于前文所述的实践挫折，我们可以看出以往对此的理解存在两方面的偏差：一是，拘泥于经济利益；二是，追求各国经济利益的平均化。于是，我们应该反思以下两个问题。

第一，“人类共同财产”所体现的人类共同利益是不是只有经济利益？显然不是。它应该还包括海洋资源的使用价值。使用价值体现在通过研究和开发，人类认识和利用海洋资源的能力得到了增加，整体科技水平获得提升。例如，可燃冰是分布于深海沉积物中的天然气水合物。20 世纪 60 年代以前，人类没有技术将其从深海开采出来。然而，从 20 世纪末至今，各国纷纷研发可燃冰的开采技术。今天，部分国家已经掌握这种技术。因此，海洋资源的使用价值得到了增加。这无疑也是人类共同利益的体现。

第二，实现人类共同利益的方式是不是对各国经济利益进行平均化？显然也不是。就现阶段的国际法而言，尽管它也需要体现人类的整体利益，但法律主体仍然主要是国家，“全人类”还不是正式的法律主体。同时，由于国家本质上是一种维护个别利益的政治组织，所以它的对外职能是保护本国利益不受侵犯。[③] 以往的挫折说明：以经济利益平均化

① 刘敏、方如康主编：《现代地理科学词典》，科学出版社 2009 年版，第 196 页。

② 所谓预防原则，是指在有严重或不可挽回的损害威胁时，缺乏充分的科学确定性不应被用来作为延迟采取防止环境恶化的有效措施的理由。参见［法］亚历山大·基斯：《国际环境法》，张若思编译，法律出版社 2000 年版，第 93 页。

③ 卢之超主编：《马克思主义大辞典》，中国和平出版社 1993 年版，第 255-256 页。

的方式无法实现人类共同利益的增加，因为它既超越了国际法现阶段的发展水平，也违背了国家职能的基本规律。正因为如此，“人类共同财产”理论中有关惠益分享的主张面临生存危机。[①] 事实上，在现阶段，人类依然不得不将“私利”作为“公益”的基础。因此，平衡人类“公益”与各国“私利”的正确方式是既要防止“一家独大”，又要避免“不劳而获”。以往实践的失误之处就在于，防止“一家独大”的方式过于极端，而对“不劳而获”的现象又过于忽视。

上述道理同样适用于国家域外海洋遗传资源的法律地位。在这方面，难点在于如何协调“人类共同财产”的法律地位与发达国家关心的知识产权保护问题。

知识产权是遗传资源实现经济价值的主要手段。不过，遗传资源本身不能申请知识产权。知识产权所保护的是基于遗传资源所研发的具体技术，例如生物制药技术、农作物育种技术等。研发技术既需要成本，更期待收益。因此，知识产权是各国“私利”的体现。如果不能有效地保护知识产权，那么“人类共同财产”理论必然会遭遇挫折，因为在现阶段，人类“公益”的基础是各国的“私利”。联合国粮农组织 1981 年通过的《粮食和农业植物遗传资源国际承诺》（以下简称《粮农承诺》）就是前车之鉴。

《粮农承诺》将遗传资源的法律地位界定为“人类共同财产”。然而，由于担心《粮农承诺》的上述做法会挑战相关知识产权的合法性，所以发达国家普遍拒绝在这份文件上签字。在这样的背景下，发达国家和发展中国家在 20 世纪 80 年代开始重新谈判，并在 1992 年通过了《生物多样性公约》。该公约没有沿用《粮农承诺》有关“人类共同财产”的规定。相反，根据《生物多样性公约》第 15 条第 1 款，各国对其境内的遗传资源拥有主权权利。[②] 不过，该公约也制定了比较详细的遗传资源惠益分享制度。我们应当注意到：一方面，《生物多样性公约》第 1 条将遗传资源的惠益分享作为该公约的主要目标之一；另一方面，该公约第 16 条第 2 款又要求承认和充分保护相关技术的知识产权。于是，《生物多样性公约》获得广泛的认同，而《粮农承诺》却淡出了历史舞台。

《生物多样性公约》有关惠益分享的主张是合理的，因为它的适用对象是国家境内的遗传资源，而该资源置于国家主权之下。同时，为了实现惠益分享的目标，《生物多样性公约》在以下两个方面的要求具有实质性意义：第一，遗传资源的取得应当得到提供这种资源的缔约国（以下简称“来源国”）的事先同意。这无疑是惠益分享的前提；第二，知识产权的申请人（以下简称“申请人”）应当与“来源国”共同商定如何分享惠益。为了促使“申请人”与“来源国”就事先同意和惠益分享进行谈判，该公约的缔约国普遍在知识产权制度中增加了遗传资源来源地披露制度，即国家在受理知识产权申请时，要求“申请人”披露遗传资源的来源地。

《生物多样性公约》的惠益分享制度是否可以延伸至国家域外海洋遗传资源呢？这是

① See John E. Noyes, The Common Heritage of Mankind: Past, Present and Future, 40 Denver Journal of International Law and Policy, 470 (2011).

② 之后，联合国粮农组织在 2001 年将《粮农承诺》升格为《粮食和农业植物遗传资源国际条约》。后者摒弃了前者有关“人类共同财产”的规定，也确认各国可以对其粮食和农业植物遗传资源行使主权。不过，《生物多样性公约》和《粮食和农业植物遗传资源国际条约》只适用于国家域内的遗传资源。

比较困难的。上述惠益分享的根本前提是国家对域内遗传资源享有主权。然而，就国家域外海洋遗传资源而言，这个前提不存在。同样重要的是，强制性地要求惠益分享在实践中并不现实。这是因为，即使对于国家享有主权的遗传资源，《生物多样性公约》的上述规定也无法有效推行，更何况国家不享有主权的国家域外遗传资源。

一方面，对于披露来源地是否影响知识产权的申请或有效性，发达国家与发展中国家存在根本分歧。例如，根据欧盟在 1998 年颁布的《关于生物技术发明的法律保护指令》第 27 条，如果一项发明是基于植物或动物的生物材料或者是对这些材料的使用，在适当的情况下，如果"申请人"知道的话，专利申请应包含这些材料地理来源的信息，但这不应影响专利申请的处理或授予专利的有效性。[①] 与之相反，根据《印度专利法 2005 年修正案》第 25 条第 1 款（j）项和第 2 款（j）项，如果专利申请材料中没有包含或错误地陈述了相关发明所使用生物材料的地理来源，那么该发明将不能被授予专利，已授权的专利可以被撤销。[②]

另一方面，对于事先同意和惠益分享的要求，发达国家与发展中国家的理解也相差甚远。发达国家一般不通过法律对此做强制性要求，因为它们认为这属于"申请人"与"来源国"的私人事务，不应由公权力介入。不过，发展中国家往往动用公权力，即在法律中做出强制性要求。印度是比较典型的国家。根据印度 2002 年颁布的《生物多样性法》第 6 条第 1 款和第 2 款，如果一项发明是以从印度获得的生物资源作为基础，那么无论它以什么名义在印度国内或国外申请任何知识产权，都应当获得印度国家生物多样性总局的事先批准。在批准的同时，印度国家生物多样性总局有权要求分享对知识产权进行商业化利用之后的惠益。同时，根据该法第 18 条第 4 款，印度国家生物多样性总局在必要时可以代表中央政府采取任何必要措施，反对外国对利用印度生物资源研发出来的技术授予知识产权。[③]

《生物多样性公约》在惠益分享方面所遭遇的上述困难足以"举轻以明重"——国家享有主权的遗传资源尚且如此，若将上述惠益分享制度延伸至国家域外海洋遗传资源的惠益分享，则会遭遇更大的困难。

此外，尽管"人类共同财产"的法律地位能够说明各国拥有平等的开发机会，但仍然无法用以解释为什么部分国家可以"不劳而获"，因为知识产权所保护的不是遗传资源本身，而是具体技术。更重要的是，正如前文所述，研发技术既需要成本，更期待收益。因此，从《粮农承诺》到《生物多样性公约》的转变也预示：就国家域外海洋遗传资源而言，经济利益平均化的思路依旧是行不通的。更准确地讲，就知识产权的惠益分享而言，只能共同协商，无法强制执行。

---

① See Directive 98/44/EC of The European Parliament and of The Council of 6 July 1998 on the legal protection of biotechnological inventions, http://eur-lex.europa.eu/LexUriServ/LexUriServ.do?uri=CELEX:31998L0044:EN:HTML, 2017-06-10.

② See India Patents (Amendment) Act (2005), http://www.prsindia.org/uploads/media/vikas_doc/docs/acts_new/1167484394_THE_PATENTS.pdf, 2017-06-10.

③ See India Biological Diversity Act (2002), http://nbaindia.org/content/25/19/1/act.html, 2017-06-10.

既然如此，那么如何实现“人类共同财产”所主张的“共同受益”呢？正如前文所述，我们对“利益”的认识既不应拘泥于经济利益，更不应限于经济利益进行平均化，而是兼顾经济价值和使用价值。具体来讲，将国家域外海洋遗传资源作为“人类共同财产”，不应妨碍部分国家在合理开发的基础上追逐经济利益。事实上，正是由于这部分国家的开发活动，遗传资源对人类的使用价值才得到了增加，因为人类掌握了更多和更新的技术。更重要的是，在“私利”的驱动下，新技术产生得越快越多，人类共同利益的增加也越快越多。不过，鉴于研发新技术的基础是国家域外海洋遗传资源，即属于“人类共同财产”，当知识产权的收费标准过分不合理时，国际社会有权进行干预。同时，当人类出现全面或局部危机时（例如“非典”肆虐或者埃博拉病毒横行），其他国家也有权对相关知识产权进行强制许可。[①] 拥有相关知识产权的国家和个人也有配合的义务。有鉴于此，我们应该明白：“私利”推动技术进步，技术进步也是“公益”所在。假如允许以所谓“公益”的名义阻碍“私利”，那么当人类面临危机时，踌躇不前的技术水平何以应对？所谓“公益”又缘何而来？从这个角度看，“人类共同财产”理论的发展方向应该是协调各国知识产权的收费制度和强制许可制度，并且建立行之有效的实施机制。很显然，这不但需要各国在《海洋法公约》框架下做出努力，也需要世界知识产权组织、世界卫生组织等相关方面的参与。

综上所述，由于依据海域类型采取“分而治之”的做法不利于生物资源的养护与可持续利用，因此国家域外海洋遗传资源更宜采取统一的法律地位。通过比较“共有物”和“人类共同财产”两种理论，笔者认为后者更宜作为国家域外海洋遗传资源的法律地位。不过，鉴于“人类共同财产”理论在国际海底区域的实践屡遭挫折，当它适用于国家域外海洋遗传资源时，应当有所改进，即将该理论所追求的目标调整为保证各国机会均等，并且兼顾经济价值和使用价值。

论文来源：本文原刊于《法商研究》2018 年第 3 期，第 171-180 页。
项目资助：中国海洋发展研究会重大项目（CAMAZDA201601）。

① 所谓强制许可，是指在一定条件下，无须专利权人同意，依法准许某单位或个人实施专利的一种强制手段。参见刘树孝等主编：《法律文书大词典》，陕西人民出版社 1991 年版，第 269 页。

国际海底区域开发规章草案的发展演变与中国的因应

王勇[①]

摘要：在国际海底管理局的主持下以及各国的积极参与下，国际海底区域（以下简称“区域”）开发规章草案正在制定过程当中。自2016年“区域”首个开发规章草案出台到2018年以来，国际海底管理局每年都出台一个开发规章草案。三年来开发规章草案在内容方面不断丰富，在结构方面趋向合理，在重要事项方面不断细化，但在某些事项上仍需要完善。开发规章草案的上述发展演变有着具体和深刻的原因。作为“区域”勘探合同的先驱投资者，中国正在积极参与开发规章的制定。中国应当立足于三年来“区域”开发规章草案的发展演变状况，以及在重新审视中国既有意见和主张的基础上，提出更多有价值的建议，从而深度参与并且逐步引领开发规章的制定。

关键词：国际海底区域；开发规章；发展演变；原因分析

随着陆地矿产资源的日渐枯竭，丰富的国际海底矿产资源已经成为国际社会争相追逐的“热品”。“区域”矿产资源种类多、数量大、品位富，拥有巨大的开发利用潜力，很多国家都想在这个区域尽可能地满足自己的利益需求。虽然当前国际社会已经通过《联合国海洋法公约》（以下简称《公约》）与三个“探矿与勘探规章”[②]，对于各国在“区域”的探矿和勘探活动做出了一些规定，但是随着人类需求的不断扩大以及各国即将进入国际区域矿物资源的开发阶段，当前的三个规章已经无法有效规制各国在“区域”的进一步活动了。根据2000年《“区域”内多金属结核探矿和勘探规章》第26条第1款的规定，勘探合同的期限为15年，到达合同期之后，要么申请延期，要么转入开发阶段。[③] 在这样的

① 王勇，男，中国海洋发展研究中心研究员。华东政法大学国际法学院教授、博士生导师。主要研究方向：国际海洋法。

② 这三个探矿与勘探规章分别是：① 2000年《“区域”内多金属结合探矿和勘探规章》；② 2010年《“区域”内多金属硫化物探矿和勘探规章》；③ 2012年《“区域”内富钴铁锰结壳探矿和勘探规章》。

③ 张涛：《参与全球海洋治理体现大国责任担当——聚焦国际海底矿产资源开发规章的研究与建立》，《国土资源报》2017年5月17日，第6版。

形势下，制定一个尽可能地符合绝大多数国家利益的关于“区域”开发规章的必要性就日益凸显。各国在国际海底管理局（以下简称“海管局”）的主持下，已经于2016年制定了第一个“区域”开发规章草案，并且在2017年和2018年每年均制定一个开发规章草案。① 从宏观层面来看，首先，三年来开发规章草案的内容不断丰富。《2016年草案》正文有59条，另外还有9个附件；《2017年草案》正文有94条，另外还有10个附件和3个附录；《2018年草案》的正文有105条，另外还有10个附件、4个附录和1个环境影响报告模板。特别是《2018年草案》新增了一些具体规定。② 其次，三年来开发规章草案的整体结构趋向合理。例如，《2016年草案》的正文有11个部分，③《2017年草案》的正文有14个部分，④《2018年草案》的正文有13个部分。⑤ 通过对比发现，2017年和2018年草案的结构变得更加细致。最后，三年来开发规章草案关于一些重要内容的结构安排趋于合理。⑥ 但是，由于各国在制定开发规章的过程中仍然存在不少争议点，所以迄今为止开发规章仍然没有获得正式通过。本文通过比较三年来开发规章草案主要内容的发展演变状况，深入分析其发展演变的原因，并且结合中国正在参与开发规章草案的制定进程，提出中国的具体应对策略。

---

① 以下分别简称《2016年草案》《2017年草案》和《2018年草案》。《2016年草案》参见 https://ran-s3.s3.amazonaws.com/isa.org.jm/s3fs-public/documents/EN/Regs/DraftExpl/Draft_ExplReg_SCT.pdf；《2017年草案》参见 https://ran-s3.s3.amazonaws.com/isa.org.jm/s3fs-public/documents/EN/Regs/DraftExpl/ISBA23-LTC-CRP3-Rev.pdf；《2018年草案》参见 https://ran-s3.s3.amazonaws.com/isa.org.jm/s3fs-public/files/documents/isba24_ltc-wp1rev1-en_0.pdf，2019年5月9日访问。

② 例如，在“与区域内开发活动有关标准的通过与审议”方面。《2018年草案》第91条规定：1. 委员会应考虑到公认专家的意见，就通过与“区域”内开发活动有关的标准向理事会提出建议，其中包括但不限于涉及以下方面的标准：(a) 业务安全；(b) 资源的养护与开发；(c) 海洋环境保护。2. 理事会应根据委员会建议审议并批准上述标准。例如，在承包者权利义务转让方面。2018年开发规章草案第24条第4款规定委员会应考虑受让人是否：(e) 达到第13条规定的标准，并已提交符合第14条第2款的环境计划；以及 (f) 已缴存第27条规定的环境履约保证金。此外，《2018年草案》第11条第1款关于环境计划的公布、第14条关于环境计划的审议、批准和公布、第25条关于控制权变更、第26条关于生产前提交的文件、第50条关于“独立的能胜任的人”等均属于新增的规定。

③ 分别是：第一部分导论、第二部分核准以合同形式的申请开采计划、第三部分开采合同、第四部分开采工作计划的评估和修改、第五部分合同财政条款、第六部分信息的收集和处理、第七部分一般规定、第八部分检查、第九部分实施和惩罚、第十部分争端解决、第十一部分海管局规章的审议。

④ 分别是：第一部分引言、第二部分以合同的形式申请批准开采工作计划、第三部分开采合同、第四部分环境问题、第五部分承包者的义务、第六部分开采工作计划的审查与修改、第七部分开采合同的财政条款、第八部分信息采集和处理、第九部分一般规定、第十部分管理费用、第十一部分检查、第十二部分执行与处罚、第十三部分争端解决、第十四部分海管局规章的复审。

⑤ 分别是：第一部分引言、第二部分请求核准采取合同形式的工作计划申请书、第三部分承包者的权利和义务、第四部分保护和保全海洋环境、第五部分工作计划的审查和修改、第六部分关闭计划和关闭后监测、第七部分开发合同的财政条款、第八部分年费、行政费和其他有关规费、第九部分资料的收集和处理、第十部分一般程序、标准和准则、第十一部分检查、遵守和强制执行、第十二部分争端的解决、第十三部分本规章的审查。

⑥ 例如，关于“合作义务与资料交换”和“沿海国的权利”这两个部分在《2016年草案》中被放在“第七部分：一般程序、标准、准则”，在《2017年草案》中被放在“第九部分：资料的收集和处理”，而在《2018年草案》中被放在了“第一部分：引言”。这可以反映出海管局对于促进各国信息交流、合作开发区域内矿产资源的积极态度以及对于维护沿海国权利的高度重视。又如，关于基本原则，《2016年草案》没有规定，《2017年草案》将“基本原则”放在“第四部分环境事务”，而《2018年草案》将基本原则放在“第一部分：引言”，并且大大充实了基本原则的内容。海管局在开发规章草案第一部分将规章的基本原则详细列出，既开宗明义地确立了开发规章的宗旨、原则和定位，又有利于更好地指导各国理解和执行开发规章。

一、关于2016—2018年间开发规章草案主要内容的演变分析

（一）不断细化和强化环境保护的规定

总体来说，三年来开发规章草案关于环境规定的条款越来越多且在不断细化。

首先，在环境履约保证金的规定方面。2016年和2017年草案对于环境履约保证金的态度是可以要求缴存，到2018年变成了应当缴存。[①]《2016年草案》主要通过第10条第3款对环境履约保证金做出了简单的规定。2017年和2018年草案则详细规定了环境履约保证金的用途。特别是，《2018年草案》对于环境履约保证金做出了更加详细的规定。《2018年草案》第27条第2款规定保证金要“反映以下方面可能的所需费用：(a)提前关闭开发活动，(b)终止和最终关闭开发活动，以及（c）在关闭后监测和管理残留环境影响”；第27条第3款规定了可以分期缴纳保证金；第27条第4款规定了应审查和更新环境履约保证金数额的情形；第27条第5款规定了审查和更新之后的重新计算并缴存保证金的期限；第27条第8款规定了“承包者提供环境履约保证金不会限制开发合同为其规定的责任和赔付责任”。上述变化可以看出海管局出于对环境履约保证金的重视，而不断完善环境履约保证金的规定。

其次，在环境责任信托基金方面。2016年和2017年草案对此没有专门规定，《2018年草案》第52条和第53条对此做出了专门的规定。环境责任信托基金旨在填补防止、修复措施的费用；支持最佳可得技术、最佳环境做法的研究等。该基金主要来源于承包者的缴纳，具备合理性和可操作性，为环境保护作后备支撑。

再次，在环境管理和监测计划执行情况评估方面。《2016年草案》对此没有规定，《2017年草案》只是在附件七G项中简单提及，《2018年草案》第50条则对此做出了详细的规定，具体包括评估内容，评估频率，以及秘书长和委员会分别的权力。上述规定能够更好地促使承包者严格按照环境管理和监测计划进行开采活动，避免在开采过程中忽视计划任意破坏环境。

最后，在环境影响报告书方面。《2016年草案》关于环境影响报告书的规定很少，可以反映出对其重视不够。《2017年草案》开始对环境影响报告书应该包括的内容进行规定，并在附件五中提供了环境影响报告书的模板以供承包者参考。《2018年草案》在《2017年草案》的基础上增加了关于环境影响报告书的书写形式要求，这些既表明了海管局对于环境影响报告书的要求更加严格，也反映其不断提高对环境保护的重视程度。

① 具体来说：(1)《2016年草案》第10条第3款规定：本规则可要求的任何财务担保或安全，并经理事会批准作为工作计划的一部分，可作为任何财务担保或担保的补充，根据环境法规作为环境计划批准所附任何条款和条件的一部分。(2)《2017年草案》第9条第1款规定：委员会可以向理事会建议，作为批准工作计划的一部分条款和条件，申请人就该工作计划存放履约保证金，保证履行其在拟议的工作计划和开采合同中的义务、承诺和条件，并在与申请人达成协议但不迟于开发活动的开始日期。向理事会提出的任何建议均为根据海管局的指引，包括履约金的形式及数量或价值，并与申请人协商。(3)《2018年草案》第27条第2款规定：承包者应不迟于在采矿区开始生产之日，向海管局缴存环境履约保证金。

（二）担保国责任制度重回模糊性

《公约》规定了“区域”内的担保国责任制度，即“区域”内活动者如果为自然人或法人的，应当获得公约缔约国的担保。[①]《2016 年草案》仅通过第二部分第 3 条对于担保国责任做出了非常简单的规定，且没有对担保责任的归责原则和责任范围做出规定，从而具有一定的模糊性。[②]《2017 年草案》第 91 条对于担保国责任做出了详细的规定，并且强调担保国以“尽职义务”为行为标准，只承担过错责任。[③] 虽然《2018 年草案》第 103 条对担保国责任的规定比《2017 年草案》简单得多，[④] 但是《2018 年草案》的规定把担保国的责任范围扩大到海管局规则和开发合同的条款。这样一来，担保国的责任就有可能因为海管局规定以及开发合同的条款而扩大，从而不仅仅限于“尽职义务”。通过对三年来有关担保国责任条款的比较分析可以发现，随着时间的推移，有关担保国责任的规定重新变得模糊。

（三）不断细化和强化承包者的义务

首先，在承包者对于海洋环境的义务方面。《2016 年草案》并没有专门的部分或章节规定承包者对于海洋环境的保护义务，而是用分散的条款对此做出规定。例如，《2016 年草案》第 4 条第 4 款（b）项规定承包者提交的申请书应当包含根据“环境条例”编写的环境和社会影响声明；《2016 年草案》第 14 条第 2 款 d 项规定：（承包者提出续订开采合同的申请时）要附有一份适当的合格专家的报告，以核查环境管理和监测计划是否符合《环境条例》的规定，并建议根据《环境条例》修改该计划；《2016 年草案》附件七第 14 节规定“承包者应避免对该地区的资源造成不必要的浪费”。《2017 年草案》则主要通过第四部分“环境事务”的第 18 条至第 24 条对于承包者保护海洋环境的义务做出了比较集中的规定。《2018 年草案》则主要通过第四部分“保护和保全海洋环境”的第 46 条至第 56 条对于承包者保护海洋环境做出了更加详细的规定。《2018 年草案》的有些规定是对《2017 年草案》的进一步细化。例如，《2018 年草案》第 48 条限制采矿排放是对《2017 年草案》第 23 条第 6 款的细化，并且增加规定了采矿排放两条例外措施，分别是：① 海

---

① 《公约》第 153 条第 2 款。

② 《2016 年草案》第 3 条规定：国有企业或第 5 条第 1 款（b）项所指的实体提交的每一份申请应附有申请者国籍国或申请者有效控制人的国籍国开具的担保书。如果申请者具有一个以上国籍，如由一个以上国家的实体组成的合伙企业或联营企业的情况，则所涉每一国家均应出具担保书。

③ 《2017 年草案》第 91 条规定：在不损害第 3 条和第 15 条以及《公约》第 139 条第 2 款、第 153 条第 4 款和附件三第 4 条第 4 款规定的义务的一般性的情况下，赞助承包者的国家应特别采取一切必要措施，确保他们赞助的承包者遵守：(a)《公约》第 11 部分、关于执行《公约》第十一部分的协定、海管局的规则、条例和程序以及开采合同的条款和条件；(b)《公约》第 162 条第 2 款（w）项规定的紧急命令；(c) 第 17 和 23 条；(d) 草案第三部分；(e) 草案第七部分第 2 节至第 7 节；(f) 第 77 条；(g) 第 83 条；(h) 第 85 条、第 86 条和第 87 条；(i) 根据第 89 条发出的遵守通知；和 (j) 根据第 90 条第 2 款支付海管局应付的债务。

④ 《2018 年草案》第 103 条规定：在不损害第 6 条和第 22 条规章，以及不损害《公约》第 139 条第 2 款、第 153 条第 4 款和《公约》附件三第 4 条第 4 款为承包者规定的义务的普遍性的条件下，为承包者担保的国家应该尤其采取一切必要和适当的措施，以确保其担保的承包者依据《公约》第 11 部分、关于执行《公约》第 11 部分的协定、海管局的规则、规章和程序以及开发合同的条款和条件切实遵守规定。

管局与此类采矿排放有关的要求、方法和技术标准；② 环境管理和监测计划。[①]《2018 年草案》第 51 条应急和应变计划是对《2017 年草案》第 23 条第 8 款的细化。[②] 上述规定使规章更具有合理性和可操作性。此外，《2018 年草案》第 50 条第 3 款规定“承包者应根据准则并按其中规定的格式，编写并向秘书长提交执行情况评估报告”。也属于新增的承包者在保护环境方面的要求。值得一提的是，《2016 年草案》中承包者保护海洋环境的义务大多数属于一种事后的环境治理，而 2017 年和 2018 年草案中承包者保护海洋环境的义务大多数属于事前的风险防范。从事后到事前的转变，是各国对海洋环境认识更加明确以及对环保要求更高的体现。

其次，在承包者合理顾及海洋环境中的其他活动方面。《2016 年草案》附件七第 5 节原则性地规定了承包者合理考虑海洋环境中的其他活动，[③]《2017 年草案》第 26 条和《2018 年草案》第 33 条均规定了“每个承包者均应尽职尽责，确保不损坏合同区内的海底电缆或管线”。《2018 年草案》第 33 条还特别规定了双向责任，即承包者在“区域”内的活动要合理顾及海洋环境中的其他活动，海洋环境中的其他活动也要合理顾及“区域”内的开发活动。

再次，关于承包者确保安全、劳动和卫生标准的义务。《2016 年草案》附件七第 16 节对此问题仅做出了一些简单的规定。《2017 年草案》与《2016 年草案》的规定基本相似，仅有些细微的修改，即列出了已在承包者所属国内法中实施的一系列公约。《2018 年草案》第 32 条则做出了非常详细的规定。特别是《2018 年草案》第 32 条第 5 款规定：承包者应确保，(a) 其所有人员在上岗前均具备必要的经验、培训和资质，能够安全地、称职地并按照海管局规则和开发合同条款履行职责；(b) 已制定职业卫生、安全和环境意识计划，使参与开发活动的所有人员都能了解其工作可能产生的职业和环境风险以及应对此类风险的方式；以及 (c) 已保存其所有人员的经验、培训和资质记录，并应要求向秘书长提供这些记录。上述规定进一步强化了承包者在劳动、安全、卫生方面的要求，更有利于提高船员的素质和环境保护意识，从而减少因船舶、船员不合格而造成的环境损害。

复次，关于承包者的缴费义务。《2016 年草案》通过第 5 条承包者应支付的申请费、

---

① 《2017 年草案》第 23 条第 6 款规定：除非为了生命或船舶的安全无法避免，或者为了防止船舶、设备或采矿设备的损失或严重损坏，除非开采合同或本规章明确允许，否则不得进行采矿排放。《2018 年草案》第 48 条规定：1. 承包者不得向海洋环境中丢弃、倾倒或排放任何属于采矿的沉淀物、废物或其他流出，按照以下规定允许进行的采矿排放除外：废物或其他流出，按照以下规定允许进行的采矿排放除外：(a) 海管局与此类采矿排放有关的要求、方法和技术标准；以及 (b) 环境管理和监测计划。2. 但如果为保障生命安全或保护财产免受严重损害而必须采取行动，承包者无须遵守上文第 1 款中的义务，前提是在采取任何行动时都应尽量降低伤害生命或严重危害海洋环境的可能性。

② 《2017 年草案》第 23 条第 8 款规定：承包者应根据良好的行业惯例维护必要的资源和程序，以便迅速执行和实施应急响应和应急计划。《2018 年草案》第 51 条规定：1. 承包者应：(a) 根据确定潜在事故的情况，并按照良好行业做法保持其应急和应变计划实时性和适足性，以及 (b) 为及时执行和实施应变计划以海管局发布的任何紧急命令，保持必要的资源和程序。2. 承包者、海管局和担保国应就交流与事故有关的知识、信息经验共同协商，并与显示感兴趣的其他国家和组织就这方面进行协商，利用此类知识信息编写和修订标准和作业准则，以便在整个采矿周期内控制危害，还应与其他相关国际组织合作，借鉴其咨询意见。

③ 《2016 年草案》附件七第 5 节规定：承包者应根据《公约》第 147 条和批准的“环境管理和监测计划和关闭计划”以及任何国际组织创设公认的国际规则和标准，合理地考虑本合同项下的开发活动，合理地考虑海洋环境中的其他活动。

第21条承包者应支付的开发合同年度管理费、第24条承包者应支付的特许权使用费等分散地规定了承包者的缴费义务。《2017年草案》则通过第七部分比较集中地规定了承包者的缴费义务，具体包括承包者应付的年固定费用、对承包者的征税税率、承包者应支付特许权使用费等。《2018年草案》通过第八部分集中地规定了承包者的缴费义务，具体包括承包者的年度报告费、承包者的固定年费、承包者应缴纳的年费以外的规费包括申请核准工作计划的申请费等。

最后，在承包者的关闭计划（停止或暂停生产）与关闭后监测责任方面。《2016年草案》附件七第13节对于承包者暂停生产只有一些简单的规定。① 《2017年草案》第25条对于承包者的最终关闭计划和关闭后监测义务做出了一些比较详细的规定。《2018年草案》第58条和第59条分别对承包者的关闭计划（停止和暂停生产）与关闭后监测做出了详细的规定。2017年和2018年草案还都在附件八中对于关闭计划做出了详细的规定。从具体内容来看，《2016年草案》规定海管局理事会核准承包者暂停生产，海管局委员会只享有建议权。而2017年和2018年草案均规定了海管局委员会的核准权。《2018年草案》还增加规定了关闭计划需在海管局委员会决定前30天分发，以及规定了停止或暂停生产后承包者的具体义务等。可见，《2018年草案》关于承包者的关闭计划（停止或暂停生产）与关闭后监测责任规定非常详细。

（四）不断细化和强化检查员的权力与职责要求

首先，在检查员权力方面。《2016年草案》第54条第4款规定了检查员的权力为“可检查监督承包者遵守情况所需的任何相关文件或物品、所有其他记录的数据和样品以及任何船只或设施，包括其日志、人员、装备、记录和设备”。《2017年草案》第85条和第86条以及《2018年草案》第94条和第96条均大大增加了检查员的权力，包括检查监督、发出指示、质问、要求披露、要求解释、审查、检查或测试、扣押、删除、要求执行、复制材料等。此外，《2016年草案》没有具体规定检查员发布指示的权力，而《2017年草案》第87条和《2018年草案》第97条均具体规定了检查员发布指示的权力。与《2017年草案》相比，《2018年草案》对此问题的规定还要详细。其一，《2018年草案》第97条第1款（a）项规定：（检查员可以发布）要求采矿活动在规定期限内或在海管局和承包者商定时间和日期之前暂停的书面指示。其二，《2018年草案》第97条第1款（b）项规定：（检查员可以发布）为继续进行采矿活动设定条件的书面指示，以便在规定期限或规定时间内、或在特定情况下以规定方式开展指定的活动。其三，《2018年草案》第97条第1款（d）项规定：（检查员可以）要求开展具体测试或监测，并将此种测试或监测结果提交海管局。

其次，在检查员的职责要求方面。《2016年草案》第54条第6款简单规定如下：检

① 主要规定有：（1）理事会可应承包者的要求，因为当前的经济条件或超出承包者合理控范围的其他情况，在收到海管局委员会的建议后，授权暂时降低生产率或暂时停止采矿计划中规定的生产。任何授权的临时减少或暂停的期限应为不超过1年的合理期限，并且可以随时进行审查。（2）根据“环境管理和监测计划”“关闭计划”和“环境法规”，承包者应在任何临时停工期间继续履行所有环境管理义务。（3）草案任何规定均不得限制承包者为应对事故和保护海洋环境或人类健康与安全而临时降低生产率或暂停开采活动。

查员应避免干扰承包者的安全和正常操作，并应按照本规章和海管局有关健康和安全及信息管理的政策和程序行事。2017 年和 2018 年草案均对检查员的职责做出了详细的规定。具体包括：第一，检查员必须具备与检查员职责领域相称且与准则相符的资格和经验；第二，检查员应受严格的保密规定的约束，在所履行职责方面不得有任何利益冲突，并且应遵照海管局的检查员和检查行为守则履行其职责；[①] 第三，检查员应遵守承包者、船长或船只和设施上其他相关安全主管人员向其发出的有关海上人命安全的一切合理指示和指令，并应避免对承包者的安全正常作业以及船只和设施的安全正常运行造成不当干扰。[②]

最后，在检查员如何产生的问题方面。《2016 年草案》第 54 条对此有模糊性的规定：海管局应建立适当的机制，设立检查人员，检查“区域”内的活动，以确定公约第 11 部分的规定、协议、规章制度和任何海管局的开采合同的条款和条件被遵守。但是 2017 年和 2018 年草案对此均没有规定。换言之，规章草案在检查员如何产生的问题上处于空白。

（五）关于环保事项审批的程序性规定仍然比较繁琐

通过比较三年来开发规章草案关于环保事项的审批程序，可以发现《2017 年草案》的审批程序最为复杂，2018 年次之，2016 年相对而言最简单（表 1）。

总体来说，《2018 年草案》关于环保事项审批的程序性规定仍然比较繁琐。

表 1　三年来开发规章草案关于环保事项审批的程序性规定比较

年份	申请人提交申请书程序	秘书长审查、通知程序	法律技术委员会审查程序	海管局理事会核准程序
2016	申请书应当包括： （1）环境影响报告； （2）环境管理和监测计划； （3）关闭计划	（1）书面形式确认收到申请书，保证申请书的机密性； （2）通知海管局成员； （3）通知法律技术委员会成员	（1）按秘书长收到的先后顺序审查申请书； （2）要求获取关于工作计划任何方面的额外资料； （3）确定申请人是否符合相关规定； （4）考虑申请人的财务能力； （5）考虑申请人的技术能力； （6）确定拟议的工作计划； （7）对拟议工作计划的修正； （8）委员会建议核准工作计划	理事会应审议委员会关于按照《协定》附件第 3 节第 11 段和第 12 段核准工作计划的报告和建议

① 上述两条分别参见《2017 年草案》第 84 条和《2018 年草案》第 95 条。

② 上述规定分别参见《2017 年草案》第 85 条第 5 款和《2018 年草案》第 94 条第 6 款。

续表

年份	申请人提交申请书程序	秘书长审查、通知程序	法律技术委员会审查程序	海管局理事会核准程序
2017	在2016年的基础上，新增了潜在申请人提交环境范围报告和环境影响报告，并进行环境影响评估的义务	在2016年的基础上，新增加了： （1）秘书长在海管局网站上公布环境影响报告、环境管理和监测计划、关闭计划及其修改版； （2）在海管局网站上公布潜在申请人提交的环境范围报告	在2016年的基础上新增了： （1）法律技术委员会审核潜在申请者的环境范围报告； （2）法律技术委员会在秘书长完成公布审查环境计划之前不得审核工作计划； （3）法律技术委员会必须听取秘书长、海管局成员和利益攸关方的评论意见后审查环境计划； （4）法律技术委员会应当将环境计划的报告、对计划的修改公布在网上； （5）若有多份申请，委员会应根据《公约》附件三第10条的规定确定申请者是否享有优惠和优先	同2016年
2018	同2016年	（1）在2016年的基础上新增了秘书长在海管局网站上公布环境影响报告、环境管理和监测计划、关闭计划及其修改版； （2）在2017年的基础之上又增加了秘书长首先审查申请书的义务，查看申请书是否有充分完整的义务，如若不完整则应当通知申请人	在2016年的基础上增加了： （1）法律技术委员会向理事会提交报告和建议的具体时间； （2）法律技术委员会在秘书长完成公布审查环境计划之前不得审核工作计划； （3）法律技术委员会必须听取秘书长、海管局成员和利益攸关方的评论意见后审查环境计划； （4）法律技术委员会应当将环境计划的报告、对计划的修改公布在网上； （5）若有多份申请，委员会应根据《公约》附件三第10条的规定确定申请者是否享有优惠和优先	同2016年

二、2016—2018年间开发规章草案主要内容演变的原因分析

（一）加强海底环境保护的原因分析

首先，海洋环境保护不同于陆地上环境的一般保护，需要根据海洋环境的地理特点来进行更加严格的保护，因为海底开发对海洋环境的破坏很有可能是更大范围的、更加不可逆的损害，这是各国在制定开发规章之初所达成的基本共识。

其次，各国在开发规章草案制定之初对于如何保护海洋环境存在立法经验匮乏等问题，而这些问题在后续的立法过程中逐步得到解决。《2016 年草案》并没有专门规定环境的一个部分或章节，而只是在一些有关条款中提到过与环境有关的部分。《2016 年草案》多次强调其本身只是第一个草案，只反映了监管规定的初稿，以后还将进行不断地完善。① 但是后来随着各国对于深海海底环境的不断了解与立法经验的不断丰富，开发规章中环境保护规定也不断完善。

最后，海管局不断地寻求新的方式来增加环保的可靠性和资金来源，并且不断地强化环保规定。海底环境保护本身就是一项需要耗费大量人力、物力、财力的工程，很多承包者不愿意进行环保就是因为在资源开发过程中所得收益与所耗费的财力往往不成比例，海管局积极采取措施减轻承包者在环保方面的资金压力，从而提高承包者参与环保的积极性。以环境保护信托基金为例，该信托基金本质上是环境恢复保证金，目的在于通过加大海底开发活动的成本以激励承包方主动采取措施减少开发活动带来的外部不经济性。早在 2011 年国际海洋法法庭海底争端分庭在咨询意见中认为，根据《公约》的现有规定，如果承包者履行了赔偿义务或者担保国履行了担保责任后仍然存在无法完全弥补损害后果的情况，因此建议海管局设立环境责任信托基金。② 此后，环境信托基金终于在《2018 年草案》中得以确认。笔者认为，海管局设立环境信托基金的目的就是为了使承包者能够减少在环保方面的资金压力，从而愿意在财务负担较小的情况下更好地保护环境，使“区域”内环境保护能够有一定的效果。

（二）加强承包者责任的原因分析

首先，在承包者保护海洋环境义务方面。笔者认为，随着时间的推进，各方对海洋环境的认识不断提高，对于环保的要求也在不断地提高，为了能够达到更高的环保标准，便会对一些相关细节进行更加严格的规定。这样，可以促使开发商在海底开发活动过程中更加重视对环境的风险防范，从而防止对海底环境的过度破坏与污染。

其次，在承包者缴费制度方面。随着开发规章的发展与完善，有关缴费制度的规定在

① 在《2016 年草案》的规定中多次通过各项条款的规定反映了《2016 年草案》只是“区域”内矿产资源开发规章的初稿，以后还将要进行不断地完善，例如：（1）在《2016 年草案》第 5 条规定：“这些条文可以通过进一步的规则、条例和程序加以补充特别是保护和保护海洋环境。”此规定中提到以后将有“进一步的规则”对此加以补充规范，充分说明 2016 年的相关规定并不是一个确定完善的规定，在以后的时间里有待进一步发展；（2）在《2016 年草案》第五部分“开采合同的财政条款”的注意规定里提到：“本第五部分反映了行政/固定费用和特许权使用费以及管理和管理相关事宜监管规定的初稿。”这一条款也明确说明 2016 年的规章只是开发规章的一个初稿；（3）在《2016 年草案》附件七“开采合同的标准条款”的 Section xx“环境管理、监测和报告”那部分提到“除了根据第 2 条提交环境计划的承诺外，随着环境法规的完善，具体合同中需要插入反映环境标准的术语”。这样的规定中，我们不难发现，《2016 年草案》对于环境的规定还只是一个初稿，在以后的发展中还将不断地进行更新与完善；（4）在《2016 年草案》的附件八“违反合同和罚款的时间表部分”只是简单地规定了“待起草”三个字，这充分说明了《2016 年草案》关于“区域”资源开发的很多规定还未规范完全，很多规定只是提出了一个概念性术语，具体细节并未进行详细的规定，需要以后进一步完善。

② See Responsibilities and Obligations of States Sponsoring Persons and Entities with Respect to Activities in the Area, Seabed Disputes Chamber of the International Tribunal for the Law of the Sea, Advisory Opinion, 1 February 2011, p. 60, para. 205, https://www.itlos.org/fileadmin/itlos/documents/cases/case_no_17/17_adv_op_010211_en.pdf, last visited on 9 May 2019.

规章中所占的比例也大幅度减少，其规定既更为简洁，也更加明确可行。笔者认为，这样的发展与变化是与各国对缴费制度逐渐达成共识密切相关。在开发规章制定之初，缴费制度成为各国之间最富争议的条款。如何缴、缴多少都是各国极其关注的问题，所以《2016年草案》对此问题的规定分散杂乱，缺乏系统性。为此，国际社会于2017年4月在新加坡就开发规章中的缴费机制条款进行了专门的研讨。[①] 相对于《2016年草案》，《2017年草案》关于缴费制度的规定变得较为简单，而《2018年草案》关于缴费制度的规定变得更加简单而明确。《2018年草案》整体上通过3个部分对缴费制度进行了简单明确的规定。从原因上分析，各国在缴费制度方面达成了较大的共识，只是在税率等一些小的方面还存在争议。

最后，一些国家的建议也发挥了积极的作用。例如，中国在《2017年评论意见》中提出了承包者的双向责任，即承包者在“区域”内的活动要合理顾及海洋环境中的其他活动，海洋环境中的其他活动也要合理顾及区域内的开发活动。[②] 该意见被《2018年草案》第33条所采纳。

（三）关于担保国责任重回模糊性的原因分析

由于海底资源开发风险很大，特别是在海洋环境损害方面，且自然人和法人承担责任的能力比较有限，而国家的资金和实力雄厚，因此《公约》设立了担保制度。《公约》第139条第1款、第2款规定了担保国责任。[③] 但如缔约国已依据《公约》第153条第4款和附件三第4条第4款采取一切必要和适当措施，以确保其根据第153条第2款（b）项担保的人切实遵守规定，则该缔约国对于因这种人没有遵守本部分规定而造成的损害，应无赔偿责任。上述规定可以理解为：承包者仅对损害承担过错责任；担保国仅在未尽“尽职”义务，且这种未尽义务与承包者所致损害之间存在因果关系时，才承担责任。[④] 此外，《公约》附件三第22条前半部分规定承包者对“由于其不法行为造成的损害”，应承担责任。而现实表明，即便人们在进行活动前采取了足够的预防措施，仍然有可能发生重

① 张涛：《参与全球海洋治理体现大国责任担当——聚焦国际海底矿产资源开发规章的研究与建立》，《国土资源报》2017年5月17日，第6版。

② 中国在《2017年评论意见》中提出：《2016年草案》内容存在偏离《公约》及其附件以及《执行协定》有关规定的情形。例如，《2016年草案》第26条和附件十第6节6.1段均规定，根据《公约》第147条，承包者从事开发活动应“合理地顾及海洋环境中的其他活动”。事实上，《公约》第147条第3款同时规定，“在海洋环境中进行的其他活动，应合理地顾及‘区域’内活动”。《草案》对《公约》第147条的规定进行选择性适用，片面强调“合理顾及”的一个方面，是不适当的。

③ 缔约国应有责任确保“区域”内活动，不论是由缔约国、国营企业或具有缔约国国籍的自然人或法人所从事者，一律按照本部分进行。国际组织对于该组织所进行的“区域”内活动也应有同样义务。在不妨害国际法规则和附件三第22条的情形下，缔约国或国际组织应对由于其没有履行本部分规定的义务而造成的损害负有赔偿责任；共同进行活动的缔约国或国际组织应承担连带赔偿责任。

④ See Responsibilities and Obligations of States Sponsoring Persons and Entities with Respect to Activities in the Area, supra note［21］, p. 54, para. 181.

大损害。[①] 由此，缔约国主要争议点在于：担保国在公约体系内所承担的法律义务的具体标准是什么，担保国应采取何种措施履行公约义务方能免除赔偿责任，赔偿责任的标准和范围是什么。[②]

国际海洋法法庭海底争端分庭于2011年关于“担保国的责任与义务”所发表的咨询意见确立的担保国责任主要包括以下两个方面：第一，确保承包者遵守“区域”内活动规则的尽责义务；[③] 第二，担保国的直接义务。[④] 可见，该咨询意见已经突破了“尽职”义务的范围，但对于担保国承担责任的标准和范围仍没有清晰的界定。2015年各国在牙买加首都金斯敦召开的关于审议和核准“区域”内矿产资源开采规章草案的会议上提出“必须明确担保国的作用和责任，特别是考虑到海底争端分庭在2011年2月1日针对‘担保国的责任与义务’所发表的咨询意见”。[⑤] 值得注意的是，《2018年草案》中出现了环境基金制度，同时在环境基金来源规定的第（d）条中规定，任何根据理事会命令，基于财政委员会建议给付基金资金也包括在来源里。有学者认为，这一条应当属于万能条款，不排除向担保国募集资金的可能，担保国可能因此承担实际责任。[⑥]

综上所述，海管局关于担保国责任的问题还处于一个不明确的地位，三年来担保国责任制度重回模糊性正是上述问题无法解决的结果，也许经过各国不断地磋商与探讨，在今后的草案中对此会有更加详细与明确的规定。

（四）不断细化和强化检查员权力的原因分析

首先，细化并且强化检查员的权力有利于保证检查员的作用，提升检查员的地位，使其更好地、更全面地起到检查监督的作用。因为检查员是遵照海管局的命令和开发规章对承包者的活动进行检查的主体，在预防环境损害和监督承包者环境义务履行状况等方面发挥重要作用。此外，对检查员的权力进行明确的界定，也有利于在实践中减少承包者与检查员或海管局的纠纷发生。

其次，检查员提出问询，要求披露，有权复制、扣留等，是检查员对承包者的海底活动进行监督的必要权力，有利于检查员职责的顺利履行。特别是《2018年草案》细化了检查员发布指示的内容，增加了期限的规定，使规章草案更有合理和更具可操作性。

再次，由于各国尚存在很大的分歧，故规章草案在检查员如何产生的问题上处于

① 例如，如果担保国尽了“尽职”义务，承包者仍然进行不法行为导致损害发生，承包者却没有能力承担损害责任时，怎么办？无法确定谁是致害者时，怎么办？如果担保国尽了“尽职”义务，承包者也没有进行不法行为，却仍然发生了损害，怎么办？担保国未尽“尽职”义务，但不能证明其与损害间存在因果关系，怎么办？这些都是各方一直考虑却又争议不断的地方。参见魏妩媚：《国际海底区域担保国责任的可能发展及对中国的启示》，《当代法学》2018年第2期，第36页。

② 张辉：《国际海底区域制度发展中的若干争议问题》，《法学论坛》2011年第5期，第95页。

③ See Responsibilities and Obligations of States Sponsoring Persons and Entities with Respect to Activities in the Area, supra note [21], pp. 32-37, para. 99-120.

④ See Responsibilities and Obligations of States Sponsoring Persons and Entities with Respect to Activities in the Area, supra note [21], pp. 38-43, para. 121-140.

⑤ See Developing a Regulatory Framework for Mineral Exploitation in the Area, p. 32, https://www.isa.org.jm/files/documents/EN/Survey/Report-2015.pdf, last visited on 9 May 2019.

⑥ 魏妩媚：《国际海底区域担保国责任的可能发展及对中国的启示》，《当代法学》2018年第2期，第44页。

空白。

（五）关于环保事项审批的程序性规定仍显繁琐的原因分析

三年来开发规章关于环境事项审批的程序是先由简单变得复杂再变得相对繁琐的一个过程。笔者认为，发生如下变化的原因在于：《2016年草案》是关于“区域”内开发活动的第一部规章，其制定过程难免会存在较多漏洞或思考不周的地方。随着《2017年草案》的制定，海管局不断完善《2016年草案》中的不足之处，包括有关环保的审批事项和审批程序，但《2017年草案》有关审批程序显得过于繁琐，主要是增加了潜在申请人提交环境范围报告等的义务，以及强化了法律技术委员会审查程序。《2018年草案》删除了“潜在申请人”的规定，其原因在于：开发活动一旦从理论转化到实际开采的阶段，必然会有大量的申请者会提出开采申请，而“潜在的申请者”相比之下数量将会剧增，但实际上能成功获得审批并进行开采活动的承包者毕竟是少数。因此，删除“潜在申请人”既可以简化程序，又能减轻海管局的工作量。《2018年草案》在《2017年草案》的基础之上增加了秘书长首先审查申请书的义务，查看申请书是否充分完整，如若不完整则应当通知申请人。此举的目的在于通过秘书长前期的初步审查及时地让申请人修改不合格的申请书，既节约了时间又减轻了海管局的审查义务。综上所述，国际社会和海管局认识到繁琐的程序不利于海底开发活动，并且在一定程度上改进了程序，但仍有继续改进的空间。

三、中国的应对策略

中国政府对于“区域”矿产资源开发的相关法律制度建设也非常重视。原国家海洋局、中国大洋协会、中国外交部条法司等部门和机构也组织专门力量对中国在“区域”开发规章制定过程中应当坚持的立场和对策开展深入研究。中国政府已经多次在海管局理事会上提出了不少关于制定开发规章的意见和建议。[①] 特别是中国政府分别于2017年12月20日发表了《中华人民共和国政府关于〈“区域”内矿产资源开发规章草案〉的评论意见》（以下简称《2017年评论意见》）、2018年9月28日发表了《中华人民共和国政府关于〈“区域”内矿产资源开发规章草案〉的评论意见》（以下简称《2018年评论意

① 中国代表团分别在国际海底管理局第21届、第22届、第23届、第24届理事会上就开发规章草案阐述了中国立场和意见，具体如下：《中国出席国际海底管理局第21届会议代表团副团长马新民在“制定多金属结核开发规章”议题下的发言》，载http://chinaisa.jm.china-embassy.org/chn/hdxx/t1286040.htm；《中国出席国际海底管理局第22届会议代表团副团长高风在“‘区域’内矿产资源开采规章草案”议题下的发言》，载http://china-isa.jm.china-embassy.org/chn/hdxx/t1388582.htm；《中国代表团在海管局第23届会议理事会“开发规章草案”议题下的发言》，载http://china-isa.jm.china-embassy.org/chn/hdxx/t1487167.htm；《中国代表团在国际海底管理局第24届会上关于开发规章草案框架结构的发言》，载http://china-isa.jm.china-embassy.org/chn/hdxx/t1583497.htm；《中国代表团在国际海底管理局第24届会上关于开发规章草案第三部分的发言之一》，载http://chinaisa.jm.china-embassy.org/chn/hdxx/t1583498.htm；《中国代表团在国际海底管理局第24届会上关于开发规章草案第三部分的发言之二》，载http://china-isa.jm.china-embassy.org/chn/hdxx/t1583500.htm；《中国代表团在国际海底管理局第24届会上关于开发规章草案第四、第九部分的发言》，载http://china-isa.jm.china-embassy.org/chn/hdxx/t1583508.htm；《中国代表团在国际海底管理局第24届会上关于开发规章草案第七、第八部分的发言》，载http://china-isa.jm.china-embassy.org/chn/hdxx/t1583509.htm，2019年5月10日访问。

见》），对于开发规章提出了系统性的意见。[①] 可以说，中国正在积极参与开发规章具体条款的制定。为了更好地维护中国在“区域”矿产资源开发中的权利以及推动开发规章的后续制定进程，笔者立足于三年来开发规章草案的发展演变状况以及中国既有的建议，进一步地提出中国的应对策略。

（一）中国在开发规章制定过程中的角色定位

笔者认为，中国在开发规章的制定过程中应当做到深度参与并且逐步成为引领国。理由如下：首先，中国是第一批在“区域”内申请勘探合同的先驱投资者，目前中国已成为全球唯一与海管局签订富钴结壳、多金属结核和海底热液硫化物三种海底矿产资源勘探合同以及拥有四块专属勘探权和优先开采权矿区的国家。[②] 可以说，中国在“区域”有重要的战略利益。其次，随着中国国力的大幅度增强，中国参与全球海洋治理的观念与目标、方式与手段、责任与权限均与之前发生了很大的变化。从 2016 年起，中国提出了做国际海洋法治的维护者，做和谐海洋秩序的构建者，做海洋可持续发展的推动者的立场。[③] 2017 年 10 月，党的十九大报告明确提出，中国推动构建人类命运共同体。[④] 2018 年 1 月，中国政府郑重做出承诺：中国始终把解决全球性环境问题放在首要地位，积极承担海洋环境保护责任。[⑤] 2019 年 4 月 23 日，习近平主席在青岛集体会见应邀出席中国人民解放军海军成立 70 周年多国海军活动的外方代表团团长时，提出集思广益、增进共识，努力为推动构建海洋命运共同体贡献智慧。[⑥] 因此，中国深度参与治理国际海底区域以及积极参与制定开发规章既是中国履行大国责任的重要体现，也是中国积极构建人类海洋命运共同体的重要内容。最后，中国长期以来积极参与开发规章的制定为中国后续的深度参与乃至发挥引领国的作用奠定了良好的基础。综上所述，中国应当深度参与开发规章的制定，积极贡献更多的有价值的意见和建议，大力推动并且引导开发规章的制定进程，从而逐步成为开发规章制定进程中的引领国。

（二）中国政府应当坚持的基本主张

第一，开发规章的目的和宗旨。开发规章的目的和宗旨有两个：一是鼓励和促进“开发”；二是切实保护海洋环境。正如中国政府在《2017 年评论意见》中指出，开发规章应

---

① 《2017 年评论意见》，载 http：//www. hainu. edu. cn/stm/lawsfzc/201842/10504044. shtml，2019 年 5 月 9 日访问；《2018 年评论意见》，载 https：//ran-s3. s3. amazonaws. com/isa. org. jm/s3fs-public/documents/EN/Regs/2018/Comments/China. pdf，2019 年 5 月 9 日访问。

② 这四块矿区分别是：中国大洋协会于 2001 年获得东太平洋多金属结核勘探矿区；于 2011 年获得西南印度洋多金属硫化物勘探矿区；于 2013 年获得西太平洋富钴结壳勘探矿区；中国五矿集团公司于 2015 年获得东太平洋海底多金属结核资源勘探矿区。

③ 史霄萌、顾震球：《中国代表呼吁建立和维护公平合理的海洋秩序》，载 http：//world. people. com. cn/n1/2016/1208/c1002-28935286. html，2019 年 5 月 9 日访问。

④ 习近平：《决胜全面建成小康社会夺取新时代中国特色社会主义伟大胜利——在中国共产党第十九次全国代表大会上的报告》，《人民日报》2017 年 10 月 28 日，第 01 版。

⑤ 中国国务院新闻办公室：《中国的北极政策》，载 https：//www. fmprc. gov. cn/web/ziliao_ 674904/tytj_ 674911/zcwj_ 674915/t1529258. shtml，2019 年 5 月 9 日访问。

⑥ 新华社评论员：《共同构建海洋命运共同体》，载 http：//www. xinhuanet. com//2019-04/23/c_ 1124406792. htm，2019 年 5 月 10 日访问。

当以鼓励和促进“区域”内矿产资源的开发为导向，同时按照《公约》及其附件以及《执行协定》的规定，切实保护海洋环境不受“区域”内开发活动可能产生的有害影响。从这个意见上说，开发规章的制定要着重处理好环境保护和资源开发、短期利益和可持续发展之间的关系。①

第二，关于制定开发规章的基本原则。首先，稳步推进原则。开发规章草案的制定涉及内容很多，涉及的利益很复杂，且各国技术水平、发展阶段、各自立场等不在同一水平线上，协调起来非常困难。因此，开发规章的制定应建立在充分的科学依据之上，兼顾各方利益，充分酝酿、充分讨论，循序渐进，而不应急于求成。其次，集思广益原则。开发规章的制定既要充分借鉴陆地采矿管理办法，又要广泛吸取各界专家的意见，特别是要广泛征集采矿专家的意见，并且及时将意见反馈给海管局。② 再次，与人类认知水平相适应原则。开发规章的内容应当与现阶段各国对于“区域”的认识水平相适应，其制定工作必须立足于人类通过既有开发活动获得的数据和材料。为了更好地审议规章草案，有必要对海底矿产资源的资源属性、地质特征、地理分布、经济分析以及勘探技术等方面开展更深入的、有针对性的研究工作，以期科学、合理地解决规章草案制定过程中涉及开发活动的一些疑难问题，推进规章的制定进程。中国政府在一些场合也表达了类似的观点。例如，2016 年 10 月 31 日中国出席海管局第 22 届会议代表团在发言中表示“开发规章制定涉及采矿、财务、环保、法律等多个领域，是一项艰巨复杂的系统工程，其制定不能急于求成，而应充分考虑国际社会整体利益以及大多数国家特别是发展中国家的利益，循序渐进、稳步推进”。③ 又如，中国政府在《2017 年评论意见》指出，开发规章应当与现阶段人类在“区域”的活动及认识水平相适应，其制定工作应当从当前社会、经济、科技、法律等方面的实际出发，基于客观事实和科学证据，循序推进。

第三，制定开发规章应当遵守或参照的基本法律准则。正如中国政府在《2017 年评论意见》中指出：首先，开发规章应当全面、完整、准确和严格地遵守《公约》及其《执行协定》；其次，开发规章应当与既有的三个探矿和勘探规章的内容相衔接；最后，制定开发规章应当充分考虑到联合国主持下各国正在磋商的“国家管辖范围以外区域海洋生物多样性养护和可持续利用（BBNJ）法律文书”的进展情况，并且尽量与之相衔接。

（三）中国政府可以考虑加以补充的意见

第一，中国政府可以对担保国责任制度提出具体的建议方案。中国的《2017 年评论意见》和《2018 年评论意见》指出，开发规章的制定应当积极考虑国际海洋法法庭海底争端分庭于 2011 年 2 月 1 日就“区域”内活动担保国责任问题发表的咨询意见，并且积极考虑在开发规章中以适当方式对关于担保国责任的基本要素做出规定。但是中国政府没有提出明确的担保国责任制度。笔者建议，中国政府可以提出“无过错责任”作为担保国

---

① 张涛：《参与全球海洋治理体现大国责任担当——聚焦国际海底矿产资源开发规章的研究与建立》，《国土资源报》2017 年 5 月 17 日，第 6 版。

② 同①。

③ 《中国出席国际海底管理局第 22 届会议代表团副团长高风在“‘区域’内矿产资源开采规章草案”议题下的发言》，载 http：//china-isa. jm. china-embassy. org/chn/hdxx/t1388582. htm，2019 年 5 月 9 日访问。

责任制度，即只要发生损害事件且承包者无法承担赔偿责任，即由担保国来承担责任。具体理由如下：首先，《2018 年草案》关于担保国责任制度重回模糊性，这一重要的制度缺失将导致开发规章无法获得通过，故明确担保国责任制度意义重大。其次，由于海底资源开发风险巨大，特别是潜在的海洋环境损害责任风险，如果开发实体是自然人和法人，其责任能力较为有限，可能无法完全赔偿损失。而国家则有雄厚的资金和实力可以承担此方面的责任。再次，从既有的国际条约规定来看，“无过错责任”制度已经在一些重要领域得到适用。例如，1962 年的《核动力船舶经营人责任公约》第 3 条第 2 款、1963 年《关于核损害民事责任的维也纳公约》（经 1997 年议定书修正）第 7 条第 1 款（a）项、1972 年《空间物体所造成损害的国际责任公约》第 2 条、1997 年《国际乏燃料管理安全和放射性废物管理安全联合公约》第 21 条、1997 年《核损害补充赔偿公约》第 3 条。[①] 最后，中国提出明确的建议方案有利于解决争议。目前，国际社会对于担保国履行担保义务的标准存在争议，即何为“合理注意义务”的判断标准并无清晰的定义。中国提出“无过错责任”有利于解决争议，从而推动开发规章的制定进程。

第二，中国政府可以对如何简化开发活动的申请程序和条件提出具体的意见。中国政府在《2017 年评论意见》中指出开发活动的申请程序和条件应当明确、简洁、清晰。《2017 年评论意见》还以环境事项为例指出，潜在的申请者需要提交“环境范围报告”，并开展环境影响评价，申请者则必须提交“环境影响报告”“环境管理和监测计划”和“关闭计划”。上述报告和计划均需对外公布以征求各方意见，相关工作程序不够简洁、清晰，并且申请周期较长。笔者认为，上述报告和计划很难省略。环境影响报告包括事前环境风险评估报告、环境影响评估结果、相关区域环境管理计划的目标和措施。环境管理和监测计划是基于环境影响报告，对于拟议活动过程中的监测方案、环境管理和监测计划的总体办法、标准、协议、方法、程序和执行情况评估的说明。关闭计划包括关闭后的管理以及对残留环境影响的监测。三个报告的内容分别针对开采前、开采中和开采后的环境监测，都是“区域”环境保护所必要的文件，很难省略。因此，中国政府提出简化申请程序和条件的意见可以明确化。例如，哪些具体的程序和条件是可以省略的，申请周期具体多长比较合适等。

第三，中国政府可以进一步明确为承包者增加的权利内容。中国政府在《2017 年评论意见》中指出开发规章应当实现承包者权利与义务的平衡，全面规定承包者所享有的各项权利，包括勘探合同承包者的优先开发权。《2017 年评论意见》还建议进一步明晰开发活动承包者的权利。如前所述，三年来开发规章草案不断加重承包者的义务。特别是《2018 年草案》第三部分虽然标题是承包者的权利义务，但绝大多数内容规定的是承包者的义务内容，而对于承包者的权利保障条款非常少。从这个意义上说，《2017 年评论意见》的主张是合理的。但是《2017 年评论意见》对于如何具体规定承包者的权利语焉不详。笔者认为：首先，海管局没有正当理由不得干扰承包者在合同区的开发活动。《2018 年草案》对于开发规章中提到的承包者开发活动不受干扰的权利，针对的义务主体仅限于

① 魏妩媚：《国际海底区域担保国责任的可能发展及对中国的启示》，《当代法学》2018 年第 2 期，第 37-38 页。

在合同区内对另一资源类别开展作业的其他任何实体，而没有提到海管局是否也同样应承担此项义务。笔者认为，海管局同样应当承担此项义务。海管局的监测、检查活动等都应当严格按照开发规章的规定进行。在开发合同项下，承包者对指定资源享有专属勘探开发的权利，此项权利应当不被海管局或其他承包者干扰，以保证开发活动的顺利进行。其次，进一步完善联合开发的具体安排。《2018 年草案》第 20 条第 1 款规定："合同可规定承包者与由企业部代表的海管局之间采用合营企业或产量分成形式或任何其他形式的联合安排，且这些联合安排在修订、暂停或终止方面享有与海管局订立的合同相同的保障。"草案虽然规定了联合开发安排模式，但草案并未明确"合营企业"与"产量分成"的具体比重与份额，以及联合开发中的争议解决问题。笔者认为，海管局应当对这两种制度进行进一步细化和完善。最后，对于行为、信誉良好的承包者给予一定的优惠。笔者建议，对于合同签订后符合一定年限或者开采活动整体结束后的承包者进行开采行为及信誉综合评估，对于行为、信誉评估的良好者给予优惠政策，包括：申请开采其他区域矿产资源给予优先考虑；承包者开发所必需的设备和材料，担保国可以给予适当减税、免税等优惠等。笔者认为，上述规定不仅可以促使承包者积极履行合同规定的各项义务，而且可以使行为、信誉良好的承包者优先从事其他海域区域的开发。

第四，中国政府可以对于减轻开发活动承包者的财务负担提出具体的建议。中国在《2017 年评论意见》中指出，开发活动承包者的财务负担应当合理适度。《2017 年评论意见》还进一步指出，在财务方面，申请者在申请阶段就要缴纳履约保证金，承包者则要缴纳固定年费、特许权使用费、商业保险等，申请者还要缴纳行政费用等。上述缴费机制名目繁多，恐给承包者带来沉重的财务负担。但是笔者认为，上述建议可以加以补充。首先，众所周知，海底区域开发具有高投入、高风险的特征。有能力进行海底区域开发的承包者通常情况下拥有雄厚的资金实力，已经开展了相对周全的准备工作。环境履约保证金则是保障环境安全的一种专项资金，当承包者在履行环境履约保证金所涉义务后，海管局退还或释放任何环境履约保证金；而若承包者不能履行维持环境保护的义务，海管局可以没收环境履约保证金用以采取补救行动或措施，该条对于环境保护意义重大，不宜删减。其次，承包者要缴纳的固定年费、特许权使用费、商业保险等均有相应的目的，很难删减。例如，商业保险是无论国内、国际大小公司、企业在进行业务活动时尽量减少风险和降低损害而必然采取的一种自我保障措施，当意外情况发生时，商业保险可以帮助购买者减少不利情况所造成的影响，该规定是对承包者有益的。最后，关于行政费用，如申请费和其他规费，笔者认为也是不可缺少的。海管局作为管理"区域"及其资源的权威组织，在审批承包者相关申请书，监督申请者的开发活动等各项活动中必然会耗费大量的人力、财力资源，海管局收取一定的费用以维持各机构正常运作，惠及海管局相关人员也在情理之中。

综上所述，中国政府可以就减轻开发活动承包者的财务负担提出具体的建议。笔者认为，为了更好地减轻承包者的财务负担以保护其利益，可以给承包者的财务负担设置一个最高数额的限制。

（四）中国政府可以考虑修正的意见或主张

第一，关于三种资源的开发规章分别制定的意见可以考虑修正。中国政府在《2017年评论意见》中指出，由于“区域”内的多金属结核、多金属硫化物和富钴结壳三种矿产资源各具特点，其赋存环境和开采方式等存在明显差别，三种资源的勘探规章亦是分别制定的。因此，中国政府认为，针对区域内三种不同矿产资源分别制定三种开发规章。笔者建议，还是先制定一份总的开发规章，然后再总结经验，适时分开制定三份不同开发规章。具体理由如下：首先，根据三种矿产资源分别制定开发规章，会耗时耗资巨大，又需多年才能出台正式的开发规章，效率未免太低，虽然开发规章的制定不能一蹴而就，但这并不意味着规章的制定可以一缓再缓。目前国际社会对海底区域资源至今尚未有真正的开发，如果再重新分开制定不可避免地会耗费相当长的时间，而且可能将会招致一些国家的不满。正如中国出席海管局第22届会议代表团在发言中指出“开发规章制定应从国际社会和大多数国家最迫切的需要出发”。[①] 其次，虽然三种资源各有不同的特点，但是这对于制定开发规章并无实质影响。正如中国在《2017年评论意见》和《2018年评论意见》中均指出，开发规章主要规定承包者、海管局、担保国之间的权利义务关系以及平衡承包者的权利义务关系。资源特点的不同并不在实质上影响这些内容的规定，只是在操作层面会有些不同的规定。最后，先制定一份总的开发规章，然后再总结经验，适时分开制定三份不同开发规章，这种做法更加符合中国政府提出的稳步推进原则以及与人类认知水平相适应原则。因此笔者不建议针对不同资源分别制定开发规章。事实上，中国《2018年评论意见》对此的立场已经有所改进，即不再坚持必须针对三种不同矿产资源分别制定三种开发规章，而是强调开发规章必须顾及三种矿产资源不同的特点和差异。

第二，关于开发规章应当规定具体的和可操作的惠益分享机制的建议可以考虑修正。中国代表团于2018年7月17日在海管局第24届理事会第二期会议上就《2018年草案》结构问题阐述中方立场，强调惠益分享是人类共同继承财产原则的重要内容和体现，制定“区域”内资源开发规章，不能将惠益分享排除在外。中方认为，深海采矿的收益和分享是密不可分的，两者最好同时在一个法律文件中予以规范。[②] 上述意见在《2018年评论意见》中也得到了详细的体现。[③] 笔者认为，就目前阶段的开发规章制定而言，在开发规章中适当提及惠益分享，但具体规则留待后续完善可能更加合适。理由如下：首先，国际社会目前关于惠益分享机制的研究主要针对的是“区域”的生物遗传资源，而对于矿产资源的惠益分享机制还有待进一步研究。例如，《生物多样性公约》和《波恩准则》设计的惠益分享制度主要包括以下两个方面内容，即提供遗传资源的国家有权参与相关资源的开发和科研活动以及按照共同商定的条件进行的惠益分享。《粮食和农业植物遗传资源国际公

① 参见《中国出席国际海底管理局第22届会议代表团副团长高风在“‘区域’内矿产资源开采规章草案”议题下的发言》，载 http://china-isa.jm.china-embassy.org/chn/hdxx/t1388582.htm，2019年5月9日访问。

② 参见《中国代表团在海管局第23届会议理事会“开发规章草案”议题下的发言》，载 http://china-isa.jm.china-embassy.org/chn/hdxx/t1487167.htm，2019年5月9日访问。

③ 参见《2018年评论意见》第二部分第一点“开发规章应纳入惠益分享机制”，第2页，载 https://rans3.s3.amazonaws.com/isa.org.jm/s3fs-public/documents/EN/Regs/2018/Comments/China.pdf，2019年5月9日访问。

约》也建立起一套有关粮农植物遗传信息的获取和惠益分享的多边系统。在当下 BBNJ 文件的谈判过程中，国际社会关于“区域”生物遗传资源的惠益分享机制存在“公海自由原则”和“人类共同继承财产原则”这样两种争议，且各国对于如何解读人类共同继承财产原则也存在一定的争议。例如，有学者建议，中国政府应结合本国的实际情况，有必要对全人类共同遗产原则进行重新解读。① 而“区域”内矿产资源的惠益分享机制既尚未被广泛讨论，更没有形成统一的意见。换言之，对于深海采矿如何规定一个高效而公平的惠益分享机制还有待进一步研究。其次，开发规章的制定是为了确保“区域”采矿的有序进行，从而保证海洋环境免受开发活动可能造成的有害影响，实现“区域”资源的可持续发展，而惠益分享机制虽然与海底矿产开发有关联，但毕竟是不同的两个问题。正如中国代表团在海管局第 23 届会议理事会发言中指出，开发规章在内容上应服务于现实最紧迫的需要，优先规定基本法律框架和原则，并根据实践发展演变，嗣后逐步细化和完善相关具体规则。② 综上所述，笔者建议在开发规章中适当提及惠益分享，但具体规则留待后续完善可能更加合适。

第三，关于提高开发规章环境影响评价的启动门槛的意见可以考虑修正。中国代表团在海管局第 23 届会议理事会发言中指出，关于“区域”活动的环境影响评价，除了要考虑适用于《联合国海洋法公约》第 145 条有关“区域”环境保护的一般规定外，还应考虑《联合国海洋法公约》第 206 条有关环境影响评价的专门规定。这是确定环境影响评价的根本依据。根据 206 条，环境影响评价的启动门槛应是“有合理依据认为”有关矿产资源开发活动“可能造成重大污染或重大和有害的变化”。③ 而《2018 年草案》只是规定申请者的申请书中应包括按照本规章附件四并以其规定格式编制的环境影响报告，而并无规定环境影响评价的门槛。因此，《联合国海洋法公约》规定的环境影响评价的启动门槛要高于目前规章草案的规定。笔者认为，关于提高环境影响评价启动门槛的意见似有不妥。开发规章草案降低环境影响评价的启动门槛是为了让承包者申请开发时更好地了解“区域”内环境的现状，以便后续的开发活动能够合理地顾及环境保护，从而体现对于“区域”环保问题的重视。海底资源开发活动存在巨大的风险，如果造成环境损害责任重大。因此，保护海洋环境是制定开发规章的主要目的之一。三年来的开发规章草案一直强调申请者在提出开发申请时就要提交环境影响报告就是这一目的体现。中国一直以来也强调开发海底与海洋环保并举。虽然《联合国海洋法公约》是制定开发规章应当遵守的基本法律依据，但这不等于开发规章的内容必须完全与《联合国海洋法公约》一模一样。换言之，开发规章可以采取比《联合国海洋法公约》更严格的标准。毕竟开发规章相比较 36 年前通过的《联合国海洋法公约》更能够适应人类对于“区域”的认知状况。

---

① See Aline Jaeckel, Kristina M. Gjerde and Jeff A. Ardron, “Conserving the Common Heritage of Humankind-Options for the Deep Seabed Mining Regime”, 78 Marine Policy 156, 741-742 (2017).

② 《中国代表团在国际海底海管局第 23 届会议理事会“开发规章草案”议题下的发言》，载 http://chinaisa.jm.china-embassy.org/chn/hdxx/t1487167.htm，2019 年 5 月 9 日访问。

③ 同②。

四、余论

总体来说，三年来开发规章草案在内容方面不断丰富，在结构方面趋向合理，在重要事项方面不断细化，这些都是值得肯定的。但是开发规章草案也存在一些争议问题以及后续如何发展的问题，需要各国充分讨论。目前，大多数国家支持继续将制定“开采法典”作为海管局的优先事项，其中海管局的意愿较强。[①] 总之，国际社会的大力支持和推动是三年来开发规章草案越来越细致、越来越完善的主要原因。因此，开发规章的后续磋商应当充分顾及国际社会整体利益和绝大多数国家特别是发展中国家的利益，继续处理好承包者、海管局和国际社会三者之间的关系，既要平衡好资源开发和海洋环保的关系，也要平衡好承包者的权利与义务关系，还要进一步优化开发规章的结构，完善其内容，从而稳步推进开发规章的制定进程。

中国是制定开发规章的积极推动者，中国要深度参与开发规章的制定并且逐步发挥引领国的作用。具体来说，首先，中国政府在指导思想上要将深度参与制定开发规章作为构建人类海洋命运共同体的一项重要内容；其次，中国政府要深入把握三年来开发规章草案的发展趋向，积极参与“开采规章”草案文本的讨论，进一步完善对于开发规章草案的意见和建议；再次，中国政府还要积极促进广大发展中国家参与“区域”内资源开发，完善相关鼓励和促进交流的条款；最后，中国政府还要提高本国的深海采矿技术，加强深海采矿的实践，完善本国的“深海海底资源勘探开发法”以及建立完善的配套法律制度。

论文来源：本文原刊于《当代法学》2019 年第 4 期，第 79-93 页。

项目资助：中国海洋发展基金会和中国海洋发展研究中心 2019 年度海洋发展研究领域重点项目。

① 杨泽伟：《国际海底区域“开采法典”的制定与中国的应有立场》，《当代法学》2018 年第 2 期，第 34 页。

海平面上升与国际海洋法：挑战及回应

冯寿波[①]

摘要：地理稳定性构成国际（海洋）法诸多制度的重要基础。海平面总体上呈现缓慢上升趋势，国际海洋法需对人类面临的严峻挑战未雨绸缪。海平面上升令领海基线、海洋边界乃至小岛屿国家未来国家地位可能处于不确定状态，并导致《维也纳条约法公约》第62条与《联合国海洋法公约》相关条款间产生法律冲突。应加强对《联合国海洋法公约》诠释、修订的研究，关注海洋习惯国际法发展，加强对《联合国海洋法公约》涉气候变化和海平面上升条款的研究。应允许沿海国将符合《联合国海洋法公约》的基点/线和不同海域的外部界限予以永久固定，并加强国际协调。

关键词：海平面上升；《联合国海洋法公约》；《维也纳条约法公约》

在很大程度上，威斯特伐利亚机制建立在地理基础之上，因为领土是作为国际关系最主要主体的国家赖以产生和存在的物质基础。可以说，地理稳定性构成国际法诸多制度的重要基础——国际法的原则和规则以领土为基础。“由于国际法的核心方面依赖于地理条件的普遍稳定，海平面上升可能带来根本性挑战，需要对目前公认的国际法模式进行深刻地重新审查。”[②] 全球变暖、海平面上升已成为国际社会大多数国家的共识，尤为沿海国所关注。气候变化、海平面上升所导致的岛屿与岩礁的消失（或退化）、基点/线的变更等，都对海洋法提出了挑战，既存海洋法制对海平面上升挑战的应对仍存在不足。海平面上升将威胁中国领海基线的确定性，损害沿海低洼地带城市的安全。针对海平面上升所可能导致的大量陆地领土/岛礁被淹没，从而对现有海洋边界和潜在国际诉讼以及对适用《联合国海洋法公约》（下称 UNCLOS）将产生何等影响等问题，UNCLOS 相关条款尚存在模糊性和漏洞。国际海洋法应未雨绸缪，对此做出规则安排。因此，探讨海平面上升对国际海洋法的挑战与应对问题具有重要的理论与实践意义。应减缓气候变化、海平面上升的进程，对 UNCLOS 相关条款予以演进解释乃至修改。

---

① 冯寿波，男，法学博士，南京信息工程大学法政学院教授。主要研究方向：国际经济法。

② Davor Vidas, “Sea-Level Rise and International Law: At the Convergence of Two Epochs”, *Climate Law*, Vol. 4, 2014, p. 70.

一、海平面上升

海平面上升与气候变化所导致的全球变暖有关。“最近关于海平面上升的科学文献表明，在2100年温度上升4℃的情况下，全球海平面的上升幅度估计在0.5米到2米之间。”[①] 就北极地区而言，科学家们过去数十年的研究表明，北冰洋海冰持续后退，其冰层范围和厚度在减少。“近年来，全球环境变化和气候变暖的趋势在北极也得到了明显的反映。根据300多名科学家组成的国际工作队对北极为期4年科学研究的结果，北极的气候正在迅速变暖，过去20多年中其速度差不多是世界上其他区域的2倍，出现了冰川和海冰大面积融化、永冻层解冻、雪季缩短的现象。据预测，北极的夏季海冰至少有一半会在21世纪末融化，到2100年该区域的气温将上升4~7℃。”[②] 2018年1月《中国的北极政策》也明确指出北极冰盖的融化与减少现象：“北极具有独特的自然环境和丰富的资源，大部分海域常年被冰层覆盖。当前，北极自然环境正经历快速变化。过去30多年间，北极地区温度上升，使北极夏季海冰持续减少。据科学家预测，北极海域可能在21世纪中叶甚至更早出现季节性无冰现象。”不过，由于科学界对全球变暖的幅度尚无共识，由此可知，对海平面上升幅度的估计也就存在较大差异。

尽管国际社会对海平面上升的幅度有着不同的研究与推测，海平面在上升并对许多国家，特别是低洼的小岛屿国家，产生了较大影响，已是不争的事实。“即使是相对轻微的海平面上升也可能对岛上居民产生重大影响。……降低岛屿的宜居性。”同时，海平面上升将与国家的生存能力、领土完整、“气候难民”人权保护、低洼小岛屿国家的国际法主体资格、海洋边界的稳定性、海洋争端解决等诸多国际法问题，密切相关。[③] “在第三次联合国海洋法会议上，还没有预料到海平面上升会使正常基线和岛屿的地位发生如此剧烈的变化。因此，UNCLOS没有提供处理这些新问题的机制。”[④] 国际海洋法在应对海平面上升所带来的挑战方面仍有待进一步发展。可以预见，海平面上升在未来很可能使全球海洋治理和国际法治面临诸多新问题和新挑战，对此，需要未雨绸缪地做出相应的制度安排。

二、海平面上升对国际海洋法的挑战

稳定的地理条件构成国际（海洋）法良好运行的重要基础。气候变化与海平面上升将逐步导致某些区域地理条件的不确定和不稳定，国际（海洋）法由此可能面临根本挑战，挑战的程度受制于海平面上升的前景，海洋法将需要适应海平面上升的实际情况。尽管UNCLOS的规定没有以海洋深度为基础，且在某些情形下为海岸线的变动预留了一定空间，但对于因海平面上升导致的基点/线的可能变动、岛礁的淹没等问题，公约并无有效

① Davor Vidas, “Sea-Level Rise and International Law: At the Convergence of Two Epochs”, *Climate Law*, Vol. 4, 2014, p. 71.

② 黄志雄：《北极问题的国际法分析和思考》，《国际论坛》2009年第6期，第9页。

③ Clive Schofi, “Shifting Limits? Sea Level Rise and Options to Secure Maritime Jurisdictional Claims”, *Climate and Carbon Law Review*, Vol. 4, 2009, pp. 414-415.

④ Clive Schofi, “Shifting Limits? Sea Level Rise and Options to Secure Maritime Jurisdictional Claims”, *Climate and Carbon Law Review*, Vol. 4, 2009, p. 405.

规制。

在联合国第三次海洋法会议谈判期间，海平面上升问题并未获得国际社会的重视与广泛认可，因此，公约的谈判者在设计公约条款时并未将海平面上升的海洋法应对考虑在内，UNCLOS 除第 7.2 条外，并无任何其他条款规制海平面上升导致的基点/线的变动而引起的海域边界的不稳定问题。

可见，海平面上升将可能对基点和基线以及国家间海洋边界造成新的不确定性，导致国家间海洋权益争端，损害国际海洋和平秩序，因为领海基线的变动与不稳定性将使得依赖该基线确定其空间范围的领海、毗连区、专属经济区（EEZ）、公海和大陆架范围也可能随之处于变动中，沿海国对原海域的主权、主权权利和管辖权由此受到减损或侵蚀，沿海国原先享有管辖权的部分海域将可能成为公海的一部分，其他国家在该海域享有公海自由权利。对于跨越不稳定海域边界的船舶或私人来说，也将会产生诸多困惑与不便。

（一）海平面上升对基点/线的影响

相对稳定的基点/线不仅是沿海国确立其对各海洋区域管辖权的基础，而且是国家间海洋边界划界的核心依据。海平面上升可能将对沿海国依 UNCLOS 相关条款已经确立的领海基点/线以及由此确立的不同海域的边界产生重大影响。岛屿、岩礁、海岸线所发生的地理变化可能将迫使沿海国调整其管辖海域的位置或范围，且因海平面上升的持续，该情势一直处于不确定状态，相应地，沿海国对相关海域的主权、主权权利、管辖权将受到损害。对于地势低洼的小岛屿国家来说，更严峻的挑战是其国民与政府赖以生存、运行的适宜生存的岛屿将沉没或变得不再适合人类生存，其国家主体资格、居民的迁移、国籍、原管辖海域的法律地位等问题都将可能出现。

UNCLOS 中现行的正常基线法并未能为（小岛屿）国家领土的消失这一潜在的严重问题提供充分的解决办法。UNCLOS 规定了确定沿海国领海基线的几种情形，包括：低潮线（第 5 条）；在一定条件下的礁石的向海低潮线（第 6 条）；直线基线（第 7 条）；群岛直线基线（第 47.1 条）与大陆或岛屿的距离不超过领海宽度的低潮高地的低潮线可作为测算领海宽度的基线（第 13 条）。UNCLOS 未规定海域边界可与基线一起移动，但第 7.2 条是例外："在因有三角洲和其他自然条件以致海岸线非常不稳定之处，可沿低潮线向海最远处选择各适当点，而且，尽管以后低潮线发生后退现象，该直线基线在沿海国按照本公约加以改变以前仍然有效。"该"适当点"可能是高潮时高于海面的岛屿或岩礁。此外，类似直线基线还可能是连接河口的直线（第 9 条），"如果河流直接流入海洋，基线应是一条在两岸低潮线上两点之间横越河口的直线"。海平面上升可能导致该河口线向内陆方向迁移。公约第 10.4 条还规定可在一定条件下在海湾天然入口处的两端低潮标之间划出一条封口线，不过，海平面上升可能会导致该封口线随着两端低潮标的移动而向陆地方向迁移。

海平面上升将可能使群岛国确定其海洋管辖权范围的群岛直线基线发生变动，因为作为群岛基线基点的岛屿或低潮高地可能会被永久完全淹没。学界对于公约第 47.1 条中的"干礁"（drying reefs）的含义尚存疑惑。有学者质疑该词语是指岸礁（fringing reefs）还是指低潮高地（low-tide elevations），并不清楚。对此，海洋法权威学者指出："'干礁'

是礁石在低潮时高于水面但在高潮时没入水中的部分。据此，干礁应属第 13 条定义下的‘低潮高地’，应受第 47 条第 4 款所包含的有关规定的限制。在这方面，第 47 条第 1 款与第 6 条形成对照，后者规定，‘在……有岸礁环列的岛屿的情形下’，基线是‘礁石的向海低潮线’。”[①] 如果将第 47.1 条中的“干礁”的含义理解为“低潮高地”，则该解释与第 47.4 条的规定不一致，[②] 因为第 47.4 条将低潮高地作为基点是附有条件或限制的。可见，UNCLOS 关于低潮高地和群岛水域的规定可能与海平面上升之间具有更大相关性。

海平面上升将可能导致作为确立沿海国领海基线的低潮线发生变动。当海平面上升时，低潮线将向陆地方向推进，沿海国的领海基线将可能发生变动。根据 UNCLOS 第 5 条，沿海国应在其官方承认的大比例尺海图上标明新的沿岸低潮线，以取代之前的沿岸低潮线。根据第 6 条，因海平面上升而淹没据以确定低潮线的礁石时，沿海国可能需要重新确立其他礁石或岛屿作为依托，并如同第 5 条情形，需要在海图上重新予以标注。

依据 UNCLOS 第 13 条[③]，“低潮高地全部或一部与大陆或岛屿的距离不超过领海的宽度”是“该高地的低潮线可作为测算领海宽度的基线”的前提条件。海岸线因海平面上升而逐步向内陆推进，将可能使原先可据以确立领海基线的低潮高地与大陆的距离超过领海宽度，甚至该低潮高地被永久淹没，这也将令沿海国管辖的海域范围或位置产生变化。

海平面上升还可能永久完全淹没作为确立直线基线基点的岛屿或岩礁，沿海国需要重新选择其他岛屿或岩礁作为新基点。对许多国家来说，失去据以能够向外推移其领海基线的低潮高地，将对其能够行使管辖权的海域范围产生重大影响。“在离岸 12 海里范围内作为基点的低潮高地和边缘礁石的永久淹没，将导致国家管辖的所有海域宽度明显减少。当一个岛屿仅成为低潮高地时，沿海国肯定会采取措施阻止其进一步下沉，以维持直线基线。为保持其低潮时高于海面，沿海国可从事一些在低潮期建造人工设施的活动。这里提出的问题是，这些人工设施是否会被合法地接受，并没有改变低潮高地的地位。”[④] 面对海平面上升对现行海洋法所带来的挑战，UNCLOS 并无明确规定气候变化问题的相关条款，其缔约国也未预见到海平面上升对沿海国领海基线稳定性可能造成的影响，由此可见，难以在 UNCLOS 中寻求应对原基点被永久淹没的相关条款，沿海国为避免管辖海域面积的压缩，将会采取措施阻止该结果的发生，由此可以说，现行 UNCLOS 基点和线条款鼓励沿海国在应对海平面上升对国家管辖海域范围的威胁时采用斥资加固基点的做法。

（二）海平面上升对岛屿法律地位和海域划界的影响

岛屿或岩礁不仅对于确立基点、基线和沿海国管辖海域范围具有重要的法律意义，而

① 南丹、罗森主编：《1982 年〈联合国海洋法公约〉评注》（第二卷），吕文正、毛彬译，海洋出版社 2014 年版，第 392 页。

② 《联合国海洋法公约》第 47.4 条规定：“除在低潮高地上筑有永久高于海平面的灯塔或类似设施，或者低潮高地全部或一部与最近的岛屿的距离不超过领海的宽度外，这种基线的划定不应以低潮高地为起讫点。”

③ 《联合国海洋法公约》第 13 条规定：（1）低潮高地是在低潮时四面环水并高于水面但在高潮时没入水中的自然形成的陆地。如果低潮高地全部或一部与大陆或岛屿的距离不超过领海的宽度，该高地的低潮线可作为测算领海宽度的基线。（2）如果低潮高地全部与大陆或岛屿的距离超过领海的宽度，则该高地没有其自己的领海。

④ Sarra Sefrioui，“Adapting to Sea Level Rise：A Law of Sea Perspective”，in Gemma Andreone ed.，*The Future of the Law of the Sea：Bridging Gaps Between National，Individual and Common Interests*，Springer，2017，p. 12.

且在海域划界争端中也时常发挥重要影响。根据 UNCLOS 第 121.2 条规定：“除第 3 款另有规定外，岛屿的领海、毗连区、专属经济区和大陆架应按照本公约适用于其他陆地领土的规定加以确定。”该款表明，岛屿可像陆地一样拥有相应的管辖海域；该条第 3 款规定的“不能维持人类居住或其本身的经济生活的岩礁，不应有专属经济区或大陆架”表明，岩礁法律地位是岛屿的例外。海平面上升导致岛屿/岩礁的永久淹没，将使沿海国丧失对原管辖海域的主权权利和管辖权，甚至领海主权和陆地领土主权。岛屿被淹大致包括两种情形：一是岛屿因气候变化和海平面上升，退化为不能适应人类居住的岩礁；[①] 二是岛屿和岩礁被完全、永久被淹没，从而成为水下暗礁。在前一种情形下，沿海国可能丧失对原岛屿所产生的专属经济区和大陆架的主权权利和管辖权；在后一种情形下，沿海国将因此完全丧失对原管辖海域的领海主权、主权权利和管辖权，设置包括对陆地领土的主权。这两种情形无疑都将严重损害岛屿原属国的海洋利益。其中，岛屿的永久沉没还将可能影响相邻或相向国家间的海域划界。

岛屿永久沉没或岛屿退化（例如，因海平面上升及环境的恶化，岛屿已不再符合“能维持人类居住或其本身的经济生活”的标准）成为岩礁将对地势低洼的太平洋小岛屿国家造成严重威胁，岛屿的永久沉没将可能产生该小岛屿国家原管辖的内水、领海、毗连区、专属经济区和大陆架的存留问题，退化成岩礁的岛屿（UNCLOS 第 121.3 条）不再拥有专属经济区和大陆架，此外，还会产生这类小岛屿国家主体地位、国民移民与国籍、气候难民的国际法保护、原管辖海域的地位等诸多问题。

海平面上升还可能对以海水深度确定沿海国大陆架管辖范围产生影响。UNCLOS 中很少有关于水深的规定。UNCLOS 中唯一明确的深度标准是关涉大陆架外部界限的第 76 条第 5 款，要求大陆架在海床上的外部界线的各定点不应超过连接 2 500 米深度各点的 2 500 米等深线 100 海里。如果海平面上升达到一定程度，就有可能影响以深度标准确定大陆架外部界限。也有学者认为，海平面上升 1 米情况下对大陆架界限的影响可忽略不计：“显然，海平面上升 1 米至多对第 76 条的适用产生很小的影响。首先，1 米的上升只代表了总深度的一小部分；其次，表示这种深度的海图的精度通常是每 5 海里测 1 次水深。由于1 米高造成的深度差仅为 0.04%，这完全在这些图表的误差范围内。”[②] 尽管如此，海平面的显著上升将会淹没陆地或地势低洼的小岛屿国家领土，令其缩小乃至丧失原管辖海域。例如，“Kapingamarangi 是划定巴布亚新几内亚和密克罗尼西亚联邦（FSM）之间专属经济区边界的唯一计算点，因为它是 FSM 在巴布亚新几内亚方圆 400 海里内拥有的

---

① 因此，仲裁庭的结论是，如果适当（properly）解释，岩礁只有在它既缺乏维持人类居住的能力，又缺乏维持其本身经济生活能力情况下，它才不产生专属经济区和大陆架。或者，表达得更直接和积极，能够维持人类居住或其自身经济生活的岛屿有权产生专属经济区和大陆架（依照公约适用于其他陆地领土的规定）。但仲裁庭注意到，经济活动是由人类进行的，人类很少居住在不可能有经济活动或谋生计的地区。因此，无论第 121.3 条的语法结构如何，这两个概念在实际意义上联系在一起。尽管如此，文本仍然对这样一种可能性持开放态度，即一个地物可能能够维持人类居住，但没有提供支持经济生活的资源，或者一个地物可能维持经济生活，但缺乏直接在地物本身上维持居住的必要条件。参见 The South China Sea Arbitration Award，PCA Case No 2013-19，paras. 496，497。

② Stuart B. Kaye，“The Law of the Sea Convention and Sea Level Rise in the light of the South China Sea Arbitration”，*International Law Studies*，Vol. 93，2017，p. 428.

唯一领土。这一环礁的沉没不仅将使多达500人永久流离失所，而且还将使FSM损失3万多平方海里的专属经济区”。[①]

（三）海平面上升对海洋边界条约效力的影响

沿海国通过双边条约确定海域边界或解决其他海洋权益纠纷时常可见。然而，如前所述，海平面上升可能将令沿海国海洋边界处于不确定状态，对海域划界的双边条约效力提出了挑战。

《维也纳条约法公约》（以下简称VCLT）第26条体现了“有约必守”这个条约法领域的基本原则，但第62条规定了该原则的例外——“情势根本变迁”，作为国家单方面终止、退出或暂停施行条约的情形及例外。依据第62.2条第1项规定，如果一项条约确定一边界，则即使存在情势的根本变迁，也不得援引之作为退出或终止条约的理由，可见，该项规定不支持将情势根本变迁作为国家可单方面退出或终止边界条约的情形。可以说，不管海平面上升是否构成一项海洋边界条约的情势根本变迁，该海洋边界条约都将拘束缔约各方。可见，第62条的规定使国家不太可能单方面终止一项海上边界条约。

然而，海平面上升导致的沿海国确立基点和基线的海洋地理变化（例如，岛屿的永久沉没、在一定条件下可作为基点的低潮高地被永久淹没等），将可能导致沿海国海洋边界的变动，因为无论是低潮线向内陆方向的持续推进，还是被作为确立直线基线的沿海岛屿的永久沉没、岛屿退化为岩礁，沿海国都将可能丧失其确立领海基线的UNCLOS依据，使得确定海洋边界的既定条约丧失了海洋法上的合法性，导致UNCLOS关于基点和基线、岛屿制度等与VCLT第62条发生冲突。

有国外学者甚至认为VCLT第62.2条（a）项不应适用于海洋边界：“在解释第62.2条（a）项时可能有一些余地。VCLT没有具体说明它是否适用于所有边界，包括海洋边界，或‘边界’一词是否只应包括陆地边界。在寻求解释本条的协助时，可以考虑公约的准备工作。国际法委员会在1966年讨论案文草案时没有提到海洋边界，注意到了‘自由区’案（the Free Zones Case），该案涉及陆地边界，讨论了自决对陆地边界的影响。我们也很好地注意到，当案文在1966年最后定稿时，即1969年通过之前，很少有海洋边界的案件，而且几乎没有现代意义上的海洋边界是通过国家间的协定来解决的。因此，有理由得出结论，第62.2条（a）项不应适用于海洋边界。”[②]

气候变化、海平面上升的现实表明，与陆地边界相比较，国家海洋边界面临更多的不确定性，这意味着VCLT第62条的解释、适用面临新的难题。

（四）海平面上升对小岛屿国家和群岛国的影响

如前所述，海平面上升已对一些小岛屿国家经济与社会安全产生了深远影响，其面临的严峻挑战是，从近期来看，小岛屿国家生态环境呈恶化趋势，岛屿宜居性在降低；从长

① Stuart B. Kaye, “The Law of the Sea Convention and Sea Level Rise in the light of the South China Sea Arbitration”, *International Law Studies*, Vol. 93, 2017, p. 440.

② Stuart B. Kaye, “The Law of the Sea Convention and Sea Level Rise in the light of the South China Sea Arbitration”, *International Law Studies*, Vol. 93, 2017, p. 439.

远来看，小岛屿国家有可能被永久淹没，国民全部移民他国或者成为“气候难民”，国家在国际法下的主体资格存留值得探讨，或者岛屿退化为“不能维持人类居住或其本身的经济生活的岩礁”，即使依据 UNCLOS 第 121.2 条仍拥有领海和毗连区，但该小岛屿国家有可能不复为国家，也就可能谈不上对该海域继续行使国家管辖权了，这主要基于如下三个方面的理由：一是像瑙鲁等地势低洼的小岛屿国家，可能随着其（岛屿）领土退化为岩礁，不再适合其国民定居，其国民将不得不移民他国或成为“气候难民”，这类国家可能丧失了国家构成要素中的“定居的居民”之要素；二是随着这类国家所有岛礁都被永久淹没，可能不符合国家构成要素中的“确定的领土”要件；三是该类国家是否仍能够维护其政府的有效性存疑。后文提及的固定或“冻结”领海基线或其专属经济区和大陆架的外部界限的主张，也因失去了权利主体而可能对这类国家变得没有意义。这构成了对国际（海洋）法的新挑战。为有效应对该挑战，笔者曾撰文试图论证丧失部分或全部领土的低洼小岛屿国家仍应保留其国际法主体地位。①

海平面上升也会对群岛国确立其领海基线产生影响。例如，UNCLOS 第 47.1 条②将陆地面积与相关海域面积的比例作为确立群岛国直线群岛基线的一个限定条件，海平面上升将令一些群岛国家面临满足陆地与海域面积比例要求的潜在挑战。即使群岛国有可能依第 47.7 条，地势低洼的群岛国岛屿面积受上升海平面的威胁，对基线的影响并非可以完全被忽略不计。因为随着海平面的持续上升，群岛国被海水淹没的陆地面积将可能持续增加，这将在不同程度上影响原先依 UNCLOS 第 47.1 条所确定的直线群岛基线的稳定性。目前，直线群岛基线的稳定性虽未受到显著挑战，但海平面上升将可能是以（数）百年计的历史过程，此处探讨的是对未来可能发生的挑战的预判。

海洋法受到“挑战的严重程度将取决于海平面上升的进程。最初，剧烈的后果只会影响一些地势较低的国家，特别是几个太平洋和印度洋岛屿国家。在任何海平面显著上升的情况下，如已预测在 21 世纪将发生的情况，对现行海洋法的挑战必然会出现。……所有这些挑战不仅仅是简单地质疑某些现有国际法规则的适当性。挑战的性质是对国际法的一些基本公理提出了疑问”。③ 例如，领土或定居的居民是否是国家必不可少的构成要件，从而关涉作为国际法基础的国家本身以及陆地支配海洋原则的适用。海平面上升的后果将会给现行国际（海洋）法带来新的不确定性，损害国际海洋法律秩序的稳定性与可预见性。

三、海平面上升的国际海洋法应对

“随着气候变化和由此导致的海平面上升，预计在 21 世纪，国际法面临的基本挑战可

① 冯寿波：《领土丧失与国家地位：海平面上升对小岛国的挑战》，《西部法学评论》2019 年第 3 期。

② UNLCOS 第 47.1 条规定：“群岛国可划定连接群岛最外缘各岛和各干礁的最外缘各点的直线群岛基线，但这种基线应包括主要的岛屿和一个区域，在该区域内，水域面积和包括环礁在内的陆地面积的比例应在 1：1 至 9：1 之间。”

③ Davor Vidas, “Sea-Level Rise and International Law: At the Convergence of Two Epochs”, *Climate Law*, Vol. 4, 2014, p. 73.

能即将出现。国际法的核心方面取决于地理条件的普遍稳定。沿海地理稳定性是各国确定海洋区域权利、解决海洋划界争议的关键客观条件。”① 1982 年诞生的 UNCLOS 距今已近 40 年之久，公约本身既存的矛盾、模糊性、漏洞等局限性，再加上公约谈判、缔结之时，气候变化、海平面上升、极地冰融等问题尚未成为缔约国谈判时关注事项，谈判人员没有预见到主要自然现象引起沿海地理的重大变化，该公约基本未能为国际社会应对海平面上升提供海洋法依据。因此，需要采纳新的海洋法规则，对现有相关规则予以演进解释，以完善 UNCLOS 涉气候变化、海平面上升对海洋法影响及应对之条款。

（一）修订、演进解释《联合国海洋法公约》

鉴于除第 7.2 条外，UNCLOS 并无其他条款涉及海平面上升对沿海国海域、边界的确定性产生的影响问题，需要修订该公约，引入新规则。为维护海洋法律秩序，消除或降低因海平面上升给国家既定海洋边界带来新的不确定性，公约应将现有海洋边界予以固定，使之不因海平面上升导致的基点和基线的变动或岛屿的永久沉没或退化成岩礁而导致周围海域法律地位的变化而产生不确定性，并由此增加国家间海洋划界争端。“冻结”既存海洋边界有助于维护历经 10 年谈判的 UNCLOS 所确立的国际海洋法律秩序和不同利益集团间海洋利益的平衡，各国所享有的海洋权利及承担的义务并不会因基点和基线、岛屿/岩礁的变迁而有所增加或减少。具体来说，沿海国管辖海域不会因领海基线向内陆方向推进而有所减少。公海以及国际海底区域范围也不会因此而发生变化。该主张对于可能将被永久淹没或退化为岩礁，并将政府和居民迁移到他国领土的小岛屿国家来说具有非常重要的意义。

有国外学者主张，应将依 UNCLOS 第 16 条确立并公布的基线或者将专属经济区和大陆架外部界限予以永久固定，使之不因包括海平面上升在内的海洋环境变化而发生变化。不过，对于将来可能发生的岩礁成为岛屿或者诞生的新岛屿的法律地位问题，仍值得学界进一步探讨。

固定或“冻结”既存且符合 UNCLOS 规定的基线/点，需要解决固定沿海国何时确立的领海基线问题，例如，是固定该公约生效时的基线还是固定沿海国依公约第 16.2 条确定的并经公布、向联合国秘书长提交的海图或地理坐标表中确立的领海基线。公约对沿海国并未规定确立领海基线和公布、提交相关信息的时间限制。

有国外学者建议在 UNCLOS 或其他合适的规范性文件中增加一个新条款：“对于符合 UNCLOS 相关条款规定的已经确立的基线，如果已在海图或地理坐标表中予以描述，且将海图妥为公布，沿海国可以宣布其为永久性基线，而不论海平面上升给海岸或岛屿嗣后带来的变化如何。”②

修订或扩充 UNCLOS 相关条款是应对海平面上升对沿海国领海基线、岛屿、岩礁威胁的最好途径，但该方法仍具有明显的局限性或很大障碍。在理论层面，UNCLOS 第 312 条

① Davor Vidas, “Sea-Level Rise and International Law: At the Convergence of Two Epochs”, *Climate Law*, Vol. 4, 2014, p. 70.

② Davor Vidas and Peter Johan Schei, eds., *The World Ocean in Globalization*, Lerden/Boston: Martinus Nijhoff Publishers, 2011, p. 198.

规定了公约的修订程序，[①] 可以通过该程序直接修订 UNCLOS 条文，或者对公约相关条款以补充协定方式予以修正或补充。根据公约第 316 条，该修正案仅约束交存批准书或加入书的缔约国，不应影响其他缔约国根据该公约享有其权利或履行其义务；此外，也可以依《联合国气候变化框架公约》第 17 条以议定书方式予以修订。从可行性角度来说，第 312.2 条规定了很高的修订门槛，要数目庞大的所有缔约国就固定基线或专属经济区/大陆架边界问题能够协商一致，尽管不能说可能性较小，至少谈判也是旷日持久。主要原因可能在于，UNCLOS 是缔约国历经十年谈判所达成的不允许保留的“一揽子”协议，可谓“牵一发而动全身”，对任何重要条款的修改将可能打破公约确立的整体利益平衡以及公约的完整性。依据公约第 313 条规定的“以简化程序进行修正”，“一个缔约国反对提出的修正案或反对以简化程序通过修正案的提案，该提案应视为未通过”。这表明每个缔约国都有权在规定的期限内一票否决修正案。上述原因似乎可以解释为什么公约规定的修改程序迄今未曾被使用。

随着国际（海洋）法运作环境发生的根本变化，为实现国际法的最终目标——和平与稳定，有必要演进解释相关规范。“虽然 1982 年《联合国海洋法公约》没有明确规定气候变化或温室气体（GHG）排放，但第 12 部分的规定越来越与气候变化有关，因为 GHG 排放造成海洋污染和损害海洋环境。……大气中向海洋环境中沉积二氧化碳可以说属于第 192 条及其后第 12 部分规定的范围。综合起来，第 194 条、第 207 条和第 212 条似乎全面涵盖了包括温室气体在内的所有海洋空气污染源。”[②]

（二）通过双边协定确定管辖海域范围

海平面上升将可能带来关涉海域划界的海洋地理变化，包括原被作为基点的岛屿等的永久沉没、海岸线向内陆推进等，相关国家可通过签订双边协定方式将海洋边界固定下来，从而达到影响基线位置的海洋地理变化不会损及领海基线的稳定性。UNCLOS 尊重历史，鼓励争端当事国通过协商解决海洋边界问题，第 15 条、第 74 条和第 83 条即是“立法”例。

针对海平面上升给既定领海基线带来的不确定性以及 UNCLOS 应对海平面上升对国家海洋边界的挑战方面的局限性，有国外不同学者从两个视角提出了建议：一是“冻结”符合 UNCLOS 第 7 条规定的既存基点/线，由此使依据 UNCLOS 已确立的内水、领海、毗连区、专属经济区、公海、大陆架、国际海底区域的界限仍维持现状，该主张符合公平要求。即使当岛屿被永久淹没或退化为岩礁，原属国既得权利仍得以维系，也不会产生损害第三国海洋权益的结果。如此，将符合 UNCLOS 序言中规定的“巩固各国间符合正义和权

① 《联合国海洋法公约》第 312 条规定：（1）自本公约生效之日起十年期间届满后，缔约国可给联合国秘书长书面通知，对本公约提出不涉及“区域”内活动的具体修正案，并要求召开会议审议这种提出的修正案。秘书长应将这种通知分送所有缔约国。如果在分送通知之日起 12 个月内，有不少于半数的缔约国做出答复赞成这一要求，秘书长应召开会议。（2）适用于修正会议做出决定的程序应与适用于第三次联合国海洋法会议的相同，除非会议另有决定。会议应做出各种努力就任何修正案以协商一致方式达成协议，且除非为谋求协商一致已用尽一切努力，不应就其进行表决。

② Alan Boyle, “Law of the Sea Perspectives on Climate Change”, *The International Journal of Marine and Coastal Law*, Vol. 27, 2012, p. 832.

利平等原则的和平、安全、合作和友好关系"之目标；二是，"冻结"符合UNCLOS规定的专属经济区和大陆架的外部界限，使之不受海平面上升导致基点和基线变迁的影响，但可以允许基线处于动态之中。上述两个建议具有共同目标，即固定或"冻结"既存的、无争议的海洋边界。不过，允许基线处于动态之中，意味着随着海平面上升，沿海国领海将向陆地方向推进，并将可能使得沿海国原享有主权和管辖权的内水、领海的部分水域成为仅享有主权权利的专属经济区，以及部分内水成为受到无害通过权利限制的领海，其弊端主要是沿海国领海基线可能一直处于变动之中，难以长期确定其位置，也不利于沿海国行使管辖权以及外国船舶对沿海国国内法规、海洋法相关规则的遵守。这种结果恐怕沿海国不会愿意接受。沿海国可能更愿意固定领海基线，因为海平面上升的结果仅是导致沿海国内水的扩大，从国家主权和管辖权角度来看，并未动摇UNCLOS缔约国之间的海洋边界秩序基础及利益平衡。

（三）沿海国采取措施维持岛屿/低潮高地的存在或功能

沿海国应加强对关键位置的岛屿或地物的保护。沿海国可采取一定措施，防范或阻止上升的海平面将岛屿淹没或使之演变为岩礁，或依据UNCLOS第47.4条在低潮高地上筑有永久高于海平面的灯塔或类似设施，该低潮高地可作为划定领海基线的起讫点。第47.4条并未规定灯塔必须有人值守。

一些小岛屿国家已采取措施，以应对海平面上升，"不仅指定新的群岛水域，而且还指定EEZ的外缘，这是基里巴斯、马绍尔群岛和图瓦卢在过去五年中采取的行动。即使产生该EEZ的这些岛屿不再适宜居住，或完全消失，通过国际社会默许，确定了其专属经济区外缘的坐标。在这方面，各国似乎在利用国际承认，试图在地物消失的情况下'巩固'其海洋管辖权"。[①]

四、结论

海平面上升将对国际海洋法、已经确立的国际海洋法律秩序产生显著挑战，因为它将动摇海洋边界的稳定性，从而在根本上对国家管辖海域范围的确定性产生影响，产生新的海洋权益争端。具体来说，海平面上升可能将对沿海国依UNCLOS相关条款已经确立的领海基点和基线以及由此确立的不同海域边界产生重大影响；对岛屿法律地位和海域划界以及对海洋边界条约效力也将会产生重大影响；对小岛屿国家和群岛国的海域边界乃至地势低洼的小岛屿国家在国际法上的国家地位构成挑战。

海平面上升对岛礁和沿海社区的影响及其对海洋法的挑战已引起国内外学界的关注。即使主张现行海洋法并不需要修改也能有效应对海平面上升挑战的国外学者也不得不承认，关键岛屿、地物的消失将撼动相关基点和基线的稳定性。尽管如此，UNCLOS仍未能对该挑战做出有效应对。鉴于此，应加强对气候变化、海平面上升对海洋法挑战及应对问题的研究，特别是加强UNCLOS与气候变化关联性问题的研究。特别应修订、演进解释

---

① Stuart B. Kaye, "The Law of the Sea Convention and Sea Level Rise in the light of the South China Sea Arbitration", *International Law Studies*, Vol. 93, 2017, p. 444.

UNCLOS，通过双边协定确定管辖海域范围，沿海国应采取措施维持岛屿/低潮高地的存在或功能。

目前，国外学界已有较多相关研究成果，国内学界对 UNCLOS 相关条款的解释、修订以及中国的应对问题的研究并不多。可考虑秉持人类命运共同体、海洋共同体理念，并坚持“共同但有区别责任原则”，推动国际共同体在应对气候变化法制及其实施领域的合作。

论文来源：本文原刊于《边界与海洋研究》2020 年第 1 期，第 31-43 页。

项目资助：中国海洋发展基金会和中国海洋发展研究中心 2019 年度海洋发展研究领域重点科研项目。

我国《海洋基本法》中的“极地条款”研拟问题

董跃[①]

摘要：综合考虑地理构成、国家主权、国际关系、立法与政策规划的关系等要素，我国《海洋基本法》立法有必要纳入“极地条款”，可以宣示我国极地事务的基本立场、基本政策并为我国极地立法确定上位法依据。就立法体例而言，可以将其放置在《海洋基本法》的“海洋区域”或“公海、国际海底区域与极地”部分，采取南北极条款分别表述的形式。其具体内容应当充分考虑南北极不同的国际形势、法律秩序以及我国的战略定位，“南极条款”主要宣示我国南极事务基本法律原则，授权制定国家南极事务规划，规定我国可以开展的南极活动，宣示我国将积极参与南极治理和视察等监督活动。“北极条款”应宣示我国参与北极事务的原则、主要法律依据及基本范畴，并规定我国开展北极活动的重点领域。

关键词：《海洋基本法》；极地条款；立法宣示

近年来，我国极地事业取得长足发展，但立法供给颇为不足。就南极而言，根据南极条约体系规定，南极条约协商国负有南极立法义务，从各协商国实践来看，开展南极立法可以有效地规范南极活动、保护南极环境以及维护国家南极权益。就北极而言，对于我国长期面临的诘问：“中国参与北极事务的法律依据是什么？中国想主张什么样的法律权利？中国是否愿意承担相关的义务和责任？”同样可以考虑通过国内立法形式加以回应。由此可见，进行我国涉及极地的国内立法实属必要。但我国到目前为止，就《立法法》意义上的“法律”而言，只有《国家安全法》第32条涉及极地，并且仅限于人员、活动和财产的安全问题。为加强我国极地立法，在作为我国海洋法体系基石的《海洋基本法》研拟过程之中，有观点建议将其纳入“极地条款”以规范我国在极地的权利和义务[②]。由此也产生一系列的问题：在海洋基本法中是否有必要纳入“极地条款”？如果必要，其体例如何

① 董跃，男，法学博士，中国海洋大学法学院副教授，中国海洋发展研究中心研究员。主要研究方向：国际法学。

② 王翰灵：《加快制定国家海洋战略和海洋基本法》，《人民法治》，2016年第8期。

安排？如何进行立法表述？我国目前就上述问题还缺乏专题研究。本文拟结合极地国际形势、我国的极地政策和极地事业发展现状等多方面因素，对于前述几个问题进行分析，以期对于我国《海洋基本法》立法中的“极地条款”研拟有所贡献，并展示带有宣示作用的政策性法律条款应当遵循的一般规律。

一、将“极地条款”纳入《海洋基本法》所面临的疑问

拟定“极地条款”，首先要面对由于极地区域特殊的地理构成、国家主权、法律与政策的关系、国际关系等因素所产生的立法适当性、可行性问题。

（一）地理构成

南北极从地理以及主权管辖情势来看截然不同，但是就《海洋基本法》的适用范围而言，将两个地区的相关事务或活动纳入管辖范围都存在一定的问题。

1. 南极

根据《南极条约》的规定，南极特指南纬60°以南的海洋、冰架和陆地，即南极洲和南大洋的总称。南极面积约3 400万平方千米，其中陆地及冰架面积合计约1 400万平方千米，海洋面积为2 000万平方千米。《海洋基本法》主要适用于海洋区域、海洋权益、海洋事务和海洋活动，南极的核心区域则是陆地，就南极条约体系而言，其规范也主要针对南极大陆。从这一点上看，《海洋基本法》适用于南极是存在疑问的。

2. 北极

北极地区是指北极圈（北纬66°34′）以北区域，包括北冰洋水域、岛屿以及欧洲、亚洲和北美洲的北方大陆。北极陆地和岛屿面积约800万平方千米，海洋面积约1 300万平方千米。与南极情况类似，北极至少有1/3的面积是陆地；而且北极的陆地区域存在有常住人口的人类社区。因此，就地理构成而言，将北极纳入《海洋基本法》适用范围也存在和南极相似的疑问。

（二）主权因素

一般来说，各国的国内立法不能干涉其他国家的内政，在多数情况下不具有“域外效力”。虽然基于海洋的特殊性，很多国家的海洋立法都扩展至“国家管辖范围外海域”，但是往往只涉及公海和国际海底区域。对于南北极地区而言，其主权情况相当复杂，因此，在是否需要特别立法的问题上也存在着较大的争议。

1. 南极

南极大陆是当今世界唯一不存在国际公认的和合法的国家领土主权及国界的陆域。自1908年英国首先提出对南极大陆的主权要求之后到20世纪40年代，先后有澳大利亚、智利、挪威、阿根廷、新西兰、法国等国家以发现、占有、扇形原则等理由宣布对南极大陆部分区域的领土主权要求，南极大陆80%的陆地被上述七个主权声索国“瓜分”，而美国和苏联则声明保留对南极提出领土主权要求的依据和权利。

从目前的情况来看，《南极条约》搁置各方的主权争议，同时规定各国在南极的一切活动和行为不构成主张、支持或否定南极主权要求的基础，也不得提出在南极的任何主权

权利。但提出主权主张的七国就其国内法和国际行动而言，始终是以不折不扣的南极主权国家而自居的。因此，《海洋基本法》将管辖范围扩大至南极，涉及是否会影响南极既有的主权格局的问题，以及是否会影响其他国家的主权主张的问题。

2. 北极

北极圈内的陆地已经为环北冰洋五国以及瑞典和芬兰所瓜分完毕，有着明确的主权归属，北冰洋海域虽然存在一定的划界争议以及对于加拿大“历史性内水”主张的争议，但各国基于领土主权所主张的领海、专属经济区界限基本明确。从近年来的发展趋势看，北极海底的外大陆架的划分也日趋明朗，各国的主张虽然并未被联合国大陆架委员会在科学层面所完全认可，但是科学证据逐步完善，目前可以预期的是未来北极洋底的绝大部分区域可能都会被各国划定为国家管辖下的大陆架①。这样一来，如果在我国的《海洋基本法》中对于涉北极的问题进行立法规制，也涉及对其他国家主权的影响问题。

（三）国际关系

近年来，我国极地活动能力日益增强，在极地的实质性存在大幅度增强，参与极地治理的程度日益加深。此时，在《海洋基本法》这样一部高位阶立法之中规定“极地条款”，可能面临着其他国家不同角度的解读。

1. 南极

我国作为南极条约协商国，需要严格地遵守南极条约体系对我国所限定的相关的义务及责任。我国近年来在南极事务上发展迅速，除了拥有两艘破冰船之外，还拥有了五个科考站，其中有三个科考站是建立在澳大利亚所主张的领土区域之内，已经引起了澳大利亚高度警觉。澳大利亚国会曾经两次召开专门听证会，讨论中国南极活动对于澳大利亚南极属地以及主权主张的影响。

2. 北极

北极国家对非北极国家深度参与北极事务仍有所防范和猜忌。北极理事会多次迟延接受观察员并严格限制其资格和权利。对于中国，北极国家一直保持着比较警觉的态度，一方面是始终秉持质疑态度，例如怀疑中国的动机、走向等②；另一方面是合作中提防，多数时候以排斥为主，中国在北极开展的正常活动，也往往受到超乎规格的监控和解读，例如中国穿越两大航道、开展正常的科考，都会被加上一层特殊的色彩。

鉴于以上因素，可以预见，在我国《海洋基本法》出台之后，其中涉及极地的条款必然会引起各方的关注和解读，其影响要基于各种可能的立法表述进行认真的评估。

（四）国家极地政策规划

我国目前公开的南北极政策文件主要包括《中国的南极事业》《中国的北极政策》等。法律和政策的功能有交叉之处，比如指引和促进。但是更多情况下，法律是对于权利

---

① 黄德明、章成：《中国海外安全利益视角下的北极外大陆架划界法律问题》，《南京社会科学》2014年第7期。

② 杨振姣、齐圣群、白佳玉：《我国增强在北极地区实质性存在的障碍与挑战》，《山东社会科学》2015年第8期。

义务的界定，而政策偏重于实现政府的目的；法律具有滞后性、稳定性、普遍性，政策具有即时性、灵活性和专门性。就极地而言，如果拟定相关法律，特别是在《海洋基本法》这样的基本法律之中，一定程度上也为我国设定了极地活动的刚性义务和责任，有可能限制今后我国拟定新的极地政策规划的经略空间。

二、对于相关疑问的回应

对于极地条款的设置，确实面临着诸多问题，但是从立法的功能以及我国极地战略的总体局面来考虑，“极地条款”确有被纳入《海洋基本法》的必要性。前述问题有的不成之问题，有的虽然会有消极结果，但是总体来看立法收益远高于负面影响。

（一）海洋事务是极地事务的核心因素

虽然极地在地理构成上包括大面积的陆地区域，但是就我国国情而言，极地事务基本属于海洋事务的范畴。

1. 南极

就南极而言，海洋事务是南极的主要事务，由于南极主权被“搁置”／“冻结”，因此南大洋没有明确的领海、专属经济区和大陆架，由此成为各国争端的焦点区域以及国际海洋制度的“试验场”。目前，国际上三大公海海洋保护区有两个在南极。在南极条约体系的现有议程之中，涉及海洋的议题也是重中之重。

由于南极为南大洋所围绕，开展科学考察活动首先需具备冰区航行的能力，包括美国在内的很多国家都把南极事务纳入海洋事务的范畴之中。在2018年我国机构调整之前，极地事务一直属于国家海洋局的管理范畴。2018年机构调整之后，由自然资源部负责，但是总体来看，仍是由极地考察办公室、海洋规划与经济司以及国际司（海洋权益司）来分担其职能①。由此可见，我国也是将极地事务归于海洋事务。

2. 北极

就北极而言，其属于“国家管辖范围外”区域的主要是公海以及国际海底区域，对于这两个区域，我国根据相关国际法拥有船旗国或者担保国的管辖权，可以对本国的活动进行立法规制。此外，我国目前最主要的北极活动，包括航行及科考，都和海洋密切相关，我国也可以行使船旗国管辖权以及属人管辖权。因此，作为北极域外国家，我国的涉北极立法应当属于海洋立法的范畴。

（二）《海洋基本法》的“特殊管辖权”与极地的主权因素不存在冲突

在法律体系之中，部分法律都有“域外效力”，这些法律管辖权的基础包括“属人管辖”“普遍管辖”“保护性管辖”等②。

1. 南极

对于南极而言，虽然其领土主权声索国在国内立法之中，一般都有基于主权声索的

① 《自然资源部职能配置、内设机构和人员编制规定》，2018年9月12日，人民网，载 http://renshi.people.com.cn/n1/2018/0912/c139617-30288764.html。

② 王铁崖：《国际法》，法律出版社2014年版，第91-93页。

“属地管辖”的规定，但是在实践之中，这些立法仅在其国内有效，或者说也仅对其国民有效。根据《南极条约》第 4 条，对于其他国家缺乏法律效力。各国目前的南极立法实践，都是基于“属人管辖”或者是根据活动起点的“出发地管辖”进行的，也就是对人对事，而不针对领土归属。因此，我国的《海洋基本法》的极地条款也可以采取“属人管辖”及“出发地管辖”的原则，这样就与主权因素无涉，也符合南极立法的国际通例。

2. 北极

北极的情况比较复杂，由于北极“国家管辖范围外”的区域的面积只占北极总面积的很小一部分，而且属于政治高度敏感区域，因此目前北极域外各国涉及北极专门立法的国家很少。但是就我国而言，一方面，北极的战略地位极其重要。特别是考虑到推进我国“冰上丝绸之路”建设的需要，对于北极进行基于“属人”以及针对具体活动的宣示性立法是有必要的。另一方面，我国的北极立法还可以起到一定程度的释疑解惑的作用。因此，我国的北极立法只要严格限定于我国依据国际法可以主张的权益范围之内，立法的预期收益明显，而可能造成的负面影响也会压缩到最小程度。

（三）国际关系

目前，南北极呈现出战略竞争加剧，国际关系日趋复杂的局面。我国采取立法的形式保障我国的极地权益会显得颇为敏感。从另一个角度来看，目前我国尚未以法律形式宣示国家维护极地权益、极地安全、处理极地事务、展开极地合作等方面的基本立场，同样招致其他国家对我国和平发展极地事业的猜忌，不利于我国负责任大国形象的树立。因此，有必要以基本法律的条款宣示我国的极地立场和主张，既可以在国外消除不良影响，增信解疑，同时也有利于改善我国在处置极地事务中的国际形象。

1. 南极

我国于 1983 年经全国人大批准加入《南极条约》，作为《南极条约》的缔约国，1985 年成为南极条约协商国。29 个协商国根据条约的一致同意决策机制，享有一票否决权，具有非常重要的地位。但是，在《南极条约》29 个协商国中，只有中国、波兰、印度、厄瓜多尔四国还没有国家层面的法律来规范本国南极活动，更不要谈对他国活动的限制。由于我国没有南极立法，一些国家借机不断质疑、指责甚至攻击我国开展南极活动的动机①。因此，尽快出台南极立法，积极履行国际义务，能够有力彰显我国负责任大国的国际形象，占领国际道义制高点，最大程度减少国际舆论压力。

2. 北极

就北极而言，立法可以有效地宣示我国的活动边界，2018 年颁布的《中国的北极政策》中将中国定位于“近北极国家”“北极重要利益攸关方”，并且明确提出了“冰上丝绸之路”的战略理念。国际上对此反应不一，持消极观点的国家对中国白皮书的原则目标

① The Parliament of the Commonwealth of Australia, “Maintaining Australia's national interests in Antarctica: Inquiry into Australia's Antarctic Territory”, June 18, 2018, https://www.aph.gov.au/Parliamentary_Business/Committees/Joint/National_Capital_and_External_Territories/AntarcticTerritory/Report.

有所怀疑，认为中国力图通过开发新疆域成为全球强国；认为中国是北极的不稳定因素，挑战了海洋法的原则①。加拿大还质疑中国倡导航道自由航行对北极国家产生威胁，部分国家则担心中国可能会控制北极的资源②。通过《海洋基本法》明确我国的北极行为和事务准则，较之白皮书这样的政策具有更高的说服力。可以让各国认识到中国在北极的活动有着严格的自我拘束和限制，起到一定的释疑解压作用。

（四）国家与极地有关的政策规划

我国目前涉及南北极的规划、国内管理及能力建设、现场活动、参与国际治理等行为，多以外交、行政等临时性应对措施为主，缺乏国内立法支撑。一方面导致一些已成熟的决策及执行经验因尚未上升为国家意志，削弱其执行力；另一方面面对日益复杂激烈的极地国家竞争及开发局面，临时性的政策及规范性文件已经显得左支右绌，无法应对。因此，以国家基本法律形式明确我国遵从国际法的态度和积极履行国际义务的基本立场和基本主张，申明我国极地观及基本立场、基本战略，也是必要的。

此外，对于法律条文对我国相关政策规划的限制问题，首先，法律与政策并不冲突，因为两者价值取向不同，政策是追求较佳结果，法律是避免风险和误解出现，因此只要协调得当，两者不会出现冲突；其次，法律是保障政策实施最强有力的手段，特别是在国内法层面，我国建立极地的相关规范体系和管理机制缺乏足够的上位法依据；再次，通过一定的立法技术，可以有效地避免“极地条款”对于我国的极地战略和政策造成消极影响的可能，主要是通过增强条款的宣示性以及降低其强制拘束力来完成；最后，即使极地条款对于我国的极地活动有一定的限制，但是从全局来看，其宣示方面的积极作用也大于这些消极的影响。

综上所述，将“极地条款”纳入我国的《海洋基本法》之中是必要的。

三、“极地条款”的体例问题

在明确了需要将“极地条款”纳入《海洋基本法》之中后，还需要解决极地条款的体例问题，即极地条款应当放到立法的哪一部分之中？极地条款是否应当分立为“南极条款”“北极条款”进行表述？

（一）“极地条款”在立法中的位置

就目前世界各国的海洋法立法例来看，其体例各不相同。有一些国家并不涉及具体的海域，只规定海洋战略、政策与规划，例如日本的《海洋基本法》、韩国的《海洋渔业开发框架法》，有些国家则涉及具体的海洋区域，例如加拿大的《海洋法》、越南《海洋法》以及印度尼西亚《海洋法》。其中越南和印度尼西亚的《海洋法》都有专门规定该国在“国际海域”的权利、义务与责任的条款，印度尼西亚放到了“海洋区域”这一章，越南是在“总则”部分加以规范。韩国的《海洋渔业开发框架法》作为唯一涉及极地的立法，

① Linda and Jakobson, “China Prepares for an Ice-free Arctic”, *SIPRI Insights on Peace and Security*, 2010, 2.

② 云宇龙：《中国参与北极治理的政策话语活动研究——基于政策话语理论拓展的视角》，《中国海洋大学学报（社会科学版）》2019 年第 4 期。

明确提出在南北极地区建立海洋科学基地。

从“极地条款”的核心要素来看，极地属于“海洋区域”意义上的范畴，因此我国的《海洋基本法》如果设置专门的“海洋区域”的章节，应当考虑将“极地条款”纳入其中。但是如果我国相关的章节标题是“海洋权益”或者“管辖海域”，就不宜将“极地条款”放入，而是可以考虑将“公海”“国际海底区域”“极地”合为一章，作为“国际海域”单独加以规范。

（二）“极地条款”的设置：统一还是分立

对于“极地条款”的设置，可以有两种不同的选择：一种是“统一型”，即仿效《国家安全法》的立法例，将南北极用“极地”概称，就其内容而言，也是俱以“极地”作为统一的区域限定；另一种则是“分立型”，即南北极各自立法加以规制。

就统一型而言，主要有以下几个优点：第一，从国内立法的角度来看，南极和北极在我国是由一个主管部门来进行管理的，其管理体制是统一的，目前我国在极地的主要国家活动形式如科学考察等也都是基本相同的，可以用一个单一的条文和统一的概念来加以规范；第二，用单一的条文和统一的概念来规范极地事务或活动，可以有效地将我国南极与北极的战略和政策在法律条文当中加以协调和统一的体现；第三，就立法成本而言，用统一的极地概念来规范南北极的事务或活动，立法成本比较低，立法表述比较简略，占用的条文比较少，可以提高立法的效率。

不过仔细推敲会发现，《国家安全法》是从国家安全的角度，将极地视为新疆域，因而采取统一的概念，其采用“极地”统一归纳南北极有其特殊意义，不具有普遍性。由于南北极性质的不同，以及我国在南北极的战略目标和活动内容的差异，在《海洋基本法》中对于“极地条款”应当采取“分立型”，即南北极各自独立规定。

第一，南北极的法律性质有较大差异。南极具有更强的公域属性，我国在南极的活动空间相对较大，国内立法目标在于对我国南极活动和南极本土行使管理权，是增强我国对南极的控制能力的一种有效手段。我国对于北极主要是通过行使属人管辖权对特殊的北极活动进行法律规制，或者是对于国内开展的涉北极事务进行规范。

第二，我国对南北极战略考量有所不同。北极主要着眼于资源开发、航道利用等有较高实用价值的商业开发领域；南极主要开展科学考察、环境保护以及预留今后新兴活动的空间。

第三，我国南北极活动的具体内容有较大区别。两者相同的活动内容是科考，但是北极科考活动的范围及内容逊于南极。从商业开发和利用上来看，我国在北极已经完成了商业航行，与俄罗斯在亚马尔半岛进行了有效的资源合作开发，此外还有形式种类繁多的商业开发活动。在南极我国没有特别明确的商业开发活动。我国目前的南极旅游活动虽然登陆人数较多，但多是依托于 IAATO 其他国家的旅游公司及邮轮，我国尚没有自己独立的旅游项目来开展其他的商业开发活动。我国的渔业活动也规模日微，2019 年几家开展南极磷虾捕捞的企业还签署了限制磷虾捕捞的企业间公约。因此，南北极事务立法侧重点也是有所不同的。

四、“极地条款”的内容设计

综合前述分析，我国“极地条款”的立法功能可以概括为：一方面宣示我国对南北极事务的基本立场和基本政策；另一方面规范我国极地活动的基本范畴及基本准则；同时为我国极地相关立法预留空间，提供上位法依据。下面就从极地条款的立法功能出发，分析其应当考虑的因素以及表述的内容。

（一）《海洋基本法》中“南极条款”的内容设计

1. 南极条款应当考虑的主要因素

与一般的立法不同，《海洋基本法》的核心功能在于宣示国家涉海的基本立场和基本政策。在拟定南极条款之前，首先应当厘清我国在南极拥有的基本权益。根据南极条约体系的规则授权、各国的南极活动实践以及我国南极事业的发展情况，我国的南极权益可以概括为以下三大方面。

第一，国家安全权益。分为两个层面：一个层面是国家总体安全。也就是强调南极地区的“非军事化”，防止南极成为国际冲突策源地，威胁我国国家安全；另一个层面是具体人员、活动和财产的安全，即保障我国人员能够安全、自由地进出南极并合法开展活动，保障我国在南极的科考站区、相关设施设备和其他财产的安全。后者在《国家安全法》第 32 条之中已经有所规范。

第二，南极治理权益。也分为国际和国内两个层面。就国际而言，主要是有效参与南极全球治理，确保我国享有南极治理的话语权和决策权，并且保障我国拥有参与规则制定的相关权益。就国内而言，主要是通过国内立法和制定政策的形式，明确我国根据南极条约体系享有的权益，规范我国开展的南极活动和南极事业发展，并且为南极地区具体的法律规制提供国家实践和在先立法例。

第三，南极保护和利用的权益。一方面南极作为地球生态系统的重要一环，保护南极环境和生态系统是南极条约体系的核心原则之一，是我国的重要国际义务。同时，防止南极生态环境变化对我国生态环境产生灾害性影响对我国具有重要的战略意义，因此保护南极也是我国重要的国家权益。另一方面我国作为南极条约协商国，拥有和平开发利用南极的权益，主要体现在三个领域：一是享有自由开展科学考察和研究，探索和认知自然奥秘的权益，这也是南极条约赋予各协商国最核心的权益；二是自主开发南极生物、基因、旅游等资源以及开展其他国际法所允许的南极活动的权益，例如在南极海域的航行权等；三是根据南极条约体系在南极地区享有的管理权益，例如开展视察活动等。

对于以上权益，都应当考虑在我国的《海洋基本法》中加以原则性的宣示。此外，对于以下立场及问题也应当有所把握。

第一，对南极条约体系的立场。50 多年以来的实践证明，以《南极条约》为核心的南极条约体系是解决南极问题的最佳制度框架，南极的领土、资源和环境问题都需要在南极条约体系不断完善的基础上才能妥善解决。虽然南极条约体系一定程度上维护了美俄和七个主权声索国对于南极领土主权的潜在要求，但是对于我国而言，南极条约体系提供了我国主张、保障和拓展前述权益的基本依据和基本路径，不宜加以否定。维护现有以南极条约体系为核心的南极治理机制，符合我国经济社会可持续发展的根本利益。因此，我国的《海洋基本法》的极地条款应当以维护南极条约体系稳定性作为预设立场。

第二，与南极专门立法的关系。目前《海洋基本法》被列入全国人大的二类立法规划，南极立法则更进一步，被列入全国人大的一类立法规划①。可以预见我国的南极专门立法可能早于《海洋基本法》出台。从位阶来看，两者虽然处于同一位阶。但是明显海洋基本法是涉海法律体系中具有基础功能的法律，其“南极条款”是为我国专门的南极立法设定基本立场、基本政策的规范，我国南极的专门立法应当体现其要旨且不能与之存在冲突。由此也决定了“极地条款”必然是概括性的，需要给南极专门立法提供立法空间。

第三，对于南极领土主权声索的立场。我国学界始终存在一种观点，即应当否认目前的南极领土主权声索。本文认为这类观点是值得商榷的。

首先，从国际政治的角度来看，南极条约体系对于南极主权声索的处理，经过几十年的实践，有利于南极治理秩序的稳定以及保障南极条约协商国的相关权益。否定之后须提供更佳方案，才可能为现有的南极条约体系各方所接受。立法作为最具刚性的规则，一旦表态，往往很难更改。我国将会和南极治理体制中最具影响力的九个国家（美国、俄罗斯和七个主权声索国）相对立，也很难得到其他南极条约协商国的支持，会处于四面楚歌之境地。

其次，从国内立法角度来看，一般来说，国内立法涉及领土及海域的所属问题，多半是本国有明确的主权，或者有主权声索的。对于公域性质的区域，一般只是规定活动的规则，例如《深海海底区域资源勘探开发法》中的相关表述。假设我国否认声索国的领土主权主张，从现在的情势来看，我国是不可能提出领土声索的，这也与前述否认表态相悖。如果只是明确南极的公域性质，国内立法并不是适宜的方式，更合适、高效的途径是在国际议程之中提出。综上所述，我国并不适宜在“极地条款”之中述及南极领土主权声索问题。

2. 南极条款的主要立法表述

基于前述分析，我国未来《海洋基本法》之中的南极条款可以考虑表述以下内容。

第一，宣示我国南极事务的基本法律原则。南极条约体系明确了“冻结（搁置）领土主权”“保护南极环境”“非军事化”的基本原则，出于保障我国南极权益以及维护南极条约体系的目的，未来的南极条款应当重申我国尊重和提倡前述原则。从而体现出我国尊重国际法、尊重各国相关法律权益的基本立场和基本主张。

第二，制定国家南极事务规划的法律授权。比较各国《海洋基本法》立法例可以发现，其基本功能之一即对本国的海洋发展的政策规划做出统筹性质的规定。一方面可以确立相关规划在国家政策法规体系中的地位，适用的领域；另一方面则是明确指定这些基本

---

① 《十三届全国人大常委会立法规划》，2018 年 9 月 8 日，新华网，载 http：//www. xinhuanet. com//legal/2018-09/08/c_1123397570. htm。

规划的主体、程序，授予相关主体以权力①。我国迄今为止还没有一部国家层面的具有统筹性质的南极战略（规划），可以考虑在“南极条款”中明确规定我国将制定南极事务发展规划。发挥三方面作用：一是为我国今后相关战略规划的制定提供合法性基础；二是给予相关部门未来制定具有统筹功能的南极战略规划以法律授权；三是起到对外宣示释疑的作用。

第三，规定我国可以开展的南极开发、利用和保护活动。对于南极，我国始终坚持保护与和平利用并重的原则。因此“南极条款”的重要功能之一即规定我国依法可以开展的南极活动。

首先，应当单独点明“我国鼓励开展南极考察和科学研究”，这不仅是因为南极科学考察活动是目前规模最大、参与人数较多的南极活动，更为主要的是因为南极科学考察活动是所有南极活动的起点，南极科学认知的水平决定了保护和利用的能力空间。

其次，应当明确“我国致力于加强南极环境保护，参与南极区域保护和管理”，因为南极条约体系对于各协商国施加的主要义务和责任即环境保护。此外，环保不仅仅是义务，更是权利，在南极治理进程中，基于环保要求建立的“特别保护区”等划区管理制度，实际上赋予了相关参与国一定的管理权，是管控南极的重要手段。

最后，应当明确我国“坚持以和平、科学和可持续的方式利用南极”。除了重申我国开展南极活动的基本原则之外，这种表述还隐含另一层功能，目前南极活动呈现出日益多元化、复杂化、扩大化的特点，进行概括性规定，也是为了给我国今后的各类南极活动预留空间。

第四，宣示我国将积极参与南极治理，行使视察等监督执法权力。由于南极没有固定的人类常住社区，也没有进行任何大规模的开发利用活动，因此南极相较其他大陆，诸多国家权益处于“潜在”或“待定”状态。因此，参与南极治理，特别是参与其规则拟定，对于保障我国的国家权益就显得尤为重要。我国有必要在“南极条款”中宣示我国将积极推动南极事务的对外交流与国际合作，开展国际南极的多边合作以及同主要南极门户国家的双边合作。

此外，在目前南极大陆各国可以采取的行政措施或准行政措施之中，最具强制力的就是《南极条约》赋予国家的视察权以及监督检查的权力。我国应当在国内法层面对其加以明确，特别是《南极条约》之中规定的较为模糊且国家实践较少的“监督检查权”，以便为南极专门立法中的相关规则提供立法依据以及空间。

（二）《海洋基本法》中“北极条款”的内容设计

1. 北极条款应当考虑的主要因素

本文已经述及，北极与南极在性质、国家战略定位、具体活动形式上都有本质的不同，在《海洋基本法》中应当考虑的因素也更为复杂，并且需要和我国已经公开发布的《中国的北极政策》白皮书以及“冰上丝绸之路”倡议相对接。根据《中国的北极政策》

① 董跃：《我国周边国家〈海洋基本法〉的功能分析：比较与启示》，《边界与海洋研究》2019 年第 3 期。

白皮书，我国北极事务的基本定位是“重要利益攸关方”和“近北极国家”。主张的权益主要包括：开展北极科学考察和研究、保护北极生态环境和应对气候变化、依法合理利用北极资源（包括航道、矿产、油气、渔业、旅游等）、参与北极治理和国际合作、促进北极和平与稳定等。基于前述定位和权益，结合我国在北极所面临的国际形势，我国《海洋基本法》之中的北极条款应当考虑以下因素。

第一，宣示我国对于北极权益格局的基本立场。我国在《中国的北极政策》白皮书中已经明确了我国采取“尊重、合作、共赢、可持续”的基本原则参与北极事务。其中将“尊重”表述为“中国参与北极事务的重要基础。尊重就是要相互尊重，包括各国都应遵循《联合国宪章》《联合国海洋法公约》等国际条约和一般国际法，尊重北极国家在北极享有的主权、主权权利和管辖权，尊重北极土著人的传统和文化，也包括尊重北极域外国家依法在北极开展活动的权利和自由，尊重国际社会在北极的整体利益”。

北极地区的地缘政治格局决定了北极国家以及由北极国家建立的国际组织在北极事务中的独特优势地位。北极事务的基本面是北极地区基本上位于北极国家管辖范围之内，与北极国家保持并发展良好的合作关系是非北极国家参与北极事务的必然选择。除此之外，还应当重视其他北极域外国家特别是在北极有实质性存在的利益攸关国家的相关权益。一方面基于历史传统和国际形势，一些国家如英国等在北极影响力较大，具有一定的话语权，尊重这些国家的权益有利于为我国创造良好的北极局面。另一方面我国“北极重要利益攸关方”的定位也需要国际法的相关实践加以支撑，其他北极域外国家北极权益的拓展可以创设更多的实例，为我国的主张提供现实支撑。

由此决定我国《海洋基本法》中的“北极条款”要具有一定的谦抑性，避免对抗性和扩张性，不宜有涉及管制权方面的内容。

第二，宣示我国对于北极法律秩序的基本立场。北极域内国家对我国开展北极活动的诘问之一即“中国开展北极活动，主张北极权益的依据是什么？”在《海洋基本法》中纳入“北极条款”的主要考虑也是为了在国内法上为我国参与北极事务、发展北极事业提供依据。虽然我国学界及实务届一直有观点认为现有的北极国际秩序及法律秩序并不合理，对于我国施加了诸多的限制①，但是还需要看到我国在北极所主张的权益的法律依据主要来自《联合国海洋法公约》《斯匹茨卑尔根群岛条约》等国际法规则。前述国际法规则界定了北极域内国家的管辖领域与北极公共领域的界限，这也是为何我国的北极白皮书中会强调“包括各国都应遵循《联合国宪章》《联合国海洋法公约》等国际条约和一般国际法”的原因。因此强调以《联合国海洋法公约》等国际法作为北极法律秩序的基石，一方面是进一步明确北极相关领域的国际性和公共性，保持北极法律秩序和权益格局的开放性，另一方面也是强调我国开展北极活动的合法性和正当性。

第三，宣示我国北极政策的基本立场。我国参与北极事务始终面临着“中国威胁论”的质疑，总体来看，西方对我国的北极活动的认识有两种较为主流的看法：一种是“利益导向”，另一种是更进一步的“扩张导向”。两者本质上都认为中国基于自身利益而深度

① 孙凯、郭培清：《北极治理机制变迁及中国的参与战略研究》，《世界经济与政治论坛》2012 年第 2 期。

介入北极事务，后者更突出中国对于地缘格局以及北极安全的威胁。我国近年来在北极外交与国际合作等领域的一系列动作，目标之一就是扭转前述对于我国不利的国际话语。这也是我国北极政策白皮书中力倡“尊重、合作、共赢、可持续”宗旨的原因之一。

因此，在《海洋基本法》的“北极条款”之中，有必要以进一步明确我国合作、和平等参与北极事务的基本立场、基本主张、基本政策，通过强调我国致力在北极科研及环保等带有公益性质的领域做出贡献，引导国际社会对我国的北极政策认识从“扩张导向”“利益导向”转向“共赢导向”“贡献导向”，对内可为涉北极工作提供正确指引，对各相关单位统筹协调开展北极事务具有重要意义，对外有助于增加我国的政策透明度，妥善向国际社会澄清立场、增信释疑，为我国深入参与北极事务营造有利的国际舆论环境。

2. “北极条款”的主要内容

第一，规定我国参与北极事务的原则、主要法律依据及基本范畴。基于拟定“北极条款”应当考虑的因素，“北极条款”可以对我国的北极政策进行立法转化的内容主要包括三个方面：一是规定我国参与北极事务的基本原则，即“尊重、合作、共赢、可持续”，这一原则蕴含了我国对于北极现有政治格局、法律秩序的基本立场以及我国开展北极活动的目标和宗旨，可以直接上升为法律原则；二是明确我国根据《联合国海洋法公约》《斯匹次卑尔根群岛条约》等国际法开展北极活动；三是概括性地指出我国参与北极事务的主要内容是“认识北极、保护北极、利用北极和参与治理北极”。

第二，规定我国开展北极活动的重点领域。如前文所述，为了凸显我国对于北极的“共赢导向”和“贡献导向”，在“北极条款”中，有必要强调我国将致力于北极科学考察和研究、环境与生态保护等带有公益属性的领域的活动。同时可以考虑将我国目前在科考方面的核心工作如对于北极气候和环境变化的观监测活动等纳入表述之中，便于为我国的相关活动如在冰岛建立极光观测站、在格陵兰岛建立卫星站等提供合法性依据。此外，应当强调我国将积极开展北极合作，履行相关国际责任。

五、结语

与其他立法条款不同，《海洋基本法》中的“极地条款”的讨论，在经验依据上，缺少足够的立法例加以支撑，主要依托于我国开展极地事务的政策导向以及国家实践。就理论进路而言，本文所倚重的主要是以功能主义为主的分析工具，并且充分考虑对于预期功能起到制约作用的自然因素、国际关系、法律环境等背景因素。伴随着我国海洋强国战略的推行，我国将有越来越多的法律条文涉及国家管辖范围外区域，本文的相关研究展示了其中带有宣示作用的政策性法律条款应当遵循的一般规律。对于国际海洋法而言，本文主要揭示了在既定的国际法律环境下，如何考虑利用国内立法尽可能地保障和拓展国家的权益空间，对于如何利用国内立法反作用于国际立法体系的分析较少，这也是未来我国相关立法及理论研究主要应当考虑的核心问题之一。

论文来源：本文原刊于《东岳论丛》2020 年第 2 期，第 136-145 页。

项目资助：中国海洋发展研究会重点项目（CAMAZD201701）。

北极外大陆架划界进程中的大陆架界限委员会：现状检讨与完善路径

章成[①]

摘要： 作为《联合国海洋法公约》创立下的处理外大陆架划界问题的专门机构，大陆架界限委员会在现实层面已历经整整20年的实践探索。由于制度上的独创性设计，《联合国海洋法公约》可以为沿海国扩张其外大陆架权利的行使附加一些必要的限制，尤其是限定这种权利的行使边界。这也构成了委员会审议沿海国外大陆架划界申请案的法理基础。但将《联合国海洋法公约》体系下的外大陆架划界规则引入地理条件特殊的北极地区，仍然会引发一系列的争议，进而为委员会处理涉北极的外大陆架划界问题增添多重理论困扰。从以上视角切入，在实践中改进和完善大陆架界限委员会有关职能的具体方法值得进一步探讨。

关键词： 大陆架界限委员会；北极地区；外大陆架划界；《联合国海洋法公约》；职能完善

大陆架界限委员会（Commission on the Limits of the Continental Shelf，英文简称CLCS，以下简称“委员会”）是经《联合国海洋法公约》（以下简称《公约》）创设的、专门处理200海里以外大陆架（以下简称外大陆架）外部界限划定问题的专业性技术机构，负责审议《公约》缔约国提交的外大陆架划界申请案，并就此提供相应的科学和技术建议以及咨询意见。根据《公约》的规定，虽然委员会仅负责提供技术方面的审议意见，但沿海国根据委员会意见划设的外大陆架界限将具有正式的法律约束力。因此，在外大陆架划界的整体进程中，委员会的地位及其所扮演的角色至关重要。在《公约》于1994年正式生效之后，委员会也于1997年正式成立。2017年是委员会成立20周年。这20年间，委员会为维护《公约》体制的有效性并推动外大陆架划界工作的有序开展，做出了不可忽视的巨大贡献。但与此同时回顾这20年间的委员会实践效果，也不难发现委员会在这项制度中所发挥的实际职能并不完善，其实际运作仍然存在诸多缺憾与不足。特别是在对有关海

① 章成，男，武汉大学中国边界与海洋研究院讲师、国家领土主权与海洋权益协同创新中心（武大总部）专职副研究员、武汉大学政治与公共管理学院博士后。研究方向：国际海洋法和极地法。

区海床底土的争议局面的实际处理表现、相邻国家外大陆架相邻部分划界等问题上，委员会均面临《公约》内在张力下所产生的规则冲突与权限困境局面，以至于国际司法机构、甚至是有划界主张争议的国家双边之间“越俎代庖”地代行了委员会的部分技术职责，而委员会在外大陆架划界申请案中的实际地位、角色和功能则受到了“不能承载之重”的指摘。这些现状下的缺憾和不足，如果折射到委员会对北极外大陆架划界的处理情况之中，就显得更加突出。因此，本文拟以委员会在北极外大陆架划界进程中所面临的诸多争议和理论困境为视角切入，系统检讨委员会在相关问题上的现状缺憾，并就其对应的完善路径予以进一步的探讨。

一、委员会处理外大陆架划界申请案的法理基础

《公约》奠定了划定大陆架界限的相关法律基础。按照《公约》的规定，各沿海国无论邻接海区海底地质条件如何，原则上均有权将其大陆架拓展至200海里的距离。因此，在法律意义上的大陆架，并不完全是依据大陆架的自然科学尺度，实际上是一个以“合理明晰”为判断标准的“人为划定”的大陆架区域。即沿海国的大陆架权利边界受到法律上的人为规制，这种规制有可能是对沿海国自然大陆架份额的人为扩展（当沿海国所拥有的自然大陆架不足200海里），也有可能构成一种人为的限制（当沿海国邻接的自然大陆架极为宽广）。综合来看，有关外大陆架划界的进程既取决于有关国家和国际社会利益协调的互动博弈，亦需考虑各种国际法规则因素的规范影响。

依据距离的不同，外大陆架划界规则与200海里以内大陆架概念的最大法理基础差别在于，其法律基础直接由《公约》首创。整个“外大陆架”概念及其相关规则安排均源于《公约》的创造性设计，并不像国际海洋法理论体系下的领海、公海等传统概念那样，是在长期的概念演绎和实践总结历程中形成和演进的①。外大陆架划界规则在其诞生之前，缺少其他形式的国际法渊源累积，甫一创设就直接以具有普遍适用效力的《公约》形式应用到国际海洋划界的实践当中，使得世界海洋权利地图面临有史以来最大规模的重新划界局面，并促使“蓝色圈地运动”在世界范围内以前所未有的规模和速度公然铺开②。通过第三次联合国海洋法大会历时九年的冗长谈判，《公约》创制出了一整套以第76条为核心内容的大陆架划界规则，并设置了以科学界人士为其组成成员的大陆架界限委员会。《公约》的制度设计者们无疑期望，外大陆架划界工作能尽量做到专业化、科学化和纯粹化，无论是透过《公约》第76条第4款至第6款一系列需要复杂的数据搜集及公式化计算来支撑的外大陆架划界条文规定，还是关于委员会在外大陆架划界工作中的角色安排，无不体现着《公约》此番创举力图使外大陆架划界工作由纯粹的科学主导并排除政治干扰的苦心，以确保有关问题能始终在严肃精密的科学轨道上得到处理和解决。

作为《公约》创立的三大海洋法机构之一（另两大机构为国际海洋法法庭和国际海底管理局），委员会是其指定的处理大陆架划界问题中最为重要的外大陆架划界部分的唯

① 章成：《国际法视阈下的北极海域外大陆架划界问题论析》，《国际论坛》2013年第4期。

② 黄德明、章成：《北极海域200海里外大陆架划界与北极区域法律制度的建构》，《法学家》2013年第6期。

一专业性机构。同时，历经历次公约缔约国会议的多次讨论和协商，作为委员会工作规程的《科学和技术准则》与《议事规则》在经过多次文本修正后也愈发完备。一般来说，符合自然条件以及《公约》缔约国资格身份要求的有关国家，可以直接根据《公约》第76条及其附件二，以及委员会颁布的《议事规则》和《科学和技术准则》的有关规定，即可向委员会提交关于外大陆架划界的相关申请案或初步信息。从现实的国际实践来看，有关国家如欲获得超过200海里的大陆架权利份额，必须通过向委员会提交附含大量技术数据资料的法定申请程序。只有履行固定的申请程序，建立在委员会建议基础上的外大陆架外部界限才是最终的和确定的。

尽管从法理意义上说，按照《公约》，沿海国对大陆架的权利具有固有性质，不取决于沿海国是否发表任何明文公告①。但由于外大陆架划界及其份额的取得在《公约》体系的设计下具有与200海里以内大陆架划界截然不同的法理基础，且委员会对各国申请案的审议程序已得到各国在不同场合的广泛认同，因此，当前委员会对各国外大陆架划界申请案的处理依据及程序虽然不直接具有法律意义和效力，但实则在一定程度上已被赋予国际习惯法的相关特征。

二、大陆架界限委员会对外大陆架划界申请案的审议现状

（一）目前委员会处理的各国划界申请案情况

截至2017年10月26日，委员会已累计收到68个国家单独或联合提交的78份（含4个国家的6份在原划界案基础上的订正申请案②外大陆架划界申请案），其中法国单独提交了4份划界案，另联合其他国家向委员会提交了3份划界案，以7份划界申请案的总数居各国之冠。如以单独提交的划界案份数来统计，则以丹麦为最多，累计提交了5份划界申请案。由于《公约》和《议事规则》已经规定只有《公约》缔约国才可向委员会提交外大陆架划界申请案，因此作为《公约》非缔约国的美国暂时无法行使这一权利。

而在另一方面，截至2017年10月26日，委员会已累计收到57个国家以照会（Note）、传达（Communication）、信函（Letter）等形式提交的209份有关划界案的评论。其中总共有174份他国针对划界案申请国的评论以及35份划界案申请国的回应型评论。在各国之中，日本总共提交了19次评论，其中14次是针对他国划界案的评论，数量遥遥领先于世界上绝大多数国家，可以说是各国之中最注重争夺该领域话语权的。即便某些划界案并不直接牵涉日本的利益，日本也充分利用《公约》和《议事规则》的规定视情择机发声，借以实现对他国外大陆架划界进程的介入。例如，日本对阿根廷外大陆架划界

① 章成：《中国海外安全利益视角下的北极区域治理法律问题》，云南民族大学学报（哲学社会科学版）2017年第5期。

② 俄罗斯、巴西各重新提交过2次订正申请案，巴巴多斯和阿根廷各重新提交1次订正申请案。在大陆架界限委员会的统计目录里，以上各国的订正申请案与原案均仅按同一份划界案统计。参见联合国大陆架界限委员会“各国提交的划界案”部分，载http：//www.un.org/Depts/los/clcs_new/commission_submissions.htm。

案[①]、英国阿森松岛外大陆架划界案[②]的表态。这方面美国、印度亦持同样的做法，如美国就巴西外大陆架划界案所发的信函[③]、印度对澳大利亚外大陆架划界案的评论[④]，等等。而由于按委员会《议事规则》的规定，《公约》非缔约国也享有对他国划界案进行评论的权利，因此美国在这方面也不遑多让，累计以 13 次评论紧随日本之后，可以说也是充分利用这一权利来干预他国的外大陆架划界进程。日美两国也是迄今为止仅有的两个提交评论次数“上双”的国家。

与各国积极向委员会提交申请案并行使评论权利形成显著对比的是，截至目前，在委员会受理的 78 份划界申请案中，只有 36 份划界案正式进入了委员会的实质审议程序，其中又只有 27 份划界案获得了委员会的最终审议结果[⑤]。从这一点来看，委员会对申请案的实质审议效率不高。有观点认为，即使之后委员会不再接受新的外大陆架划界申请案，现有的已提交的申请案欲进入委员会的实质受理程序还要“排队挂号”到 2025 年之后[⑥]。

（二）目前委员会处理的各国划界申请初步信息情况

截至 2017 年 11 月 17 日，委员会共计收到 43 个国家提交的 47 份外大陆架外部界限的初步信息。这其中有 44 份初步信息都是赶在 2009 年提交的，目的是为满足 2001 年和 2008 年两次公约缔约国会议所通过的“缔约国提交申请案的 10 年有效期”决定[⑦]。其中提交初步信息次数最多的是斐济和所罗门群岛，其单独及联合其他国家提交了 3 份外大陆架初步信息；单独提交外大陆架初步信息次数最多的国家则是法国，共提交了 2 次。在行使评论权利方面，截至 2017 年 11 月 17 日，委员会共计收到 14 个国家针对初步信息提交

① Communications received with regard to the submission made by the United Kingdom of Great Britain and Northern Ireland to the Commission on the Limits of the Continental Shelf, submitted by Japan, on November 19, 2009, Available at http: //www. un. org/Depts/los/clcs_ new/submissions_ files/arg25_ 09/jpn_ re_ arg_ 2009. pdf.

② Communications received with regard to the submission made by the United Kingdom of Great Britain and Northern Ireland to the Commission on the Limits of the Continental Shelf, submitted by Japan, on November 19, 2009, Available at http: //www. un. org/Depts/los/clcs_ new/submissions_ files/gbr08/jpn_ re_ nv_ gbr19112009. pdf.

③ Reaction of States to the submission made by Brazil to the Commission on the Limits of the Continental Shelf, submitted by the US. , on August 25, 2004, Available at http: //www. un. org/Depts/los/clcs_ new/submissions_ files/bra04/clcs_ 02_ 2004_ los_ usatext. pdf.

④ Reaction of States to the submission made by Australia to the Commission on the Limits of the Continental Shelf, submitted by India, on July 5, 2005, Available at http: //www. un. org/Depts/los/clcs_ new/submissions_ files/aus04/clcs_ 03_ 2004_ los_ ind. pdf.

⑤ 委员会对 27 份划界案做出了 29 次审议结果认定，其中包含了对俄罗斯和巴巴多斯各一次订正申请案的认定。以上数据汇总参见联合国大陆架界限委员会“各国提交的划界案”部分，载 http: //www. un. org/Depts/los/clcs_ new/commission_ submissions. htm。

⑥ 匡增军：《俄罗斯的北极战略——基于俄罗斯大陆架外部界限问题的研究》，社会科学文献出版社 2017 年版。

⑦ See SPLOS/72 and SPLOS/183. 其中 SPLOS/72 号文件第（a）项决定是：“对于公约在 1999 年 5 月 13 日以前开始对其生效的缔约国的谅解是公约附件二第四条所述十年期间应从 1999 年 5 月 13 日起算”；SPLOS/183 号文件第（a）项决定是：“达成以下谅解：满足《公约》附件二第四条和 SPLOS/72 号文件（a）段所载决定所述的期限要求的方式可以是向秘书长送交一份初步资料，其中载有有关 200 海里以外大陆架外部界限的指示性资料，并说明根据《公约》第 76 条的要求以及《大陆架界限委员会议事规则》和《大陆架界限委员会科学和技术准则》编制划界案情况和打算提交划界案的日期”。以上文本参见“公约缔约国会议”网站，载 http: //www. un. org/Depts/los/meeting_ states_ parties/SPLOS_ documents. htm#Documents of the Meetings relating to the Commission on the Limits of the Continental Shelf and its functions。

的16份评论照会，其中提交评论照会数量最多的是日本和摩洛哥，各提交过2次①。

表1　各国向大陆架界限委员会提交的外大陆架划界申请案及初步信息统计②

<table>
<tr><th>各国提交划界案次数</th><th>各国评论划界案次数</th><th>各国提交初步信息次数</th><th>各国评论初步信息次数</th></tr>
<tr><td>法国7次（其中3次为联合划界案）</td><td>日本19次（其中5次为己方划界案下的回应型评论）</td><td>斐济、所罗门群岛3次（其中各2次为联合他国提交）</td><td>摩洛哥、日本2次</td></tr>
<tr><td>丹麦5次</td><td>美国13次</td><td>法国2次</td><td rowspan="5">其他各国1次</td></tr>
<tr><td>英国4次（其中1次为联合划界案）</td><td>丹麦9次</td><td>瓦努阿图、贝宁、多哥2次（其中各1次为联合他国提交）</td></tr>
<tr><td>爱尔兰、西班牙3次（其中各1次为联合划界案）</td><td>中国8次（其中2次为己方划界案下的回应型评论）</td><td rowspan="3">其他各国1次</td></tr>
<tr><td>俄罗斯、巴西3次（实为1份划界案，均含两次订正申请案）</td><td>冰岛、印度7次；西班牙7次（其中2次为己方划界案下的回应型评论）</td></tr>
<tr><td>其他各国2次及以下</td><td>其他各国6次及以下</td></tr>
</table>

三、将外大陆架划界规则引入于北极地区所面临的争议问题

由于北极地区的主体形态是海洋，仅北冰洋就占北极地区总面积的60%以上③。更何况北极海域在概念范畴上比狭义的北冰洋范围更广，涵盖了北极地区内的所有海洋部分，包括了主体部分的北冰洋及其附属边缘海域。因此从理论上来说，《公约》及其外大陆架划界规则当然可以适用于北极地区。而鉴于北极海域环境的封闭性与北极海床大陆架形态分布广泛等地理特点，再考虑到外大陆架划界规则在相关适用标准上的模糊性等特征，这些都无疑极大地加剧了北极国家利用，甚至是滥用外大陆架划界规则为其自身“渔利”的风险④。可以说，北极国家通过外大陆架划界来最大幅度地拓展其大陆架管辖范围并圈占北极地区的国际公域，已拥有非常有利的各类主客观条件⑤。据此亦不难看出，北极地区的外大陆架划界进程具有高度的战略意义以及法律和政治的双重属性⑥。从长远上看，其

① 以上数据汇总参见联合国大陆架界限委员会“各国提交的初步信息”部分，载http://www.un.org/Depts/los/clcs_new/commission_preliminary.htm。

② 以上数据汇总参见“联合国大陆架界限委员会”网站，载http://www.un.org/Depts/los/clcs_new/clcs_home.htm。

③ 章成：《北极海域的大陆架划界问题——法律争议与中国对策》，《国际展望》2017年第3期。

④ 章成：《北极地区大陆架划界争议的法律问题及其应对思路》，《武大国际法评论》2016年第1期。

⑤ 黄德明、章成：《中国海外安全利益视角下的北极外大陆架划界法律问题》，《南京社会科学》2014年第7期。

⑥ 章成：《北极大陆架划界的法律与政治进程评述》，《国际论坛》2017年第3期。

外溢效果会对整个北极地区的未来发展前景以及人类命运共同体的构建产生极为深远的影响。

因此，当委员会的外大陆架划界审议机制从其首次投入实践运作起，其工作指向就是并非海洋常见形态的北极海域，这使委员会原有的工作目标不可避免地出现了若干偏离，同时也就难以抵制其他因素在其审议进程中的渗入。俄罗斯于 2001 年递交给委员会的首起外大陆架划界案即挑战了人们对海洋法观念及外大陆架划界功能的一些常态认知。虽然符合人们惯常认知的观念在法律论证上不一定确切无误，有可能在某些细节环节上被惯常认知观念的反对者和挑战者抓住纰漏和把柄，但如果一项法律制度和法律规则严重违背人们惯常而朴素的认知，则这项法律制度及规则的正当性未免是有疑问的，至少有可能致使该项法律制度的实践中发生适用上的走形①。在北极外大陆架划界案进入委员会的审议范围后，委员会的处理实效不得不面临以下几层常识性逻辑的挑战。

第一层，北冰洋虽可在地理常识上被归入海洋的范畴，但人们能够日常接触并利用的海洋形态，在大部分情况下应当不包含北冰洋，或者至少不包含北冰洋中尚因冰封而不能被利用的部分。根据以上实用性质的语境，北冰洋在大部分情况下无法与太平洋、大西洋和印度洋相提并论，甚至在实用语境中不能与普通的边缘海等量齐观，而是应当和南极组成“两极”“极地”的地理概念集合。

第二层，更何况，可以为人们生产生活提供常态化利用产能，如能够提供渔业、航运等各类基本海洋用途的海洋海区，因为存在大量各类形式的海洋权利，为了避免权利之间的纠纷和冲突，保证海洋的正常利用和有序管理，因而具有各自海洋边界的迫切需要②。在这种认识意象中，太平洋、大西洋和印度洋的海区才有划分海洋边界的现实价值。而无论是否划界，当前北冰洋难以被大规模开发利用的状况，在短期内不会改变。

第三层，如将北极归入“极地”的概念范畴，并采取与其他地区相区别的做法，以完善对北极地区的共有保护、生态本位的管理机制，似能更符合北极地区的现实需要。

第四层，如若依上述所论推之，则大陆架界限委员会作为审议各缔约国外大陆架划界申请的专业机构，亦不应对可能涉及全人类重大利益关切的事项做出具有法律性质和终极效力的裁决意见。

以上具有层次递进的认知描述符合世人的惯常认识意象，但由于《联合国海洋法公约》等国际立法性文件并未对北极和北冰洋的法律属性做出明确规定，因此国际立法上的空白使得上述大体上符合人们朴素公理心和惯常认知意象的观念并没有明确的法律依据，因此在现实中很容易被技术规则的有心利用者所击败。也正因为如此，提交委员会审议的第一份外大陆架划界申请案才得以在颠覆人们惯常认知的同时，在《公约》相关规则的解

① ［美］埃德加·博登海默：《法理学：法律哲学与法律方法》，邓正来译，中国政法大学出版社 2004 年版。

② 虽然这种表述类似于私法范畴下的表述，但放在平权体制下的国际社会语境之中，用来描述国与国之间的边界划定问题也大体是成立的。因为国家只有在其本国主权范围内才拥有真正的公法权力，而国际公法机制视野下的国际关系，实质是一种渗透了国家公权力色彩的私法关系。在国际公法的机制下，国与国之间的法律地位、国家之间发生各种联系所需的各种形式的条约协定、国家责任等内容无不带有私法观念的影子。转引自章成、顾兴斌：《国家主权的概念建构与行使实效经纬：张力下的发展与创新》，《南昌大学学报》（人文社科版）2014 年第 2 期，第 102-107 页。

释和适用层面引发巨大的冲击效果。这紧接着又使以下争议在委员会审议各国划界申请案之始即浮出水面。

第一，关于北冰洋海区在法律规则设置上是否应与其他海区“同等待遇”的观念争议。从人们对海洋常态化利用的角度来看，北冰洋暂时还达不到其他三大洋的“正常”海洋标准，世界上绝大多数各类海洋问题都出现在其他三大洋，具有迫切海洋划界需要的海区也是其他三大洋的海区。委员会对外大陆架划界申请案的审议，也恰为解决在海洋宽大陆架上的资源利用界限的目的而设。而北冰洋海区即使划界成功，有关各方也很难在北极海域立即开展大规模常态化的海洋经营，更遑论投入之后的产出效果评估，是可以收到预期的对北极大陆架资源开发利用的丰厚回报，还是因为开发北极资源引致大规模生态灾难的得不偿失的消极后果。再包括现有科技勘探手段能否保证在北极的资源开发足以克服现有的自然气候障碍等争议，这些问题都处于完全不确定兼具高度风险的状态。因此亦可反证，当前北冰洋海区似无划界的紧迫性和必要性。但由俄罗斯提交的这史上第一份划界案，却恰恰是针对非通常人们所能实际利用的海域。在北极海区的外大陆架划界，除具有高度政治意味的“圈地宣示”之外，目前暂时没有开发利用该区域大陆架资源的迫切需要和可行技术条件。

第二，关于外大陆架划界规则在北极海区适用后所导致的国际海底区域“严重缩水”的比例争议。如果外大陆架划界规则只是在其他三大洋的海区适用，即使由外大陆架划界所导致的“蓝色海洋圈地运动”会导致各国海权边界的重新调整以及大面积海底区域大陆架权利归属的重新分割，但可以肯定的是，以其他三大洋的浩瀚面积以及大洋中心区域地质构造和海水深度，外大陆架划界规则的适用，也基本只是导致其他三大洋各自边缘浅海的大部分海床以及小部分大洋海床被各国分占，其他三大洋“洋阔水深”的中央地带无疑可以保持相当多比例的国际海底区域，在总面积对比上依然是国际海底区域部分的面积占优势；而倘若在面积狭小封闭、深度极浅的北冰洋硬性适用《公约》的外大陆架划界规则，则必然导致北冰洋海底区域被几个周边北极国家整体分割的重大后果，由此带来前文所述的一系列地缘政治和法律秩序的重大变迁。人们对南北极特殊地位的整体意象将被颠覆和推翻。关于极地和北极问题的各类的国际宣言虽大多仅具软法地位和道义劝勉性质，但在北冰洋几乎所有的大陆架被整体瓜分完毕后，上述国际宣言中的大部分也将丧失其形式上的存在意义，而将更多地被那些内容类似、但已由各北极国家单方颁布执行的国内法规及政策所取而代之，为数众多的域外非北极国家是否还能对北极事务保持最低形式的发言权和话语权，将一概取决于少数北极国家是否还有施舍的意愿。因此俄罗斯的北极划界案本身，已经实质性地偏离了原本宜适用于正常形态海域外大陆架的技术性划界方法，而把问题的关键环节带入到了具有高度政治敏感性的北极地区的整体法律地位上。

第三，关于首起划界案提交者俄罗斯的意图争议。虽然俄罗斯递交的世界首例外大陆架划界案包含了四个不同海区的外大陆架划界，其中两个在北冰洋，两个在太平洋，看似是均等地拓展其海洋权利管理地域，但俄罗斯真正在意的是北冰洋中央区的大片海底区域，其他三块海区的外大陆架申请面积全部加在一起，也不过是俄罗斯在北冰洋中央区所申请的外大陆架份额的1/4。这明显反映了俄罗斯划界案浓厚的政治意味和战略导向。因此，很难不令人怀疑其背后的真实用意动机。在《公约》外大陆架划界规则的适用问题上，俄罗斯首开打“规则擦边球”的先河，其试图先行将实际利用率很低、即使划界诉求实现后也难以立即开发的大部分丰饶北极资源圈占为己有的尝试，虽无国际法规则上为取得领土主权而采取的先占行为之名，却有先占之实。因为利用外大陆架划界规则的终极目的，还是为了取得对其上资源的所有权和使用权，这和以领土为取得目标的先占行为，只是所取得的对象及其本质属性有别，但究其取得行为本身的形式、意思表示和取得效果来说，却无甚区别。而且在划界案内容中，俄罗斯还有夹带己方“扇形原则”的“私货”之嫌。俄罗斯划界案的东西主张界限及其实质声索范围，与历史上由苏联最早提出的“北极扇形原则”官方版本——《北冰洋陆地和岛屿为苏联领土的宣言》（1926 年）的涵盖范围保持了较大的一致性。2007 年俄罗斯在北冰洋洋底的插旗行动也具有相同的试探意义。尽管现在在洋底插国旗的行为达不到任何国际法意义上的先占效果，当时的加拿大外长彼得·麦凯（Peter MacKay）回应称，“现在又不是 15 世纪，你不能在世界游逛一遭，到处插上自己的国旗，就声称‘我们拥有这片领土’”①。美国国务院副发言人汤姆·凯西（Tom Casey）也说，这一做法不具有任何法律效力。“他们只是想证明，某些水下的海脊就应该在他们的大陆架范围内，而解决这个争论必须基于海洋公约组织的技术性规定，而非安插任何形式的标志物。”②

四、当前委员会在外大陆架划界进程中所面临的理论困境

由此可见，现阶段关于北极地区的外大陆架划界案已明显表现出政治性大于科学性的特点，北冰洋沿岸国家的申请行为实际上并不考虑相关证据的充分性问题。作为纯粹科学人士组成的大陆架界限委员会，除了借助他国的异议主张来搁置审议之外，是否还有更好的制约办法，或通过制度设计上的改进来达到更好的应对效果？有鉴于此，当前北极地区外大陆架划界困局已然反映出了如下几个值得回味和反思的理论问题。

首先，是关于委员会所承担的外大陆架划界申请审议职能在《公约》设定上的实效困境。缔约国所提交的第一起申请案就带来了巨大的争议，这种争议不仅反映出申请案本身的内容问题，还反映在申请案提出后的审议程序问题。即作为支撑划界案的技术数据往往不够科学充分，不足以通过委员会的评估，但缔约国出于利益上的动机而急于申请，从而引发其他国家的关注和异议。而当他方向委员会提出异议后，又使委员会很难继续审议原划界案，只能建议申请国修改划界案后再行提交，如果申请国短期内无法做到这一点，原划界案实则等于长期搁置，2001 年的俄罗斯外大陆架划界案就是这个例子，自 2002 年未被通过之后，直到 2015 年才重新递交，并且并未对 2001 年划界案内容进行实质性修改。而在另一方面，在划界问题难以得到实质解决、被无限搁置的同时，有关国家在大陆架划界问题上的矛盾，却从申请国提交划界案之前的隐性化走向之后的显性化，并随着划界案

① 康娟：《俄在北冰洋底插上国旗，意在为疆界扩张寻依据》，中国日报，2007-08-03，载 http://news.xinhuanet.com/newscenter/2007-08/03/content_6467479.htm。

② 张忠霞、赵毅：《美称俄在北极洋底插国旗没有实质意义》，新华网，2007-08-03，载 http://news.xinhuanet.com/newscenter/2007-08/03/content_6468892.htm。

的拖延迟滞而长期存续，这在国与国之间关系中究竟是更多地制造了问题还是解决了问题？从世界各国扎堆向委员会提交各色各样外大陆架划界申请案的表现来看，前来委员会处“预约”“挂号”者众，但委员会真正能开出“处方”加以处理的“病例”却比例不高，更多的划界问题已经超出了大陆架界限委员会的本身职能。

其次，是关于委员会担负职能与其审议效果及世界海洋划界实际形势相冲突的伦理困境。委员会真正能审查并做出结论性意见的划界案例都是来自那些面向宽广大洋、没有竞争性诉求存在的海洋地理有利国家。它们凭借“僧少粥多”的优越海洋环境大获其利，而在“僧多粥少”的海区却使海洋划界问题变得更加复杂。而前者的国家数量远少于后者，那么关于外大陆架的这套划界规则是否不尽公平？这套划界规则和外大陆架申请制度在方便少数海洋地理有利国家大为拓展其大陆架权利边界的同时，却在更广的范围内导致了海洋划界问题的密集出现。在有些海区是直接制造出了海洋划界问题，在另一些地方，则是除了加剧原有的海洋划界纠纷并扩大了其争议范围之外，什么也没有解决。这就让人不得不深入思考更深层次的问题，即外大陆架划界规则和委员会现有申请案审议制度的存在意义，以及有无加以改进完善的必要性。很明显的一点是，委员会只是一个由科学人士组成的专业鉴定机构，没有能力去承载超出其专业能力的法律和政治性负担。委员会既然按照《公约》相关制度的规定对争议海区的外大陆架划界问题无能为力，又不能阻止缔约国基于政治上的逐利动机而不是严肃的科学依据来提交外大陆架划界申请，最终的结果只能是造成双重意义的后果：激化和扩大各国之间的海洋划界冲突，以及令委员会自身的职能和《公约》下的大陆架制度陷入尴尬境地。俄罗斯在巴伦支海部分的外大陆架划界案就是一个典型的例子：俄罗斯这部分的划界主张得到了委员会的基本认可，只需解决与挪威之间的划界争议即可，但因为俄罗斯这部分的划界主张与北冰洋中央区部分有一定的联系，而随着后者被退回重修而一道处于被搁置的状态。委员会让俄罗斯保留这部分内容，待北冰洋中央区部分资料完善后再行提交，但这样的建议实际上毫无必要。因为无论是委员会，还是俄罗斯和挪威都清楚，这部分的外大陆架划界内容即使得到了委员会的认可，俄挪之间在巴伦支海的划界纠纷不解决都是没有实际意义的，只会使对方在自己下次提交外大陆架划界申请案的时候起到“扯后腿”的作用。而挪威 2006 年外大陆架划界申请案中，委员会同样也没有解决巴伦支海部分的“甜圈洞”划界问题，只是建议挪威与俄罗斯双方自行解决。因此巴伦支海外大陆架划界的最后结果就是 2010 年俄挪签订了关于一揽子解决巴伦支海海洋问题的划界协议。等俄罗斯于 2015 年再次提交外大陆架划界申请案的时候，2002 年委员会给俄罗斯的“保留巴伦支海部分并待下次提交”的建议就已自动“消于无形”了。既然最终的划界问题仍需当事国双方自行解决，那么，关于委员会的职能及其在整个外大陆架划界进展中的地位和作用，显然也有待反思和改进。

再次，是关于委员会如何有效处理外大陆架相邻部分划界的理论困扰。由于各国在北极海域 200 海里以内相邻海洋边界的划分是有关国家所提交的北极外大陆架划界申请案得以进入委员会实质审理程序的前提和基础。但在外大陆架划界问题上，北极国家相邻海洋边界之间的划界问题仍然会给整个北极外大陆架划界工作以及现有海洋法体系带来理论性的困扰。因为委员会主要解决的是各国外大陆架外部界限的划定问题，但外大陆架部分不仅存有需要委员会审查的外部界限，也存在彼此相邻部分的外大陆架划界问题。理论上这一问题的解决方式似乎比较简单：因为各国外大陆架相邻部分的划界问题与划设其外部界限的方式方法一样，需要首先从选取划界定点开始，而位于两国外大陆架相邻区域的定点既然是在外大陆架之上，委员会就可以对该定点的选取进行技术审查，而且审查的标准就是两条公式线和两条限制线，只要确定了两国外大陆架相邻部分的若干定点，再以长度不超过 60 海里的若干直线加以连接即可。然而这种理论化的设想却未必能在实务操作中行得通。能进行外大陆架相邻部分划界的海区，必定是整块大陆架形态平坦完整的海区，两个相邻国家在这部分外大陆架上的划界，将直接决定彼此之间对同一海区整体大陆架的比例分成。正是因为外大陆架相邻部分的划界内容直接牵涉到相邻国家对其自身外大陆架的期待权益，因此任一海岸相邻国家显然不会同意将这部分的划界内容完全交由委员会和与其毗邻的申请国来决定，而是会提醒委员会这部分的外大陆架存在两个相邻国家之间的划界争议。所以说，由沿海国向委员会所提交的外大陆架划界申请案的单方性，与外大陆架相邻部分划界内容的双边争议性两者之间，无疑构成了显著的结构性矛盾，进而导致了委员会基本不可能对这部分外大陆架划界内容进行实质审理。

五、改进和完善委员会职能的可行方向及其相关路径

必须指出的是，委员会在处理外大陆架划界申请案时所面临的外部影响是很难避免的，委员会和《公约》本身，都不足以制约有关国家基于政治而非科学意图，而向委员会提交外大陆架划界申请，这实属国际政治丛林生态的基本现实和国际法的不能自足性、碎片化和不成体系性特征的真实写照；而委员会对申请案的处理结果本身也会带来超出其职责和专业范围之外的外在影响，这种影响不仅体现在政治上，更体现在具有终局效果的法律效力上①。这一点更是由《公约》制度安排所必然导致的结果。而不少外大陆架界限有待划定的海域的敏感性，也决定了委员会在处理涉北极的外大陆架划界案时会受到更大的争议。因此，委员会的相关权限及职能不排除发生适当调整的可能。未来的大陆架界限委员会是继续谨守其科学性、专业性和中立性的身份，还是相应地扩大及强化委员会在划界案中的职能权限？目前还无法判断该问题的发展方向。

如果委员会在未来变革趋势中的选择是扩大并强化委员会在划界案中的职能权限，即委员会最终依据修订后的《公约》可以获得对争议海区的外大陆架划界申请进行实质性审议的权限，那么委员会的人员组成势必要进行根本性的变动，这至少需要有能代表世界各主要文化体系和各主要法系的公认合格的国际法人士的加入参与。无论是在名额不变的基础上调整委员会现有人员的专业组成机构，还是直接扩容吸纳国际法专业人士的参与，这种对委员会职能的调整都将指向同一个方向，即通过《公约》的修订和委员会人员结构的变革，真正从制度和实践的双重层面赋予大陆架界限委员会在外大陆架划界案问题上的实质审议权限，从而彻底改变目前世界范围内外大陆架划界申请案处理进展缓慢偏低的现

① Vsevolod Gunitskiy. “On Thin Ice: Water Rights and Resource Disputes in the Arctic Ocean.” Journal of International Affairs, 2008, Vol. 61 (2).

状，结束委员会科学属性与其审议结论所必然带有的法律效力不尽相称的制度尴尬，并使其所作意见的效力能完整地汇集科学性与法律性于一身。

通过对委员会的上述职能调整，或将使委员会重建为一个在外大陆架划界领域具有权威地位的、兼具科学与法律双重权威于一体的专业机构。对外大陆架划界的决定权将专属委员会独有，而其他国际司法机构，如国际法院、国际海洋法法庭对外大陆架划界的实质裁决权将在正式修订后的《公约》中被明确收回，即其他国际司法机构仅有权处理200海里以内的其他海洋划界法律问题，而沿海国更是无权以单方声索或双边协议的方式来私下侵吞、瓜分超过200海里的大陆架海床及其附属资源。非经向委员会提交符合一系列规范性文件（包括从修订后的《联合国海洋法公约》到《科学与技术准则》及《议事规则》等）所要求的外大陆架划界申请案且由委员会审查通过批准，任何国家及相关组织和个人将无权擅自占用、扩大原有的200海里大陆架界限范围。经过上述职能调整改革后的委员会，由于直接拥有了对国际海底区域具体范围大小的反向决定权，已在实质上成了国际海底管理局的上游机构，因此两个专业机构还需在各项权责范围上加强对接、协调与共同合作。

如此调整的深层依据，既是根据外大陆架划界工作内容对专业学科的复合要求，也是根据外大陆架划界所包含的内在法理。外大陆架的划界工作与国际海底管理局对国际海底区域的管理工作一样，需要极其精密的科学技术，包含海洋科学、信息测绘、地质勘探、地球物理等诸多自然科学场域对其的基础支撑，但外大陆架划界工作又具有界定沿海国主权性权利边界的法定效力，不可能只是纯粹的科学问题而忽略其法律属性及政治影响。因此，外大陆架划界工作本质上是一项具有高度复合属性的工作，对外大陆架所有边界的正式划定，根本就不能离开专业科技人士和法律人士的共同参与①。在任何一方的缺席条件下所做出的外大陆架划界审议结论，都难免会引发对其科学性（合理性）或法律性（合法性）的质疑。故此来检视现阶段外大陆架划界的各种现状，有很多事实都是不尽如人意的。例如：① 作为纯粹科学鉴定机构角色出现的大陆架界限委员会，却因为《公约》的设置而明显具有做出正式法律效力意见的审议职能；② 但又同样因为《公约》关于“不得对争议海区的外大陆架划界进行审议”的规定，而实际上对相当数量的、可能涉及划界争议（不一定是真正涉及）的外大陆架划界申请案采取了“审而不议”的鸵鸟态度；③ 由于委员会无法对争议海区的外大陆架划界采取任何实质行动，相关国家也可以采取“扯皮”战术，无论是否具有真实的划界争议，只要对方向委员会提交外大陆架划界申请，有关国家就可以以提交异议意见的方式，只要从程序上就大都能够顺利阻断委员会对申请案的审议进程，进而造成了各项外大陆架划界申请案的大量积压。真正的划界纠纷长期无从入手加以解决，却在有关国家之间的外交关系中添加了不必要的麻烦和障碍；④ 正是由于委员会长期陷入《公约》设置的制度尴尬之中，为打破委员会长期“审而不议”的迟滞局面，国际法院、国际海洋法法庭等国际司法机构主动将委员会的一部分职责延揽了

---

① Scott J. Shackelford. “The Tragedy of the Common Heritage of Mankind”. Stanford Environmental Law Journal, 2008, Vol. 27.

过来，但这同样会导致相应的质疑。如果说委员会因其是纯粹的由科学人士组成的机构，从而无权做出具有法律约束力的审议结论的话，同理，由纯粹法律人士组成的国际司法机构，在没有客观详实的科学证据来支持辅助的情况下，就按其主观理解来划分外大陆架的部分边界（虽然从目前来看，国际司法机构的有关裁决只是涉及对外大陆架相邻部分的划界，而非直接划分外大陆架的最外部向洋边界），这同样是一种于理无据（缺少科学证据的佐证与严谨论证）、于法越权（没有得到《公约》现有制度的授权）的行为。即便是以发挥司法能动性的“法官造法”为理由予以辩护，恐怕在外大陆架划界工作所需搜集的大量科学证据资料面前，显得略为主观随意而缺乏严谨。国与国之间的陆地划界工作，尚且需要集合不同国家的不同专业领域专家的共同努力，对于情况相对陆地划界来说难度远不可同日而语的外大陆架划界工作来说，无论是大陆架界限委员会还是国际司法机构，在对该问题的处理上却是或有法律成分的先天不足，或有科学性内容的认证缺失，这些遗憾都将会极大地影响到最终划界决定的公信力，更何况由俄罗斯提交的第一起外大陆架划界申请案就将其申请内容的重点放在了敏感且富有争议的北极海域，而非海床地质地理情况相对简单的普通海区。

六、职能调整后的委员会相对于国际司法机构的比较优势

可能会有疑问认为，既然全部由法律人士组成的国际司法机构有权对200海里以内的海洋划界问题直接进行司法裁判，为何就不能将其司法管辖权自动延伸到外大陆架划界问题上?[①] 这里值得开放性探讨的有关意见可能包括：

首先，相关国际法律文件，如《联合国海洋法公约》《国际法院规约》等已分别对大陆架界限委员会和国际司法机构授予了不同权责范围的明确职能权限，委员会负责对外大陆架划界申请案的专门审议，而国际司法机构负责处理包括200海里以内海洋划界工作在内的各类法律争议，双方本已有在地理上清晰区分的权责范围，无需将两者之间的工作内容加以混同，从而使本已复杂的外大陆架划界工作变得更加复杂化。且国际司法机构的中立性、被动性也理应谨守，不宜在主权国家林立、丛林色彩仍然浓厚的国际政治生活中径行扩大其司法权，以至于引起有关国家对国际司法机构公正立场的质疑。更何况，国际司法机构将其司法管辖权扩张至委员会的部分职能范围，一方面会更加虚化委员会的地位功能，另一方面则可以视为是国际司法机构变相地为主权国家扩展其大陆架权利边界提供帮助，进而压缩本属于全世界共有的国际海底区域。因为只要是国际司法机构为沿海国确定了外大陆架相邻部分的边界，沿海国向委员会申请最终的外大陆架外部界限的难度也就大为降低——很多外大陆架划界申请案不能得到及时实质处理的关键，都是来自申请国与他国之间的划界纠纷，而非是对外大陆架外部边缘部分的科学证据搜集。对于国际社会尽可能多地保留国际海底区域范围的共同利益而言，显然是外大陆架划界申请案越少得到通过越好。

---

① Scott J. Shackelford. “Was Selden Right? The Expansion of Closed Seas and its Consequences.” Stanford Journal of International Law, 2011, Vol. 47.

其次，对于世界上大部分海区的自然地理形态和地质构造而言，都是由边缘海区的浅海大陆架形态向广阔大洋中心深水区的洋壳形态过渡。而对于大部分需要进行海洋划界的沿海国来说，位于领海基线200海里之内的海区，大部分还是浅海海床的地质地貌，所以200海里以内的沿海国海洋划界纠纷，一般都因其海域划界的同质性，而无须进行复杂耗时的海底地质调查，大都可以凭借仅与海区上覆水域相关联的因素，如海岸线的形状和长度比例、海区内的岛屿（不含礁石）大小、主权归属及其在海区内的地理位置、海区内的渔业资源分布、海区周边的其他社会经济因素等，就可以比较顺利地划定国家之间的海洋边界。而海底地质地貌因素，在专属经济区划界中基本无须考察，在200海里内的大陆架划界问题中，则可能需要进行相关考察，但一般都因各方在争议海区大陆架自然延伸的同质性，而在200海里内的双边海洋划界实践及相关司法判例中趋于式微。所以目前国际上关于200海里内海洋划界的通行做法，是不再区分专属经济区和大陆架划界的相异性，而综合各种因素（当然，对各种因素综合评估的标准不同，会演绎出内容完全不同的海洋划界方法，如海洋划界的公平原则、严格的等距离中间线划界法、等距离/特殊情况划界法等）直接划出一条单一海洋边界。早在1984年美国与加拿大的缅因湾划界案中，国际法院就指出：对于既适用于大陆架又适用于专属经济区的单一边界，决定该单一边界的标准应当既不偏向于大陆架法律制度，又不偏向专属经济区制度，而是对于两者的划分具有相同的适宜性①。当然，这并不是说200海里以内的海洋划界，只能采取单一边界的最终划界形态。只要200海里内的海区存在显著的海底地质构造差异，传统的大陆架划界方法——“自然延伸”标准就可以起到相应的作用。例如，受帝汶海槽的影响，澳大利亚和东帝汶就在两国的海域之间划定了两条不同的专属经济区和大陆架海洋边界；而中日、中菲的东海、南海划界纠纷实则也面临着基本相同的划界情势，因为这两例海洋划界争议中都存在典型的海底地质地貌阻断，在东海划界问题上是琉球海槽，在中菲之间的南海划界问题中则存在马尼拉海沟。上述的海洋法理和实例表明，在200海里以内的海洋划界问题上，围绕海底地质构造的科学调查并非影响划界的关键因素。《奥本海国际法》对此也做了阐释，“从海岸量起直到200海里，海峡、深渊、深海槽、沙洲、洋脊等特点不是界限划定的决定因素”②。因此即使是由非科学人士组成的国际司法机构，其对这方面海洋划界案例的审理，不仅有国际法上的明确授权，也有足够的知识背景与理解能力，故无须怀疑国际司法机构最终裁决的公正与公平。然而，正如《奥本海国际法》所指出的，“现在的情况看来是，自然延伸只有在大陆架伸展到200海里以外的情形才是重要的”③。因此，对于外大陆架划界问题而言，对其的终局性法律判断，明显受制于陆架边缘区域的相关科学资料的搜集与佐证程度。上述材料属于外大陆架划界工作所必需，在其对应的自然科学

---

① See Declaration of the Maritime Boundary in th Gulf of Maine Area (Canada v. United States of America), Judgment, ICJ Reports 1984, p. 85, para. 194. 转引自黄瑶、廖雪霞：《国际法院海洋划界的新实践——2014年秘鲁诉智利案评析》，《国际法研究》2014年第1期，第42页。

② ［英］詹宁斯、瓦茨修订：《奥本海国际法（第一卷第二分册）》，王铁崖、李适时、汤宗舜、周仁译，中国大百科全书出版社1998年版。

③ 同②。

领域也称得上是较为精密复杂的，因此显然不适于全然由缺少对应知识结构和理解能力的国际法专家来单独加以操作。所以说，外大陆架划界问题对科学性和法律性的要求俱高，任何一面的缺失都会带来有关决定的公信力存疑。因此，适度调整大陆架界限委员会的相关职能，改进并丰富其人员组织结构，实现其科学性与法律性的聚合，这才有助于提升委员会在外大陆架划界问题上的权威地位，才便于委员会将审议外大陆架划界案的职能全部统一到自己手中，以增强海洋法规则的适用效果并优化《公约》所配设的制度体系。

最后，实现委员会职能的调整与改造，集中并强化委员会对外大陆架划界案的实质审议作用，并不会产生有悖于国际社会共同利益的后果。前文的第一点理由已经阐明，国际司法机构挤占委员会的部分职能范围，一方面会虚化委员会的在外大陆架划界进程中的地位和作用，另一方面，国际司法机构的行为相当于变相地为主权国家扩展其大陆架权利边界提供帮助，降低沿海国向委员会申请最终的外大陆架外部界限的难度。反观委员会的职能强化则不会带来这样的道德困扰。由于委员会的科学性和法律性已经统一，将国际司法机构从外大陆架划界领域中排除出去不仅可以降低国际司法机构的工作负荷，还可以明晰委员会和国际司法机构在不同领域的权责分工，提升《公约》各项制度的运行实效。而在外大陆架划界申请中，委员会的权力和权威上升，还可以强有力地制约有关国家出于政治投机而非严谨科学目的所提交的诉求主张（可以在委员会职能的调整与强化进程中，完善对类似行为的惩戒机制，如规定明显缺乏科学资料支撑的申请国，待驳回其主张后，可以在一定的时间段内，限制其就同一个海区外大陆架所提出的再次申请），从而为国际社会保留较大份额的国际海底区域，以更加公平的机制运作来造福于全人类。

当然，有关大陆架界限委员会的上述职能调整构想，也只能依托召开国际海洋法大会并在实质修改《公约》相关条款的前提下进行。因此，针对委员会职能的上述改进构想，倘若得以实现，则意味着通过国际海洋法大会来修改《公约》相关规则、制定“极地条款”等方面构想均有足够的条件转化为现实。这些构想如能相继实现，自然是对广大域外非北极国家而言最为有利的结果。

七、结语

在《联合国海洋法公约》体系下，大陆架界限委员会在现实层面已经历了整整 20 年的实践探索。回顾委员会这 20 年来外大陆架划界申请案的审议效果，我们不难得出其运作现状有待进一步改进和完善的结论。对联合国大陆架界限委员会有关职能的调整构想应属于开放性质的探讨，其目标是进一步改进委员会审议机制层面的执行效果。当然，无论是北极地区的外大陆架划界问题，还是委员会的职能调整和完善构想，在国际社会的现实面前如欲实现整体性的最终解决仍然尚需时日。而这一进程对于中国而言同样有着相当重要的价值。中国作为北极利益的重要攸关国，通过国际体制参与机制创新，探索近期和远期的北极实践，即包含了对北极外大陆架划界进展以及委员会在未来的可能调整和改革的关注，这正是将北极事务置于国家整体海洋战略之中进行通盘考虑所应有的题中之①。中

① 白佳玉：《中国参与北极事务的国际法战略》，《政法论坛》2017 年第 6 期。

国宜积极参与上述进程，在务实地推动北极外大陆架划界问题合理解决与大陆架界限委员会相关职能完善的同时，视情视时做出合适的应对之策，进而为增进各国之间围绕北极大陆架资源开发与《公约》体系下的机制合作提供更为稳固的制度保障。

论文来源：本文原刊于《广西大学学报（哲学社会科学版）》2018 年第 1 期，第 87-97 页。

项目资助：中国海洋发展研究会重点项目（CAMAJJ201706）。

第三篇　海洋生态环境

生态产品价值实现的理论基础与一般途径

王斌[①]

摘要：生态产品价值实现是通过市场交易或者政府管理将生态系统服务转化为经济价值的过程，直接体现了“金山银山就是绿水青山”理念。本文系统梳理了生态产品价值实现的理论基础，并将生态产品分为物质产品和文化旅游服务、与一般生态系统服务这两种类型，分别讨论了各自的价值实现途径。最后，提出了生态产品价值实现的市场交易和政府管理的必要条件。

关键词：生态产品；生态系统服务价值；市场交易；政府管理

生态产品价值实现是生态文明建设的重要问题，是践行“金山银山就是绿水青山”理念的直接体现，具有很强的理论性与实践性。习近平总书记指出，“我国生态文明体制已初步搭建起四梁八柱的主体框架，但在落实中还存在产权制度、市场化机制、管理体制三大难点”。可以说，生态产品价值实现问题集中体现了这三大难点，因此有必要系统梳理生态产品价值实现的理论基础，并在此基础上研究提出其一般途径。

一、生态产品价值实现的理论基础

尽管国内外对生态产品有多种理解和概念，但是无论从联合国千年生态系统评估计划，还是从国内近年来的政策实践来看，主流上都将其定义在生态系统服务范畴。因此，本文讨论的生态产品概念类似于《全国主体功能区规划》中所定义的：“生态产品指维系生态安全、保障生态调节功能、提供良好人居环境的自然要素，包括清新的空气、清洁的水源和宜人的气候等。”[②] 而为实现生态产品的价值，就需要将自然生态系统的服务功能通过某些方法进行评估以转化为经济价值，并在实践应用特别是在市场交易中获得特定的经济效益。因此，生态产品价值实现的理论基础主要来源于生态系统服务理论、环境经济

---

① 王斌，男，自然资源部海洋战略规划与经济司司长，中国海洋发展研究会副理事长。主要研究方向：海洋生态保护、海洋综合管理、海洋减灾防灾。

② 《国务院关于印发全国主体功能区规划的通知（国发〔2010〕46号）》，中央政府门户网站，2010年12月21日，载 http：//www. gov. cn/zwgk/2011-06/08/content_1879180. htm。

学以及近年来国际上兴起的绿色经济探索等。

（一）生态系统服务的涵义与类型

生态系统服务是人类从生态系统中获得的各种产品和服务所形成的收益。国际上较为权威的生态系统服务研究就是“联合国千年生态系统评估计划（MA）”国际合作项目，2001—2005 年集中了全球 95 个国家的 1 360 名学者对地球各类生态系统进行综合和多尺度评估。该研究成果把生态系统服务分为四类：一是直接供给物质的服务，主要是食物（农作物、家畜、捕鱼、水产养殖、野生生物等），纤维（原木、棉花、大麻、蚕丝、薪柴等），遗传资源，生物化学品，淡水等；二是调节自然要素的服务，主要是调节大气质量，调节气候（如全球尺度、区域和局地尺度的二氧化碳吸收），抵御自然灾害（包括地质灾害、海洋灾害等），净化水质，控制疾病，控制病虫害，授粉作用等；三是提供精神、消遣等方面的文化服务，主要是提供精神与宗教价值，传统知识系统与社区联系，教育价值（如自然课堂），艺术创造灵感，审美价值，休闲与生态旅游等；四是维持地球生命条件的支持服务，主要是维持养分循环，产生生物量、氧气，形成和保持土壤，维持水循环和栖息地等。① 由此可见，生态系统服务是和人类生存与发展息息相关的资源与环境基础。

（二）生态系统服务价值与评估

生态系统能为人类供给产品与服务，人类对其产品与服务形成需求和消费，供需两者共同构成生态系统服务从自然生态系统转向人类社会系统的动态过程。在这一过程中，生态服务功能就具备了可以度量为经济价值的可能。生态系统的经济价值通常被划分为使用价值和非使用价值两部分，使用价值包括直接使用价值、间接使用价值和选择价值，非使用价值包括遗产价值和存在价值等。使用价值可以和已经存在的市场定价的产品联系起来，但是非使用价值通常与非交易市场的道德、宗教或者美学等属性相关，是由生态系统和人类社会共同作用所产生的。

显而易见，前述生态系统服务功能中，直接供给物质的服务按照当前平均同类商品全年平均价格是比较容易核算其经济价值，而维持生命过程类型的支持服务通常无法衡量其经济价值，介于其中的诸如大量的调节和文化服务等，需要应用特定的评估方法计算其经济价值。当前，主流的生态系统服务价值的量化评估方法包括②：① 市场价值法，包括替代市场价值、直接市场价值、虚拟市场价值（具体指影子工程法、替代市场法、边际机会成本法等）。市场价值法是一种发展较为成熟的方法，在国内外应用较广泛。② 揭示偏好法，指利用市场消费信息，间接推断消费者偏好，估算商品价值的方法，包括特征价值法和旅行费用法。其中特征价值法通过观察人们的消费，推断消费者对商品功能和价值的评价；旅行费用法通过估算旅行者的旅游消费来评估资源价值。③ 陈述偏好法，是指通过调查问卷收集公众支付意愿信息进行价值评估的方法，包括条件价值法和选择实验模型。其中条件价值法设计假想市场，让受访者对其支付意愿做出回答，推导价值，因此也被称为意愿支付法；选择实验模型基于随机效应理论和效益最大化理论构建，可用于各类非市

① 世界资源研究所：《2005 年度千年生态评估》，2005 年版，第 5 页。

② 陈雪、王瑗玲：《生态系统服务价值评估研究进展》，《城镇化与集约用地》2018 年第 4 期，第 114-119 页。

场价值评估。上述评估方法各有特定局限性，例如市场价值法受到生态系统类型和分布的差异限制，揭示偏好法受到市场信息的真实性限制，而陈述偏好法又受到不同人群的主观性限制，因此在选择特定方法时应根据生态系统服务特征扬长避短地予以应用。

（三）生态系统服务所构成的供需关系

类似于人类经济基本模式，生态系统服务的供给能力和人类对生态系统服务的利用需求，构成了生态系统服务的供需关系。一般地讲，稳定健康的生态系统可以持续的方式长期供给各类服务，这种总体的供给能力就是资源环境承载能力。在特定时间和空间条件下，当这种供给能力以充分且潜在的形式源源不断地提供给人类时，例如，植物通过光合作用持续产生氧气，其形成的供给通常情况下远大于需求，人类经济系统对此基本没有价值转化的必要。但是，当生态系统的供给能力由于总供给不足，或者由于无法及时得到再生产补充，或者超越了生态系统抵御人类活动干扰的弹性能力时，将无法充分满足人类需求，除非人类通过其他科技手段找到了替代品，否则就形成了稀缺性，根据一般经济学原理也就有了特定价值，并可以通过前述方法对这些价值进行量化评估。

值得指出的是，生态系统具备多种服务功能，各类功能定位不尽一致，而且在不同时间和空间内各类功能的分布也不均衡。① 从主导功能来看，因价值导向不同会导致其定位差异甚至取舍，例如某一典型生态区域被划定为国家公园后将会禁止畜牧养殖等活动，这就意味着其直接供给物质方面的服务，让位于调节自然和提供文化方面的服务。② 从时间上来看，如果当代人过度消耗生态系统服务而将其消耗殆尽，或者超越了这种服务的可再生能力，那么后代将无法再享有这些服务，这也就是强调代际公平的资源环境可持续发展原则的由来。③ 从空间上来看，生态系统服务空间分布的不平衡，导致了不同尺度下各异的供需关系。典型的事例就是流域水生态系统服务，上下游区域之间不同的水资源和水质量禀赋造成供给差异，而上下游地区经济社会发展情况不同又构成了其需求差异，这时就具备了上下游地区就水生态系统服务交易或补偿的可能性（应指出河湖生态系统）。此外，这种空间尺度的生态服务供需关系也为国土空间规划提出了原则要求，例如，在研究空间规划时不仅要考虑本地区的社会经济条件，还要识别其所在的更大范围的生态环境条件，既要立足本地区资源环境承载能力的限制条件，也不忽视可以通过生态系统服务交易获取更多资源环境承载能力的可能。

当然，如果特定条件下的生态系统服务已经远不能支持人类需求时，说明该生态系统已经受损严重，对其就不应涸泽而渔再索取更多的服务，而是将其严格保护起来促进其休养生息，或者通过生态修复措施逐步恢复其生态服务功能，这时生态产品价值实现就让位于生态系统保护修复了。事实上，随着人类活动对生态系统的干扰和破坏，生态系统状况日趋衰退，有的甚至濒于瓦解。为此，当下国土空间规划和生态修复保护的重要责任，就是科学评估生态系统健康状况，合理定位生态系统服务主导功能，保护和提升生态系统服务供给，并从供需矛盾入手优化生态系统服务空间配置。

（四）生态产品交易的环境经济学

尽管环境经济学最初是为解决环境污染问题而发展起来，但其中许多理论与生态产品问题相联系，因而可以借鉴应用。环境经济学深入分析了经济行为主体不通过市场供求关系而影响他人经济环境利益的外部性问题，例如无论在生产环节还是消费环节，都存在着典型的环境污染问题。克服外部性有两种办法：一是在产权清晰的条件下将外部性内部化，通过设定一定范围内的配额赋予其稀缺性，使其具备商品价值和可交易的可能；二是实施庇古税（即污染者付费），政府根据污染危害程度向排放者征税，用税收来弥补排放者私人成本与社会成本的差距，再通过市场机制分配环境资源①。生态系统服务与环境污染问题本质相通，无论是对生态系统服务进行产权（所有者权益）界定，使其具有某种稀缺性的商品交易价值，还是对其使用（受益）者征收税金或费用，实质上都在一定程度上实现了生态产品的经济价值。环境经济学研究的另外一个重要领域就是资源环境的“公地悲剧”问题，如果一种自然生态系统不属于任何个人所有，而是共同所有，那么它就有被过度利用直至衰退恶化的风险。解决这一问题除了上述产权交易和政府税收以外，政府直接控制也是一种重要手段，就是在确定生态系统服务功能被利用的强度及数量基础上，采取诸如用途管制、许可配额、管控标准等办法对其进行管理，而这些管理也就赋予了生态产品的交换价值可能，如许可证交易、配额交易、排污权交易等。当然，这些措施方法都不是单纯的市场行为，需要健全的行政管理制度予以保障。

环境经济学中的自然资源核算方法也对生态产品的价值实现有重要参考作用。与适用于自然资源实体核算的账户法相比，资源效率分析法可能更加适合相对抽象的生态产品的价值核算。就是将生态产品的耗用与经济增长联系起来，并将其计入经济成本。具体可用3个指标来测度②：①生态容量即单位产品中某种生态产品的含量，如每亩草原中生态畜牧产品的数量；②投入产出率即单位数量的生态系统所能支持的经济产品或服务数量，如单位面积的国家公园利用区的门票收入；③生态利用强度即对可更持续利用的生态系统的索取强度，如单位海域的捕捞强度或养殖强度等。通过核算，不仅可以衡量生态产品价值及其消耗程度，还可以为其他价值实现方式及相应的政府行政管理提供基础依据，这些方式包括收费、拍卖、征税、生态补偿、环境信贷、环境责任保险，以及补贴、税收优惠等财政激励措施。

（五）生态系统与生物多样性经济学

近年来，国际社会发起了生态系统与生物多样性的经济学（以下简称TEEB）理论与实践探索，它综合了生态、经济和政策领域的专业知识，是生态系统与生物多样性服务价值评估、示范与政策应用的综合体系，为生态系统与生物多样性的保护和合理利用提供经济学方法与手段。目前已有30多个国家进行了研究示范。2013年环境保护部启动了我国TEEB进程，与中国科学院共同编制了《中国生物多样性与生态系统服务价值评估行动方案》，旨在建立适用于中国的TEEB方法体系，宣传生物多样性价值，开展地方示范和案

① 刘学敏：“从庇古税到科斯定理：经济学进步了多少”，《中国人口·资源与环境》2004年第3期，第131-134页。

② 陈喜红主编：《环境经济学》，化学工业出版社2006年版，第65-69页。

例研究，推动生态系统服务和生物多样性的价值主流化。[①]

值得指出的是，TEEB 特别关注了工商界在生态系统和生物多样性中的作用，包括其影响和获益，并鼓励工商界在生态系统服务中寻找商机，如降低成本、开拓新产品与新市场等。与其类似的，联合国环境规划署也发起了“绿色经济行动（UNEP-GEI）”。在此基础上，国际上正在发展“生物多样性商业”这种新的经济业态[②]，即工商企业通过保护生物多样性、可持续利用生物多样性资源并从中公平地分享惠益等活动获得利润。这种经济业态将生态系统服务与市场和企业行为关联起来，在推动人类生产经营活动应减少对生态系统的影响和破坏的同时，一方面主张政府取消过度利用生态系统服务的各种补贴，并将其利用在补偿不能市场化交易的那部分服务中；另一方面鼓励企业开拓生态系统服务新市场（如碳交易）、新产业（如生态系统修复产业）、新产品（如生态产品与服务），以及生态领域新技术（如深海基因资源勘探）等，使生态系统保护更加主流化，生态系统服务具有真正的市场经济价值。

二、生态系统物质产品和文化旅游服务的价值实现途径

在理论上，生态系统服务功能具备转化为生态产品的经济价值。在实践中，国内外都有将生态产品价值实现的成功经验。特别是对自然生态系统提供的物质产品和文化旅游服务，较为容易实现市场交易。因此，对于这类生态产品的价值实现途径，关键在于如何提升和扩展其市场。随着人类物质和精神产品的极大丰富，消费者越来越意识到生态环境的重要性，更多地倾向于选择生态产品。对此应顺势而为，按照习近平总书记所指出的“要结合推进供给侧结构性改革，加快推动绿色、循环、低碳发展，形成节约资源、保护环境的生产生活方式”要求，利用生态系统本身所体现出的独特性和稀缺性，增加生态产品的有效供给，提升生态系统物质产品和文化旅游服务的价值，打好“生态牌”“绿色牌”。

（一）建立推广生态标识制度

依托自然生态系统可以生产大量的物质产品，包括食品、木材、矿泉水、天然纤维、天然皮革、工艺品等，其产业也涵盖了农业、渔业、林业、建材、服装、箱包、手工业等。这些产业为了提高产品市场竞争力，已将“生态”作为重要的附加概念。但是现在市场上所谓的生态产品、环保产品、绿色产品品目繁多、鱼龙混杂，是否带有真正的生态因素或者以生态友好的方式生产，必须经由权威机构认可。否则，由于市场混乱侵害了真正生态产品的权益，也挫伤了生态产品生产和消费的积极性，最后影响到生态产品的价值实现。正如习近平总书记所指出的，“绿色生态是最大财富、最大优势、最大品牌”，如何把这个最大品牌树立起来？建立推广生态标识制度就是一种重要手段，可以通过严格规范的产品认证确保真正的生态产品进入市场。

从世界范围来看，近年来生态相关的产品认证发展迅猛、市场广泛，特别是在林产品

---

① 杜乐山、李俊生、刘高慧等：《生态系统与生物多样性经济学（TEEB）研究进展》，《生物多样性》2016 年第 6 期，第 686-693 页。

② Addison P F E, Carbone G, McCormick N, “The Development and Use of Biodiversity Indicators in Business: An Overview”, IUCN, Gland, Switzerland, 2018, pp. 1-14.

和海洋水产品方面的认证或者标签已经广为推广。前者包括森林管理委员会（FSC）认证、森林认证体系认可计划（PEFC）认证、雨林联盟（RA）认证等，这些认证通过全面系统的审核，确保获得其认证的商品符合保护生态环境的严格准则。后者如海洋管理理事会（MSC）认证、海洋水族馆理事会（MAC）认证等，分别对海洋水产品和水族品进行整个供应链的认证，以确保其是以可持续和负责任的方式所生产和管理的。预计到2050年，全球认证的有机农业、生态保护农业方面的市场可达9 000亿美元，经认证的森林生态产品市场可达500亿美元①。

我国目前有富有特色的地理标志商标认证，其中也蕴涵着有效利用当地自然资源特色的因素，是人们追求天然绿色消费的理想选择。一般来讲，带有地理标志商标的农产品价格普遍比同类产品价格高出20%~90%。因此，为了提升生态产品的附加值和可信度，可以积极利用地理标志商标等认证制度，并在其原有自然地理特性的认证标准与认证程序基础上，补充和完善更多的生态要求和生态特色，使其进一步增加生态附加值。特别是依托国家公园等保护地区域所产出的生态产品，可以采取保护地特许标志的形式，不仅增强了产品的生态特色，还为保护地管理补充了资金来源。当前，我国还有沿用国际相关生态认证体系的产品与服务，如有机农产品认证、ISO14000环保服务认证等，但是其生态因素还不突出，消费者认同度也有待提升。对此，在继续扩大和深化现有生态认证市场的同时，还应积极推动我国生态产品通过国际通行的相关认证体系，如全球社会和环境标准协会（ISEAL），该组织囊括了许多可持续性标准和认证计划②，包括公平贸易标签组织国际（FLO）、森林管理理事会（FSC）、国际有机农业运动联合会（IFOAM）、国际有机认证组织（IOAS）、国际有机和可持续认可服务（IOAS）、海洋水族馆理事会（MAC）、海洋管理理事会（MSC）、雨林联盟（RA）和社会责任国际（SAI）等，全球社会和环境标准协会的关键作用之一是对不同的可持续性标准进行管理、核实和评估方面的协调。

（二）引导公众生态友好的消费理念

无论推广是否经过认证的生态产品，最终的效果都在于其市场表现，特别是在其价格通常高于同类的非生态产品的时候。此时，引导和提升消费者对生态产品的接纳程度就显得尤为关键。习近平总书记指出，“要强化公民环境意识，倡导勤俭节约、绿色低碳消费，推广节能、节水用品和绿色环保家具、建材等，推广绿色低碳出行，鼓励引导消费者购买节能环保再生产品”。因此，要通过广泛深入地宣传教育，积极改变公众传统消费方式，引导他们更多地树立绿色的消费理念，愿意购买更多的生态产品。例如，近年来欧美地区服装业掀起了生态纤维、自然纤维的热潮，越来越多的天然纤维材料如皮玛棉、羊驼毛、马海毛、竹纤维、玉米纤维、木浆纤维、莫代尔纤维及其混纺物被应用，这些依托林木、作物、牲畜的生态产品替代了人造化纤品，不仅在生产方式上减少了环境污染，也在原料供给上增加了生态产品的销路。这种时尚引领的消费模式，促进了生态产品被广泛接受。

① TEEB, The Economics of Ecosystems and Biodiversity in Business and Enterprise, Edited by Joshua Bishop, Earthscan, London and New York, 2012, p. 167.

② 同①，p. 163.

在推动个人消费者观念转变的同时，还要积极促进各类零售商、制造商等采购和生产更多的生态产品，在其供应链和产品周期全过程中优先利用生态产品。目前，国际知名的消费品牌如星巴克、宜家、沃尔玛等，都在广泛采购经过生态标识认证的咖啡、家具、食品等产品。例如世界最大的零售商沃尔玛，与全球水产养殖联盟（GAA）和水产养殖认证委员会（ACC）合作，对其采购的国外进口虾均要求达到美国“最佳养殖实践”的标准，对新鲜和冷冻的捕捞鱼均要求通过海洋管理理事会（MSC）的认证①。借鉴国外经验，中国也应鼓励各类工商企业积极采购销售或使用生态产品，打通生态产品从生产者到最终消费者之间的渠道障碍。结合当前实际，可以在两个方面重点发力：一是推行生态产品的政府采购制度，规定政府机构优先或强制采购绿色生态产品；二是促进知名电商建立实施生态产品采购销售策略，广泛设立生态产品销售平台。

（三）依靠科技创新发掘生态产品

生态系统所能提供的产物中，其价值往往因为人类科技水平的限制还没有得到充分挖掘，例如对人类健康有巨大保障作用的生物天然产物和基因资源等。因此，利用现代科技手段不断发掘生态系统产物的有用价值，也是生态产品价值实现的重要途径。在这方面，制药产业、食品加工及育种业、兽医业、植保业、园艺业、保健品、化妆品产业大有作为。据美国有关方面统计，其价值6 400亿美元的制药市场中有25%～50%来源于生物基因资源②。利用现代生物技术，可以从大量的野生生物资源中挖掘提炼出种类繁多的活性物质，并在上述产业中广泛应用。例如，德国拜耳公司研发的血糖控制药物拜糖平年销售额高达40亿美元，其中的活性成分是阿卡波糖，这种天然物质就是由原产自肯尼亚土壤中的微生物菌株所产生的。③

值得指出的是，我国传统中医药博大精深，其中大量应用了生态系统天然产物，应用现代生物医药科技手段加以提炼改造，可以重现许多类似青蒿素这类诺贝尔奖级的药物产品，其生态产品价值潜力不可估量。此外，随着海洋科技的进步，埋藏在深海的生物遗传（基因）资源也将得到逐步开发，海洋生态系统所能提供的产品将极大地造福人类，而且我国目前深海探测技术与发达国家基本持平，因此在该领域的前景也不可限量。当然，生物遗传资源及天然活性物质的勘探、研发、交易等商业化过程，受到多种知识产权方面的国内外商法约束，《生物多样性公约》对国家之间公平地分享遗传资源所产生的惠益制度也做出了规定，而属于国家管辖海域以外的深海生物资源，还受到《联合国海洋法公约》的管控。因此，涉及这些领域的生态产品价值实现，需要善于利用相关国内外法规制度，以合法方式获取生态产品的专利、惠益分享等经济利益。

（四）培育拓展生态文化旅游服务产业

习近平总书记指出，“如果各方面条件都具备，谁不愿意到绿水青山的地方来投资、

① TEEB, The Economics of Ecosystems and Biodiversity in Business and Enterprise, Edited by Joshua Bishop, Earthscan, London and New York, 2012, p. 55.

② 同①，p. 148.

③ 张善宝：《浅析国际海底生物资源开发制度的构建》，《太平洋学报》2016年第3期，第1-9页。

来发展、来工作、来生活、来旅游？从这一意义上说，绿水青山既是自然财富，又是社会财富、经济财富”。尽管与有型的物质产品相比，生态系统所提供的文化旅游方面的服务不太容易直接实现其经济价值，但是只要创造好各方面条件，也能将丰富的自然财富转化为巨大的社会财富和经济财富。千姿百态的大自然吸引着人们去欣赏游玩，也激励着人们去探索征服，这就为旅游休闲和户外体育等活动提供了广阔天地，伴随而来的是生态文化旅游服务产业的兴起。在促进和开发生态文化旅游及户外体育产业方面，地方政府和有关部门制定实施了一系列政策措施并取得良好效果。与此同时，也要清醒地认识到人类活动不可避免地对生态系统造成影响和破坏，因此处理好保护生态和产业开发的关系，是发展生态文化旅游服务产业的核心问题。

为了培育和拓展生态文化旅游服务产业，可按照生态保护区域性质实施分类指导。对于在国家公园等自然保护地中适度利用区内的生态旅游活动，在保护地管理机构严格管控的前提下，可以实施特许经营制度，并将其资金收益弥补保护地管理支出。特许经营权应通过公开拍卖由竞价高者获得，以此使生态文化旅游价值实现经济效益最大化。对于其他一般生态区域，要积极发掘和开拓其自然景观价值潜力，营造更加便利的交通和设施条件，并加大市场营销力度，就近吸引公众游憩。此外，还应利用好国际生态旅游组织的平台和网络，如国际生态旅游协会（TIES）和旅游可持续理事会（TSC）等，吸引更多国外游客到我国的自然景观中体验生态旅游。通过大力推动生态旅游产业发展，实现生态系统文化旅游服务的经济价值，真正把绿水青山转变为金山银山。

三、一般生态系统服务的价值实现途径

生态系统所提供的调节自然要素的服务和维持地球生命条件的服务十分重要又无处不在，如水源涵养、净化水质、防止水土流失、维持野生动物栖息地等等，在此将其通称为一般生态系统服务，以区别于生态系统所提供的物质产品和文化旅游服务。与后者相比，一般生态系统服务功能在通常条件下很难转化为经济价值。尽管如此，在科学合理的社会经济制度设计下，还是能够通过市场或政府这“两只手”推动其价值实现。

（一）一般生态系统服务价值的市场实现机制

将一般生态系统服务通过市场实现其经济价值，必须遵循市场经济结构和规则，否则是无法成功的。例如，全球昆虫传粉对农业的贡献至关重要，但是世界上却不存在一分钱的传粉市场。其原因就在于昆虫传粉活动无法构造一个交易市场，即没有一个人类主体作为生产者去维持或营造昆虫传粉活动，也没有一个农户作为消费者来支付一笔作物授粉的费用，当然也就没有昆虫传粉交易的市场。由此可见，欲使一般生态系统服务通过市场实现其经济价值，需要特定的制度设计构建出人类生产者、消费者和市场交易平台。

（二）人类生产者及其提供的生态产品

本来，生态系统自身才是生态产品真正的生产者。但是，为了将生态产品纳入人类社会经济体系实现其经济价值，就必须有人类作为主体的生产者。这种人类生产者虽然并不直接生产出生态产品如天然清洁水或吸收二氧化碳，但是他们却贡献了自己的劳动以维持

和营造生态系统正常和健康的服务功能，保障了生态系统持续地产出生态产品。例如，某一群体在荒山上种植了树木，或者某一社区居民管理维护一片自然保护地，都能够让自然生态系统调节自然要素和维持生命条件的服务功能得到增强。这些过程在某种程度上都是生态产品的人类生产过程，也就是说这些人类群体通过劳动付出提供了生态产品，也因此具备了出售其生态产品的可能。

综合来看，人类生产者所提供的生态产品包括但不限于：自然保护、生态修复、水源维持、植树造林等。这些生态产品都维护了或增强了自然生态系统的服务功能，比如通过森林植被修复、海岸带与近海蓝碳修复等生态修复工程，增加了植物二氧化碳吸收能力以抵御气候变化。值得指出的是，有一种特殊的生态产品提供过程，即付出发展机会成本的行为。例如，为了维护水源地清洁，其所在地群体放弃了建立工厂的机会，虽然这种行为避免了水源遭受污染，但在客观上也让当地群体失去了因建立工厂而带来的经济利益。类似性质的还有渔业捕捞权、水资源权等。从经济协调发展和维护社会公平角度，理应对特定群体失去发展机会的成本予以补偿。

（三）消费者及其消费激励机制

既然有了特定人类群体承担着生态产品提供者的角色，那么这些生态产品又由谁且为什么来购买？通常来讲，对于这些一般生态系统服务性质的生态产品，既不像生态系统物质服务一样能获得实际物品、又不像文化旅游服务一样可以从中获得旅游享受，所以个人或机构是没有意愿花钱购买的。为此，必须通过制度设计建立激励机制，鼓励引导或者强制要求相关个人或机构来购买。

鼓励引导的是自愿消费者，这些个人或机构往往并不是一般生态产品的直接受益者，但是出于对自然的热爱或者树立企业良好社会责任的形象声誉等目的，会以捐赠等形式自愿购买生态产品。例如，总部在杭州的阿里巴巴集团，捐赠了大量资金支持远在几千千米以外的内蒙古阿拉善的农牧民治理沙漠，而由治理沙漠带来的减少沙尘暴这种生态产品，实际上在杭州是基本感受不到的。但是阿里巴巴集团这一行为获得了社会赞誉，企业的良好形象将有助于提高其商业竞争力。万豪国际酒店集团在巴西支出 200 万美元保护 59 万公顷受威胁的热带雨林，为每个当地家庭提供每月 25 美元来保护森林，通过这一行为来部分抵消万豪每年 300 万吨二氧化碳排放，这一举措使万豪赢得了许多可持续发展奖项包括世界旅行奖，提高了该集团在国际旅游市场中的地位①。此外，还有机构自愿消费的形式是采取直接投资租赁个人或集体有一定自然保护价值的土地，之后自行开展生态保护与管理活动，从而生产出生态产品。

强制要求的是受益消费者，也就是一般生态产品的直接受益者。通过制定实施法规，强制规定这类消费者必须来支付他们所获得的生态产品。在实际操作中，强制企业支付的往往不是其获益的生态产品，而是由于其经营活动造成生态服务功能下降的补偿费用。典

① TEEB, The Economics of Ecosystems and Biodiversity in Business and Enterprise, Edited by Joshua Bishop, Earthscan, London and New York, 2012, p. 161.

型的如美国“湿地补偿银行”制度①，某些专业的生态修复公司可以将其修复好的湿地以面积为单位，在“湿地补偿银行”登记为可交易的生态产品，而根据法律规定当某家开发商占用湿地时，必须要恢复同样面积的湿地，这时这家开发商就可以到“湿地补偿银行”购买相应面积的湿地，用其抵消恢复责任。显然，这种制度设计真正使生态修复成果成为了可以交易的生态产品，同时发挥了生态修复公司的专业优势，提高了效率与公平。还有一种特殊的生态产品“消费”方式就是生态赔偿，开发企业往往由于管理不善或发生污染事故，对生态环境造成了破坏进而影响了生态产品的生产，对此通过法规规定或公益诉讼所认定的企业责任，要求其向生态环境所有者付出赔偿资金，以弥补其生态产品损失。

（四）培育生态产品交易市场

从理论上来讲，将生态系统服务进行“市场化”从而使生态产品通过市场交易实现经济价值，本质上就是将“自由”获取的生态系统服务或者生态系统在开发活动中所付出的代价，进行“内部化”的过程。从实践上来讲，确定了生态产品的生产者和消费者以后，需要特定的市场机制实现其交易过程。为此，需要建立统一规范开放的生态产品市场交易平台。

建立生态产品市场交易平台，需要明确界定生态产品的资产性质类别、高效合理的审批流程、适度的交易成本、完善的知识产权保护制度、广泛而受监督的核查监管体系，有时甚至需要专业的中介服务如行业协会、认证机构等。这种综合的生态产品交易所，将生态产品的生产者和消费者等市场主体集中在一起进行市场交易。市场将通过价格信号为处于竞争中的市场主体指示方向，通过竞争迫使市场主体对价格信号做出反应，从而实现公平交易和效率最大化。

在生态产品的市场交易过程中，投融资渠道或者生态“投资者”的作用十分重要。为此，应鼓励建立专门的绿色金融投资，例如国际上已成立的 Verde 风险投资（Verde Venture）、生态企业基金（Eco-Enterprises Fund）、根资本（Root Capital）等，都为中小企业的生态产业活动提供资金支持，如有机虾、有机香料、通过森林认证的家具、不施杀虫剂的花卉、天然棕榈果饮料等②。此外，除了直接的现金投入，进入生态产品交易平台的投资，还可包括拍卖、赠款、担保等方式，而商业银行提供低息贷款也是一种有用的手段。

全球正在形成巨大的生态产品交易市场。由“减少毁林和森林退化造成的碳排放（REDD+）”“清洁发展机制（CDM）”“绿色发展机制（GDM）”等创新金融机制所推动的碳交易额，按照世界银行预测，2020 年全球预计可达 3.5 万亿美元。③ 此外，在国际范围内，通过政府强制或企业自愿的方式，已经为生态系统各项服务如水生态服务、流域管理、保护生物多样性等支付了大量费用。

通过市场机制推动生态产品价值实现，可以实现其生产者和消费者双赢的盈利模式。因为与一般商品市场一样，在此，市场同样发挥了公平高效配置资源的决定性作用。市场

① 李京梅、王腾林：《美国湿地补偿银行制度研究综述》，《海洋开发与管理》2017 年第 9 期，第 3-10 页。

② TEEB, The Economics of Ecosystems and Biodiversity in Business and Enterprise, Edited by Joshua Bishop, Earthscan, London and New York, 2012, p. 145.

③ 倪元锦、王迪迩：《碳市场蓄势待发》，《金融世界》2016 年第 6 期，第 86-87 页。

机制具备竞争性、灵活性、推动技术创新、减轻政府资金负担等多种优势。

（五）政府作为公众利益代表购买生态产品

生态产品特别是一般生态系统服务所产出的生态产品，具有普遍的公益性，因而政府作为公众利益的代表，应该主动购买这些生态产品并作为公共服务提供给社会公众。尽管市场机制具有优势，但是这并不能替代政府的责任。大量无法通过市场交易实现其经济价值的生态产品，还是要通过政府投资来扩大其供给并实现其价值。

政府购买生态产品的方式多种多样，概括来讲主要有以下类型。一是转移支付和以工代赈，这是最常用和成熟的政府财政投入方式，直接将资金按照特定的标准拨付给生态产品的生产者。二是相关生态性质的补贴，例如退耕还林补贴、植树造林补贴、水产增殖放流补贴等，对从事上述这些生态建设活动的个人或集体按照其完成的工作量予以补贴。三是生态补偿，往往按照流域上下游地区之间水资源的分配额度，由下游所在地政府向上游地区政府支付资金，以维持稳定洁净的水资源供应。四是依托林权或水权的赎买、租赁、置换、地役权合同等方式，流转集体土地、经济林、水源地，恢复和扩大自然生态空间。五是生态保护管理协议，对承包特定区域开展生态保护与管理的个人或集体，通过协议方式支付管护经费。六是生态修复工程资金投入，按照习近平总书记“要实施重大生态修复工程，增强生态产品生产能力”的指示精神，大力组织开展生态修复工程，并通过公私合营（PPP）或工程采购施工（EPC）等模式，由政府向生态修复工程承包商让渡一定利润空间。七是财税优惠政策，即对生态保护和修复等生态产品生产者予以税收减免或提供补助金，推动其适度盈利以实现持续发展。

上述各种激励措施均可让提供生态产品的个人和集体获得政府资金支持。与此同时，还有类似于生态赔偿的反向的抑制措施，是指政府对直接或间接导致生态系统服务功能下降的活动或行为，实施惩罚的措施，包括使用费、生态损害罚款、污染责任险等，例如2011 年渤海蓬莱 19-3 油田溢油事件中责任方缴纳的巨额生态损害赔偿费用，就是带有警示作用的抑制措施。这些抑制措施一方面增加了政府在生态建设领域的资金来源，另一方面通过对破坏者的经济惩处，也体现了生态系统服务的价值所在。此外，消除负面的政府激励措施也会有利于生态产品的产出，例如通过减少不利于生物多样化的化肥农药补贴、近海渔业捕捞补贴等，将会鼓励和引导科学施肥用药、生态养殖等生态产品的生产。

值得指出的还有政府对生态产品的生产者个人的劳务补助，特别是对于生活在生态保护价值高且贫困地区的群众来讲，这是实现贫困户增收和生态建设双重效益的措施。正如习近平总书记所指出的，“结合建立国家公园体制，可以让有劳动能力的贫困人口就地转成护林员等生态保护人员，从生态补偿和生态保护工程资金中拿出一点，作为他们保护生态的劳动报酬”。

除了一般预算安排以外，本着“取之于生态、用之于生态”的原则，可将以下领域的资金作为政府购买生态产品的资金来源：矿产资源补偿费、土地损失补偿费、育林费、林业基金、行业造林专项资金、城镇土地使用税、耕地占用税、资源税、资源综合利用基金、清洁生产基金、环保产业基金等。①

总之，无论是通过市场还是政府，通过特定的制度设计，不仅可以促进生态产品的价值实现，还可以推动形成新的经济增长点。

四、生态产品价值实现的基本条件

从产权和市场化入手并完善管理体制，是保障生态产品价值实现的重要措施。在生态产品价值实现中，市场机制具有重要的发展潜力和优势，通过市场机制不仅可以实现生态产品的高效公平交易，而且凸显了企业在生态保护修复中的责任，因此应该是今后着力推动的方向。同时，政府几乎拥有或管控着所有重要的生态性资产，包括山地、森林、草原、湿地、湖泊、河流、海岸带和专属经济区等，这就意味着政府在生产、维持、保护和管理生态产品方面承担着更大的责任。对此，需要进一步发挥好政府职能，正确处理好政府和市场的关系，在提供公共生态产品领域，落实指导责任、管理责任、监督责任、保障责任，发挥好市场机制和政府责任在生态产品价值实现中的两个积极性。

（一）健全政策法规

在全社会确立“生态有价”的观念，是推动生态产品价值实现的首要前提。要在全社会广泛宣传生态系统服务的重要性以及生态产品获取的有偿性，使公众不仅领会到珍惜自然、保护生态的重大意义，而且还认识自身可以直接或间接地参与到生态产品的提供、维护和使用中。政府主管部门在相关制度设计上，要努力把生态系统服务“无偿免费”的这一“外部性”，纳入企业经营成本或收入中从而使其“内部化”，例如税收或许可证政策可用于企业损害生态系统服务（负外部性）的内部化，而免税或补贴政策则可用于鼓励企业保护修复生态系统（正外部性）的内部化。

科学合理的生态资源利用政策，是生态产品价值实现的重要基础。习近平总书记指出，“要建立反映市场供求关系和资源稀缺程度、体现生态价值、代际补偿的资源有偿使用制度和生态补偿制度”。为此，政府主管部门首先要根据生态价值科学合理确定生态产品开发的边界，避免两个政策极端：一方面是放松管制，致使个人或企业以开发生态产品的名义一哄而上，造成有重要生态价值的区域、生态系统或野生生物物种等遭受破坏；另一方面则是过分严格，以严格保护生态名义“一刀切”禁止个人和企业开发任何生态产品，这就使生态产品毫无价值实现机会可言。对此以国家公园为例，既要避免以旅游开发而不是保护生态为目的选划国家公园，从而使重要生态区域遭受旅游活动破坏；也要避免将国家公园所有区域全部划定为禁止利用区，使得生态旅游活动没有任何发展空间。处理好这一问题的关键就是科学合理、实事求是地制定实施好空间规划、用途管制、野生动植物保护利用等政策。

政府主管部门要制定实施扩大生态产品实物供给和产出空间的政策措施。例如，通过大力建设生态牧场、海洋牧场，增加在生态系统支持下的绿色畜牧、绿色水产品产出；通过组织开展植树造林、污染治理，增强生态系统涵养水源、清洁水质的服务产品。同时，

① 金瑞林主编：《环境与资源保护法学》（第三版），高等教育出版社 2013 年版，第 177-178 页。

生态补偿政策是合理调配生态产品空间布局的重要手段，要抓紧明确生态补偿政策的具体领域、实施区域、补偿标准、补偿渠道、补偿方式以及监督考核等内容。

统一规范的市场交易政策，是扶植生态产品实现经济价值的关键措施。生态产品具有公益性、收益低、周期长等特点，其价值实现离不开良好的市场机制，为此政府要积极制定统一规范的生态产品市场交易政策。这些关键政策措施包括：一是合理的价格政策，要传递准确的市场信息和价格信号，引导调节合理的市场预期，防止生态产品价格过高而限制了对其的需求，或者太低而造成生态资源浪费；二是防止垄断的政策，维持充分的市场竞争，否则可能导致生态资源配置扭曲，并损害消费者的利益；三是降低交易费用的政策，运用数字技术打通信息扭曲或不对称的屏障，使买卖双方便捷地了解生态产品质量及相对价格，简化谈判、协商和签约程序，杜绝交易费用超过交易收益的情况发生。

创新建立绿色金融政策，是社会资本投资生态产品实现稳定回报的重要保障。习近平总书记指出，“要加快发展绿色金融”，为此要建立绿色金融对生态产品价值实现的支持保障机制。一是发展绿色信贷，银行业等金融机构要加大对生态产品生产者的信贷支持，创新贷款贴息、融资担保等金融扶植政策。二是鼓励绿色风投，银行基金、风险投资公司要积极为生态产品项目提供投资资金和融资，探索建立社会资本主导的生态系统服务投资基金。三是推动绿色证券，合理引导技术创新、管理规范的生态产品生产企业上市交易。四是发展绿色保险，对在重点生态保护区域周边的开发活动，探索实行生态环境污染破坏强制责任保险制度。同时，建立符合生态产品交易特点的信贷管理与监管考核制度，健全统一规范的生态环境公益诉讼、损害赔偿诉讼专项资金的管理、使用、审计监督制度。

加强开发与保护政策协同，走出扶贫攻坚与生态产品价值实现的双赢之路。习近平总书记指出，“许多贫困地区一说穷，就说穷在了山高沟深偏远。其实不妨换个角度看，这些地方要想富，恰恰要在山水上做文章。要通过改革创新，让贫困地区的土地、劳动力、资产、自然风光等要素活起来，……让绿水青山变金山银山，……不少地方通过发展旅游扶贫、搞绿色种养，找到了一条建设生态文明和发展经济相得益彰的脱贫致富路子，正所谓思路一变天地宽”。为此，要在生态产品价值实现过程中，将扶贫作为优先考虑因素，尤其要重视边远地区基层社区的扶贫问题。对此有一个生动事例，北京大学山水自然保护中心在四川平武县关坝村实施了“熊猫蜂蜜”项目①，引导当地贫困农民减少放羊以保护熊猫栖息地，并引入蜜蜂养殖，养蜂人同时兼任生态养护员。良好的生态酝酿出天然优质的蜂蜜，冠以“熊猫蜂蜜”的生态品牌打入高端市场，在显著增加农民收入的同时，切实保护了当地生态，实现了习近平总书记所提出的，“让有劳动能力的贫困人口实现生态就业，既加强生态环境建设，又增加贫困人口就业收入”。

制定和完善法律法规，依法推动生态产品价值实现。无论是推动市场手段还是通过规范政府职能，在生态产品价值实现过程中离不开法规的约束和规范作用。如果没有法律法规强制生态产品直接受益者需要支付费用，一般生态系统服务产品很难靠企业自愿购买。同样，生态赔偿、生态补偿、财税调节等生态产品价值实现措施，也都需要相应的法规制

---

① 李梦姣、冯嘉雪、李芯锐等：《小蜜蜂助力大熊猫保护》，《人与生物圈》2016 年第 5 期，第 38-42 页。

度。另一方面，规范生态产品市场交易的当事人责任、产权所有者权益、交易规则程序、金融投资等，与一般商品交易市场相比也有其特殊性，需要制定专门的法规制度予以规范监管。

（二）明确所有者权益

生态产品的所有者权益既有一般的商品特性又有特殊的公益属性。市场机制有效运作要求商品的产权明晰、排他、安全及可交易。如同一般商品一样，生产者对其提供的生态产品拥有特定的产权，消费者购买之后在某种意义上就是购买了这种产权，因此生态产品的产权是其市场交易的前提条件。如果没有受到法律保护的产权，生态产品就不可能持续公平地实现其经济价值。同时又与一般商品所不同的是，考虑到生态产品的公益性，其所有者权益不仅受到法律保护，还受到法律制约，比如所有者不能因为拥有了生态产品产权就可以对其肆意处置甚至破坏，因此该权益必须附具生态管理条件，底线是不得降低生态系统服务功能。

建立完善明晰的生态产品产权制度。生态产品的产权问题遵从制度经济学的一般规律，应具有以下要求：一是普遍性，即生态产品必须为明确的主体所拥有，其全部的权利和责任必须完全由法律明确规定；二是排他性，即生态产品的所有者具有排他的使用权和收益权，否则任何人可以随意获取则其经济价值趋向为零；三是可转让性，即生态产品的产权可以通过市场来平等和公平地处置、交易和转让；四是强制性，即生态产品所有者的权益得到法律保护，免于他人侵占。[①] 只有具备以上四个基本要求，生态产品的生产者才有动力去持续高效地提供生态产品，消费者才有积极性购买生态产品。否则，就会产生不确定性，进而打击人们对生态产品进行投资、保护、管理、交易的积极性，其价值实现就会大受影响。

生态产品产权应以生态空间确权为基础。通常来讲，任何一类生态系统都占有一定的空间，将生态系统所处空间有效维护起来，也就维持了该生态系统的服务功能。因此，以生态空间为依托界定生态产品的产权，是行之有效的合理办法。这种方式至少具有三个优势：一是简便易行，因为生态系统依托的自然保护地、山林、草原、湿地、河流等地理单元的空间边界易于识别和测量；二是便于管控，可以与国土空间规划和用途管制有效衔接，将生态空间管理好也就管理好了生态系统；三是体制衔接，根据宪法和法律，除了一些农地和林地等为集体所有以外，绝大部分国土空间为国家所有，也就意味着绝大多数生态空间也为国家所有，其所有者权益可以通过使用权、特许经营权等派生的产权所体现，这就为生态产品的产权交易提供了法律和体制依据。

科学合理确定生态产品的所有者权益。在生态空间统一确权登记的基础上，针对特定的生态产品，需要完善规则与程序，制定实施合理的所有者权益制度。首先，政府应鼓励个人、集体和企业等通过缴费、租赁、置换、赎买等方式取得生态空间的使用权、配额或特许经营权，并投资于生态产品的供给，搞活生态产品市场。其次，要处理好生态产品产

---

① 杨海龙、崔文全：《资源与环境产权制度研究现状及“十三五”展望研究》，《环境科学与管理》2013 年第 11 期，第 30-34 页。

权与土地使用权、林权、探矿权与采矿权、海域及海岛使用权、水资源产权、水域滩涂养殖捕捞权等其他自然资源权属的关系，避免重叠交叉确权，对此应本着生态保护优先的原则，在可能发生冲突时优先生态空间的确权，或者在互不影响的前提下，探索实施三维立体确权。[①]

（三）科学评估生态产品价值

有效发挥政府在生态产品价值评定中的引导作用。通过市场价格信号可以对一般商品的经济价值最终做出合理的判定。但是对于生态产品，特别是一般生态系统服务所提供的生态产品，单纯依靠市场价格信号具有很大的局限性和不确定性。为此，政府应该发挥引导指导作用，建立统一规范的生态产品评价定价规则。政府部门要建立完善生态产品分等定级价格评估制度和资产审核制度。同时，在评估企业开发活动“外部性”成本效益的基础上，明确生态补偿、赔偿的标准和基线。

探索建立规范高效生态产品价值评估程序。分类分级界定生态产品对象，既包括物质产品、文化旅游服务，也包括一般生态系统服务所提供的生态产品，准确评估生态产品的实物量、价值量及质量。依据生态系统服务价值理论和环境经济学理论，针对不同的生态产品对象，选取合适的价值评估方法进行分类核算。结合生态系统自身演变和生态产品交易情况，对生态产品的增减进行跟踪监测，掌握整体变化情况。建立统一权威的信息发布和共享机制，为市场提供准确的价格信号参考。

建立完善生态产品认证制度。为生态产品的市场交易提供保证，必须发挥政府权威作用，制定生态产品认证标准和认证程序，并对认证机构实施认可和核查，以维护良好的市场环境。生态产品认证除了符合通行的质量管理体系要求以外，需要注重生态特色，确保该类产品由生态系统服务功能所产出或提供，其产出过程中对生态系统自身没有造成负面影响，需要谨防打着生态的标志实质是破坏生态环境。例如，家居市场充斥着所谓的“天然”“绿色”产品，尽管其原材料确实属于天然林木，但却是乱砍滥伐所得，因此此类认证属于伪生态产品认证。进一步讲，对社会认证机构开展生态产品认证，既要积极鼓励以广泛培育市场，又要严格监管防止认证泛滥。

利用信息技术拓展生态产品技术服务。运用大数据和互联网等信息技术，在生态系统结构和功能研究基础上，既考虑生态学指标又考虑社会经济指标，以此构造生态系统服务与其经济价值之间的函数关系。评估区域生态系统服务功能效益，并以空间网格化的方式计算区域生态产品实物量或价值量，在此基础上优化形成生态产品交易的参考标准，并将数据和评估结果以开放共享的信息化平台提供给市场和公众。

（四）建立部门协调机制

自然资源主管部门发挥生态产品价值实现的引导职能。生态产品价值实现涉及生态文明建设多方面的政策规划与法规制度，其中与自然资源部门的职能关系最为广泛和密切，要创新激励约束并举的政策措施，发挥好政府和市场两种积极作用。一是通过调查监测评

---

① 徐敬俊：《海域空间自然资源的立体分布特征与其资产化管理路径探索》，《太平洋学报》2019 年第 4 期，第 91-104 页。

价摸清生态系统基本状况，掌握生态系统服务情况，为生态产品价值实现提供数量、质量和分布等基础信息。二是履行自然生态系统的全民所有者职责，为生态产品所有者的各类权属进行分配管理，并予以确权登记，依法维护生态产品所有者权益。三是组织生态产品分等定级价格评估，建立完善生态产品交易规则和交易平台，指导建立生态产品价格体系，监督规范其出售、划拨、出让、租赁等市场活动，依法收缴生态产品收益。四是制定生态产品开发利用政策，通过空间规划确定生态产品开发的控制线，通过空间用途管制明确生态产品的保护与利用要求，合理调配生态空间的用途转用。五是组织开展生态修复，扩大生态产品供给能力，制定合理利用社会资金进行生态修复的政策措施，推动形成生态修复市场。六是建立实施生态保护补偿制度，指导地方政府通过生态补偿购买生态系统服务产品。七是推进生态产品的数据信息服务，组织开展广泛的生态保护宣传教育，积极引导公众重视并参与生态产品的生产和交易。

相关部门建立完善部门间统筹协调工作机制。生态产品价值实现涉及多个部门、行业及地方政府的职能工作，仅从政府机构来看就涉及生态环境、林业草原、农业农村、文化旅游、发展改革、财政税收、市场监管、银保监会等多个部门。上述部门之间在生态产品价值实现上还存在以下一些问题：一是体制性障碍，如自然资源与生态环境部门在生态保护红线划定与监管上的不尽一致；二是结构性矛盾，如水流域管理涉及水资源、水环境质量、水生态、洪涝灾害等多重属性，管理目标结构各有侧重；三是政策性问题，如一些部门出台的资源开发财政补贴政策与生态保护目的相左；四是机制性不畅，如金融监管机构尚未建立大力鼓励生态产品生产的投资机制。上述问题或矛盾的存在，使生态产品价值实现困难重重。为此，必须突出问题导向，强化顶层设计，建立联动机制，打通部门环节，密切统筹协调，统一政策措施，从优化体制机制入手加快形成合力，共同努力实现习近平总书记提出的要求，“为人民群众提供更多优质生态产品，让人民群众共享生态文明建设成果”。

论文来源：本文原刊于《太平洋学报》2019 年第 10 期，第 78-91 页。

日本生态环境监管体制及其启示

张建伟[①]　赵向华[②]

摘要： 环境省是日本国家层面生态环境监管体制的核心，其监管能力由根据《环境省设置法》建立的相关制度来保障。在国家与地方自治体的关系上，环境省可依法对地方自治体的生态环境监管违法行为进行干预。日本地方自治体生态环境监管的一大特色是广泛运用公害防治协定/环境保护协定，这一实践具有根据企业环保承载力不同而进行监管的灵活性。借鉴日本的经验，我国生态环境监管体制改革既要确保监管部门的监管能力得以落实，也应建立促使地方政府切实履行生态环境监管职责的长效机制，此外还可试点推行地方政府与污染企业签订环境保护协定。

关键词： 生态环境；监管体制；环保督察；环境保护协定

自党的十八大首次将“美丽中国”的生态文明建设目标写进政治报告以来，生态文明一词便成为社会各界关注的焦点。[③] 党的十九大报告提出，加强对生态文明建设的总体设计和组织领导，设立国有自然资源资产管理和自然生态监管机构，完善生态环境管理制度。可见，今后一段时期，改革生态环境监管体制必将成为进一步推进生态文明建设的有力抓手。

虽然自党的十八大以来，我国生态环境监管体制改革就一直在稳步推进，但不可否认的是，在改革的过程中不可避免地会遇到各种困惑。从经验论的角度来讲，通过对国外经验的适度借鉴可以省去一些本来并不必要的试错环节，因而可大大节约改革的成本。就我国的生态环境监管体制改革而言，日本生态环境监管体制的经验应该是值得借鉴的，因为毕竟日本能够在短短二三十年内走出公害的阴霾、甩掉公害大国的帽子，[④] 其科学、高效

① 张建伟，男，天津大学中国绿色发展研究院副院长，教授、博导，中国海洋发展研究中心研究员。主要研究方向：环境资源法。

② 赵向华，男，安阳师范学院法学院讲师。

③ 人民论坛网：《十九大报告关于生态文明建设的三个创新》，载 http：//theory. people. com. cn/n1/2017/1206/c40531-29688522. html，2017 年 12 月 15 日。

④ 胡王云：《日本现代环境治理体系分析》，《日本研究》2015 年第 4 期，第 66-78 页。

的生态环境监管体制功不可没。有鉴于此，本文将考察日本生态环境监管体制的内容和特征，总结其实践经验，在此基础上就如何进一步完善我国的生态环境监管体制提出建议。

一、日本生态环境监管体制概观

（一）日本国家层面的生态环境监管体制

日本国家层面的环境行政机关发端于1970年内阁府设立的公害对策本部。① 1971年，内阁在公害对策本部的基础上设立了环境厅（2001年，环境厅升格为环境省），此后该机构一直在国家层面承担着生态环境监管的核心职能。如今，环境省除单独就废弃物对策、公害管理、自然环境保护、野生动植物保护等进行监管外，还与内阁其他省府一同，在地球温暖化对策、臭氧层保护、循环利用和防止海洋污染等领域采取监管措施。②

环境省在日本国家层面的生态环境监管体制中居于核心地位，发挥着对全国环境保护工作进行统一规划、统一协调的功能。根据《环境省设置法》，环境省的主管事务主要涉及与下列事项相关的全国性政策、标准的制定和监督执行：环境保护基本政策；与环境保护基本政策相关的全国性国土利用规划；以防止公害为目的的管理活动；特定有害废弃物等的输入、输出、搬运、处理等相关事项；保护自然环境；野生动植物物种的保存、野生鸟兽的保护和管理以及适当狩猎和确保生物多样性；控制废弃物的排放、废弃物的适当处理以及清扫等。

除了环境省外，在日本国家层面的环境行政中，还有农林水产省、外务省、经济产业省以及国土交通省等多达十几个内阁部门在各自的职责范围内对生态环境进行监管。例如，农林水产省不仅承担着制定和监督执行环境保护型农业政策的职责，而且对与畜牧生产相关的环境保护活动及农用地土壤污染防治活动等进行监管；外务省则负责制定并执行与全球环境相关的外交政策。③

（二）日本地方层面的生态环境监管体制

1. 地方自治体的生态环境监管职能

实践表明，相对于国家而言，日本地方自治体一直走在公害治理的最前线。④ 这样的历史经验对当前日本的生态环境监管体制产生了深远影响，也使地方自治体在生态环境监管实践中获得了举足轻重的地位。根据《地方自治法》，地方自治体的主管事务分为自治事务和法定受托事务。具体到生态环境领域，哪些事务属于地方自治体的自治事务，哪些事务属于其法定受托事务，是由相关法律所规定的。例如，在水污染防治领域，地方自治体的法定受托事务限于总量管理标准的制定、常态化的监视以及制定监测计划这3项，而自治事务则涉及制定总量削减计划和总量管理标准的公示等26项。

---

① ［日］伊藤昭男．環境行政機関の改革に関する日中比較［J］．中国21，2009，（32）：221-236.

② ［日］環境省．環境省のご案内［EB/OL］．http：//www.env.go.jp/annai/，2017年12月15日．

③ 姜雅、姜舰：《日本环境污染防治经验与启示浅析》，《国土资源情报》2014年第2期，第46-52页。

④ 王丰、张纯厚：《日本地方政府在环境保护中的作用及其启示》，《日本研究》2013年第2期，第28-34页。

2. 地方自治体与环境省的关系

日本地方自治体都设有专门的环保行政机构，承担着生态环境执法和监管职能。由于在《地方自治法》之下日本中央政府和地方自治体之间是平等关系，所以地方自治体在生态环境监管领域享有高度的自治权，只有在特殊情况下，环境省才可依据《地方自治法》对地方自治体的生态环境监管行为进行干预。

具体而言，对于环境省和地方自治体均有管辖权的生态环境事务，如果环境大臣认为地方自治体对该事务的处理违反法令，或者认为其处理明显不当且明显侵害公共利益，则可对地方自治体的处理进行干预。环境大臣的具体干预措施包括提出意见和建议、要求提供资料、要求改正、进行协商、代替执行等。根据《地方自治法》，地方自治体应当遵守环境大臣的合法干预。例如，在环境大臣要求地方自治体改正违法行为或者采取必要的改善措施的情形下，后者有服从的义务。《地方自治法》规定了环境大臣的诉权，以司法介入的形式来保障上述干预措施效果的落实。具体来说，对于地方自治体在生态环境领域内的违法行为（包括怠于履行生态环境监管职责的行为），环境大臣可要求或进而命令其改正，在该命令未得到服从的情形下，环境大臣可以向有管辖权的高等法院提起诉讼，请求法院判令地方自治体执行相关命令。

3. 地方自治体对污染企业的监管

地方自治体生态环境监管实践中的一大特色是与排污企业签订公害防治协定/环境保护协定。公害防治协定的实践始于1964年时任横滨市长与电源开发公司之间围绕防治公害事项而进行的书面交涉。其交涉的成果是，后者对于前者提出的一系列与防治公害相关的要求（如烟囱的高度、燃料的选择、现场检查等）予以明确接受。此后，这种在协商的基础上约定排污企业防治公害具体义务的做法获得广泛运用，并成为地方自治体对排污企业进行有针对性的个别监管的直接依据。①

二、日本生态环境监管体制特征评析

通过对日本生态环境监管体制内容的考察，本文总结出其所具有的三个显著特征。

（一）环境省的综合协调能力获得有力保障

从性质上看，日本国家层面的生态环境监管体制是环境省统一规划、统一协调下的多部门合作监管体制。在这一体制中，环境省相对于内阁其他部门而言居于“优越地位”。环境省的这种“优越地位”，获得了《环境省设置法》的有力保障。一方面，该法规定，在环境大臣认为为推进环境保护基本政策的实施而有特殊必要的情形下，可就环境保护基本政策相关事项向内阁相关部门的长官提出建议，并可要求其就根据该建议所采取的措施进行汇报。另一方面，环境省负责协调内阁相关部门的环境保护事务，有权调整该相关部门在地球环境保护、防止公害、保护和建设自然环境等方面的经费预算，有权调整与这些

① 胡云红：《日本自愿式环境协议实施评析及对我国环境保护管理的启示》，《河北师范大学学报（哲学社会科学版）》2012年第2期，第146-152页。

事务相关的内阁各相关部门所属试验研究机关的经费分配，以及调整内阁相关部门的试验研究委托经费的分配。

在以环境省为核心的多部门合作的生态环境监管体制下，环境省相对于内阁其他部门的“优越地位”保证了生态环境保护理念下的综合性规划的制定和实施，有利于推行全国性的环境政策和标准；在《环境省设置法》建立的建议、报告、调整经费预算和调整经费分配等制度下，环境省获得了一根具有魔力的指挥棒，可及时调整内阁相关部门在其管辖的生态环境事务上的前进方向，使其不致因部门利益驱使而过度偏离全国性的环境规划、政策和标准。

（二）有效的干预机制促使地方自治体积极履行生态环境监管职责

生态环境保护的实际效果与地方政府或其环保部门的监管力度呈正相关的关系。日本生态环境保护的突出成效就极大程度上依赖于地方自治体的积极行动。日本地方自治体在生态环境保护方面的积极性既得益于长期以来的公害治理传统，更离不开《地方自治法》建立的干预制度这一制度根源。在现行法律制度下，地方自治体可以清楚地预见在何种情况下其在生态环境保护领域的不作为会受到环境省的干预并深知此种干预的法律后果，可以说，正是这种依法构建起来的具有可预见性的干预制度成为地方自治体在生态环境监管方面发挥积极性的重要外部动力之一。

（三）基于公害防治协定/环境保护协定的灵活监管

在日本的生态环境监管实践中，公害防治条例/环境保护条例和公害防治协定/环境保护协定代表了不同的监管模式。由地方自治体单方制定的公害防治条例/环境保护条例体现了是一种垂直的关系，其以条例规定为载体向排污企业直接施加义务，其内容统一适用于所有排污企业这一普通主体。相对而言，公害防治协定/环境保护协定则构建了一种仅适用于特定排污企业的义务关系。它以地方自治体和排污企业之间的合意为前提，具有行政契约的性质和效力，其强制执行力也已被诸多判例所承认。① 作为一种个别调整手段，公害防治协定/环境保护协定能够从作为协定主体的排污企业的实际情况出发，规定有针对性的公害防治/环境保护措施，并以其强制执行力作为措施实效性的担保。从实践来看，几乎所有的公害防治协定/环境保护协定都包含了以下主要内容，即排污企业公害防治/环境保护信息的公开、地方自治体对排污企业的现场检查、企业应当采取的公害防治/环境保护措施、公害或环境损害发生后的处理措施、企业开发行为对自然环境的考量、开发之后的自然环境修复等。公害防治协定/环境保护协定所具有的灵活性、针对性及可诉性等特点使其成为地方自治体进行生态环境监管的重要模式。

三、日本生态环境监管体制对我国的启示

日本生态环境监管体制对我国的启示主要有以下三个方面。

① ［日］岡山公法判例研究会．公害防止協定と公序良俗違反——福津市最終処分場事件差戻控訴審［J］．岡山大学法学会雜誌，2012，(3)：467-475.

（一）确保中央生态环境监管部门的综合协调能力

从本质上说，长期以来我国中央层面的生态环境监管体制与日本类似，也属于国家环境保护主管部门统一协调下的多部门合作的监管体制。之所以如此，是因为《中华人民共和国环境保护法》第十条规定了国务院环境保护主管部门对全国环境保护工作的统一监督管理。而根据其他环境保护专门法，国务院相关部门在各自的职责范围内负有对特定的环境保护事项进行监督管理的职责。例如，根据《固体废物污染环境防治法》，国务院环境保护行政主管部门对全国固体废物污染环境的防治工作实施统一监督管理；国务院有关部门在各自的职责范围内负责固体废物污染环境防治的监督管理工作。

但是，如果着眼于具体内容的话，就会发现我国国家层面的生态环境监管体制与日本存在着显著的不同。具体而言，在日本的体制下，环境省的综合协调职能不仅有专门法的明确规定，而且其协调能力也获得了法律的强力保障。如前所述，在《环境省设置法》之下，建议、汇报、预算调整等一系列制度的建立和实施使环境省的综合协调不仅仅停留在法律规定层面，而是能够转化为具体的行动实践，从而使日本多部门合作的生态环境监管体制能够高效运转。[①] 反观我国，虽然环保部的统一监管职能能够从《环境保护法》和环保部门法中获得法律依据，但遗憾的是，这些法律中有关环保部统一监管职能的规定过于原则化，[②] 既没有像日本《环境省设置法》那样明确规定中央环保部门在哪些具体事务上发挥统一监管职能，更没有明确规定确保这一职能得以切实发挥的有效保障措施。这样一来，实践中就难免会遇到以下问题：在环保部的统一监管与国务院有关部门在各自职责范围内的监管发生冲突的情况下，如何来解决这种冲突？实际上，因为缺少法律的明确规定，所以在这种权力对抗的构造下往往出现两种遗憾的结果。一是，相关部门各自为政，分别行使监管权力，从而导致监管权的积极冲突。特别是当行使监管权将为本部门带来具体利益时，监管权的积极冲突几乎是不可避免的。这种利益驱动型的监管权行使不仅导致监管成本的成倍增加，而且出自不同监管部门的监管措施往往使被监管者无所适从。从长远来看，在缺乏明确规制的背景下，利益驱动型的监管权行使具有形成先例的示范作用，最终必将导致整个生态环境监管体制陷入混乱低效的恶性循环当中。二是，监管权者均采取坐视的态势，从而形成监管权的消极冲突。监管权的消极冲突往往产生于监管权的行使不会为监管权者带来利益的情形下。监管权的消极冲突极易形成监管的空白地带，从而使环境违法行为难以得到及时制止，久而久之甚至会成为纵容环境违法行为的推手。[③]

在刚刚开启的新一轮国务院机构改革中，我国生态环境监管体制长期以来面临的上述难题出现了转机。随着生态环境部的组建，生态环境监管领域由于多头管理、“九龙治水”而导致的职责交叉重叠、权责不清晰、部分领域权责缺失等问题有望得到极大程度的缓解，但是问题并没有完全解决。实际上，在新组建的生态环境部和自然资源部之间仍然在生态环境保护领域存在一定的职能交叉。而且，考虑到生态环境保护问题牵扯面甚广、远

① 殷培红：《日本环境管理机构演变及其对我国的启示》，《世界环境》2016 年第 2 期，第 27–29 页。

② 王曦、邓旸：《从“统一监督管理”到“综合协调”——〈中华人民共和国环境保护法〉第 7 条评析》，《吉林大学社会科学学报》2011 年第 6 期，第 85–92 页。

③ 李爱年：《论我国环境保护监督管理体制》，《2012 年全国环境资源法学研讨会论文集》，第 162–168 页。

非一个部门所能独自完成，因此可以预见，生态环境部仍然要在具体工作中面临如何在不同部门之间进行有效协调的问题。对此，日本实践所提供的启示在于：通过立法为生态环境部综合协调能力的切实发挥提供保障。具体而言，可供选择的具体路径包括：明确规定生态环境部有就生态环境保护和监管事务对国务院其他部门进行指导的权力；规定国务院相关部门有接受上述指导的义务；由生态环境部对全国生态环境保护和监管经费进行统一预算，并在此预算下对国务院相关部门职责范围内的、与生态环境保护和监管相关的各种事务的经费预算进行调整。

（二）建立促使地方政府切实履行生态环境监管职责的长效机制

生态环境部的组建极大程度上实现了国家层面生态环境监管权力的集中，但是，这并不意味着省、自治区、直辖市等地方政府不再承担本地区生态环境监管职责。实际上，即便是在我国生态环境监管体制发生重大变革的当下，如何提高地方政府的生态环境监管积极性仍然是一个十分现实的问题。

在我国，《中华人民共和国环境保护法》规定了地方政府对本行政区域内的环境质量负责，建立了环境保护目标责任制度和考核评价制度。但是，近年持续恶化的生态环境和频繁发生的生态环境灾害表明，地方政府及其环保部门并没有有效履行监管职责。[①] 片面追求经济发展的非科学发展观造成了地方政府生态环境政策的短视，而在人力和财政上完全依赖于本级政府的环境保护部门最终也往往沦为政府地方保护主义政策的追随者和践行者，抛弃了法律赋予其的生态环境监管职责。

如何让地方政府及其环保部门在生态环境监管方面变被动为主动、变消极应对为主动出击？这是事关我国生态环境保护事业全局的重要课题。通过对日本相关实践的考察而得出的可供参考的经验是：在缺少基于传统实践而产生的内在动因的情况下，只能依赖于构建有效的监督制度，并通过这一制度功能的发挥从外部促进地方政府及其环保部门积极履行生态环境监管职责。

当前，我国在实践层面上存在通过外部监督促使地方政府积极履行环保监管职责的机制。其一是2014年之后以“督政”为核心的环保综合督察，其二是2016年以后体现“党政同责”的中央环保督察。虽然这两种环保督察制度确实对于督促地方政府积极履行生态环境监管职责发挥了一定的积极作用，但是二者在法律依据方面均存在这样那样的问题，若以依法治国的基本理念和依法行政的基本原则来进行衡量的话，不得不说均存在着制度上的瑕疵。首先，就环保综合督察来说，缺少明确的法律依据。虽然《中华人民共和国环境保护法》建立了环境保护目标责任制和考核评价制度，但是其所规定的仅是由本级政府对本级政府中负有环保监管职责的部门及其负责人或者由上级政府对下级政府及其负责人进行环保目标考核评价，该法并没有规定由环保部对地方政府进行环保目标考核评价。其次，就中央环保督察而言，虽然《环境保护督察方案（试行）》可视为其法律依据，但是该文件在性质上仅属于“党内规范性文件”和“行政规范性文件”，与严格意义上具有

---

① 陈泉生、马波：《论政府环境保护责任实现的法治保障》，《中国社会科学院研究生院学报》2014年第2期，第73-77页。

普遍适用效力的国家立法和党内立法存在重大差别。基于以上两点似乎可以认为，当前的环保督察实际上仍然是一种带有浓厚的“运动型治理”特征的监督行为。[①] 因此，为了使当前的环保督察上升为一种具有严肃性、稳定性和可预见性的法律制度，从而形成促使地方政府切实履行生态环境监管职责的长效机制，就必须以《中华人民共和国环境保护法》和《中华人民共和国立法法》等相关法律为依据，通过制定专门法的方式来消除环保督察在法律依据方面存在的瑕疵。同时，为了保证环保督察的规范性和权威性，还应在专门立法中明确规定与环保督察相关的各项程序性和实体性内容，包括：环保督察的启动、督察机构的组成与权限、督察的方式、督察结果的通知和公示、督察意见的效力以及不遵守督察意见的救济措施等。

（三）试点推行地方政府与排污企业签订环境保护协定

日本地方自治体的生态环境监管既包括基于公害防治条例/环境保护条例的垂直监管，也包括以公害防治协定/环境保护协定为依据的水平监管，后者因具有针对各排污企业的不同特点进行管理的弹性而在实践中被广泛应用。

在我国，地方政府及其环保部门对排污企业的环境监管主要是由上而下的垂直监管。在这种监管体制下，排污企业的环保义务主要是由国家和地方的环保法律法规和相关标准所界定的。就积极意义而言，这种通过国家和地方法律法规来规定企业环保义务的方式具有整齐划一、便于管理的优越性；但同时，其弊端也是明显的。这突出表现在：整齐划一的环境标准和环境义务严重忽视了不同企业环保承载力的差异，容易导致具有较强环保承载力的排污企业怠于采取进一步的环保措施，从而出现“搭制度便车”的不利后果。而从日本的经验来看，推行地方政府与排污企业签订环境保护协定不失为克服这种弊端的有益尝试。

在我国当前的法律制度下，地方政府的合同当事人主体资格已经获得承认，而且以排污企业环保义务为主要内容的环保协定也不会对国家事权产生影响，因此地方政府与排污企业签订环保协定既不存在制度阻碍，在实际操作层面也是可行的。就环保协定的具体内容这一微观层面而言，日本相关实践的以下两个方面尤其值得借鉴。一是，环保协定的内容应根据排污企业环保承载力的变化而及时进行调整。虽然在签订之初，环保协定具有为企业“量身定制”的特点，但是，如果其内容不能因应企业环保承载力的变化而适当调整，则不仅难以发挥推动企业不断提高环保水平的作用，甚至有可能为企业的“合法排污”提供依据。二是，在以地方政府和排污企业为当事方的环境保护协定中，可以通过为第三方创设权利的方式，规定当地居民在排污企业不履行环境保护协定义务情况下的诉权。日本判例法承认了环境保护协定为当地居民创设诉权的正当性，并就当地居民依此权利提起的请求做出了判决，判令作为环境保护协定当事方的排污企业履行相关义务。这一实践对我国的借鉴意义在于：一方面，在当前我国不承认个人环境公益诉讼主体资格的法律制度背景下，当地居民可依据环境保护协定创设的诉权，针对排污企业提起诉讼，从而

---

① 陈海嵩：《环保督察制度法治化：定位、困境及其出路》，《法学评论（双月刊）》2017 年第 3 期，第 176-187 页。

客观上实现对环境公益侵害的救济；另一方面，环境保护协定通过为当地居民创设诉权，预示了当地居民以排污企业为被告提起诉讼的潜在可能性，而这种潜在可能性就像一只看不见的手，可在无形中推动排污企业在履行环保协定的道路上不断前行。

论文来源：本文原刊于《天津大学学报（社会科学版）》2018 年第 4 期，第 312-316 页。

项目资助：中国海洋发展研究会重点项目资助（CAMAZD201614）。

基于生态价值损失的开发用海生态补偿标准的演变与实施分析

——以山东省为例

郝林华[①]　陈尚[②]　夏涛[③]

摘要：海洋生态损失补偿指用海者履行海洋生态环境资源有偿使用责任，对因开发利用海洋造成的海洋生物资源价值和生态系统服务价值损失进行的资金补偿。本文介绍了海洋生态补偿制度的建立过程，梳理了山东省海洋生态补偿新旧标准的演变过程，对山东省海洋生态补偿标准的实施情况进行了探讨，并分析了山东省海洋生态补偿资金征收的经济效率。结果表明，按照旧标准，只考虑对海洋生物资源损失的补偿，每公顷用海所缴纳的生态补偿资金为8.143 3万元；按照新标准，考虑对经济生物资源和生态系统服务损失的补偿，每公顷用海应缴纳的生态补偿资金为12.043 9万元，比旧标准提高了48%。补偿标准提高，虽然增加了企业的用海成本，但还只是补偿了企业用海所造成生态损失的1/4左右，还有3/4的生态损失没有要求企业补偿，需要国家财政增加生态修复投入。山东用海生态损失补偿政策的实施，很好地发挥了环境经济政策的效果；企业主动缩减围填海等用海面积，采用环境友好的用海方式，既节约了企业用海成本，又减轻了对海洋生态环境的损耗。在全国推广山东的开发用海生态补偿制度和标准，可以有效地引导企业理性用海、集约高效用海，助力海洋产业绿色转型，体现生态文明入宪的重大意义。

关键词：海洋生态价值损失；生态补偿；生态文明

一、海洋生态补偿制度的建立过程

生态补偿指综合考虑生态保护成本、发展机会成本和生态服务价值，采用行政、市场

① 郝林华，女，自然资源部第一海洋研究所海洋生态研究中心副研究员。研究方向：海洋生态资本与生态补偿。

② 陈尚，男，中国海洋发展研究会理事、中国海洋发展研究中心研究员，自然资源部第一海洋研究所海洋生态研究中心研究员。研究方向：海洋生态资本与生态补偿。

③ 夏涛，男，自然资源部第一海洋研究所工程师。研究方向：海洋监测与评价。

等方式，由生态保护受益者或生态损害加害者通过向生态保护者或受损者以支付金钱、物质或提供其他非物质利益等方式，弥补其成本支出以及其他相关损失的行为①。学术层面，生态补偿包括生态保护补偿和资源开发生态损失补偿两层含义。生态保护补偿指政府等生态保护受益者及其代表对生态保护贡献者进行补偿。生态损失补偿指资源开发者因为其造成的生态损失，对生态保护者及其代表进行补偿。《中华人民共和国环境保护法》已经明确规定生态保护补偿制度，对生态损失补偿制度有隐含意思的表述，但没有明确规定。在实际操作层面，有人把生态保护补偿简称为生态补偿。国际上生态补偿的研究主要集中在森林、流域、矿产资源和保护区等方面，对海洋生态补偿研究较少。尚未形成熟的理论体系，但仍可提供有益的借鉴。Elliott 和 Cutts② 从理论上对海洋生态补偿问题进行了研究，认为海洋生态补偿可分为经济补偿、资源补偿和生境补偿三种类型。Mow 等③以哥伦比亚圣安德烈斯岛地区的海岸带和海洋资源合作计划和管理为案例，分析了海洋资源使用者和保护者之间的利益冲突，提出了海洋生态补偿可以作为解决这些冲突的有效手段。levrel 等④和 Vaissière Anne-Charlotte 等⑤建立了针对海洋生态系统服务损失的生态补偿的评估指标和评估方法等。

我国关于海洋生态补偿也开展了一些探索性研究。Cao 和 Gong⑥ 探讨了我国海洋生态补偿的建设之路和发展历程。韩秋影等⑦分析了海洋生态补偿的利益相关者、补偿强度和补偿途径三个基本问题，提出了海洋生态补偿的未来研究方向是海洋生态资源价值评估等。丘君等⑧提出应根据海洋生态系统服务功能变化及其对利益相关者的影响界定补偿主体和补偿对象，补偿途径应以财政转移支付和环境资源税费为主，应遵循理论计算值与现有实践相结合的原则制定补偿标准，并提出了构建渤海区域生态补偿机制的初步设想。李京梅和刘铁鹰⑨针对填海造地造成的资源和生态环境损失，对其外部生态成本补偿的关键

---

① 汪劲：《论生态补偿的概念——以〈生态补偿条例〉草案的立法解释为背景》，《中国地质大学学报（社会科学版）》2014 年第 14 卷第 1 期，第 1-8 页。

② Elliott M，Cutts ND. Marine habitats：loss and gain，mitigation and compensation. Marine Pollution Bulletin，2004，49（9-10）：671-674.

③ Mow J M，Taylor E，Howard M，Baine M，Connolly E，Chiquillo M. Collaborative planning and management of the San Andres Archipelago's coastal and marine resources：a short communication on the evolution of the Seaflower marine protected area. Ocean & Coastal Management，2007，50（3-4）：209-222.

④ Levrel H，Pioch S，Spieler R. Compensatory mitigation in marine ecosystems：Which indicators for assessing the "no net loss" goal of ecosystem services and ecological functions? Marine Policy，2012，36：1 202-1 210.

⑤ VaissièreAnne-Charlotte，Levrel H.，Hily C.，Guyader D. L. Selecting ecological indicators to compare maintenance cost relatedto the compensation of damaged ecosystem services. Ecological Indicators，2013，29：255-269.

⑥ Cao H J，Gong X W. Discussion of marine ecological compensation development in China. Advanced Materials Research Vols，2013，807-809，980-987.

⑦ 韩秋影、黄小平、施平：《生态补偿在海洋生态资源管理中的应用》，《生态学杂志》2007 年第 26 卷第 1 期，第 126-130 页。

⑧ 丘君、刘容子、赵景柱等：《渤海区域生态补偿机制的研究》，《中国人口·资源与环境》2008 年第 18 卷第 2 期，第 60-64 页。

⑨ 李京梅、刘铁鹰：《填海造地外部生态成本补偿的关键点及实证分析》，《生态经济》2010 年第 3 期，第 143-146 页。

点进行了实证分析，认为补偿的标准应以被填海域资源和生态环境损失成本为依据。曲艳敏等[①]、郑苗壮等[②]、黄秀蓉[③]和李晓璇等[④]分别阐述了海洋生态补偿的内涵和我国海洋生态补偿的发展现状及其制度设计，指出应当建立健全海洋生态补偿政策的法律体系和完善海洋生态补偿的管理体制。俞虹旭等[⑤]和王金坑等[⑥]提出了基于生态系统方法的海洋生态补偿管理机制等。陈克亮等[⑦]分析了我国海洋生态补偿制度的概念和内涵，提出基于生态修复成本的海洋生态补偿框架体系。

总体来看，国内外关于海洋生态补偿的研究侧重于从宏观角度考虑海洋生态补偿政策的实施问题，并以经验探讨为主，对补偿的理论基础、补偿的主体和对象、公共财政的补偿途径、补偿资金的筹集渠道等方面进行初步研究，但对于海洋生态补偿中的关键技术难点，例如补偿资金的核算、补偿标准的确定和补偿的范围、期限等关键问题，尚缺乏深入研究。因此，需要进一步研究相应的配套法规和技术支撑体系，以及开展更多相关的实证分析。

二、山东省海洋生态补偿新旧标准的演变过程

山东半岛海岸线 3 200 多千米，浅海、滩涂面积居全国前列。近年来，随着海洋开发力度的加大，海洋工程、海岸工程开发用海活动持续升温，给山东近海海域生态环境带来严重的损失。因此，亟须建立完善的海洋生态补偿机制，要求用海者对海洋生态损失进行应有的补偿。2009 年山东省在全国率先发布了地方标准《山东省海洋生态损害赔偿和损失补偿评估方法》（DB37/T 1448-2009）[⑧]，根据开发用海项目造成的海洋生物资源损失计算补偿标准。又于 2010 年 6 月出台了《山东省海洋生态损害赔偿费和损失补偿费管理暂行办法》，提出“凡用海，必补偿”的原则。截至 2014 年底，该标准已实施 5 年，期间山东省共审批了 390 个用海建设项目，其中 295 个项目缴纳了生态补偿资金，累计征收 4.22 亿元。然而，在实施过程中发现，上述标准由于未将受损海域的海洋生态系统服务价值和邻近影响海域范围的海洋生态价值损失纳入评估体系，只考虑了海洋生物资源存量价值和占用海域范围的生态损失，导致目前征收的用海建设项目生态补偿资金数额普遍偏低。该标准规定的评估范围、方法和参数已经滞后于技术的发展和管理的需求，迫切需要

① 曲艳敏、张文亮、王群山等：《海洋生态补偿的研究进展与实践》，《海洋开发与管理》2014 年第 31 卷第 4 期，第 103-106 页。

② 郑苗壮、刘岩、彭本荣等：《海洋生态补偿的理论及内涵解析》，《生态环境学报》2012 年第 21 卷第 11 期，第 1 911-1 915 页。

③ 黄秀蓉：《我国海洋生态补偿现状与发展趋势探析》，《新经济》2016 年第 9 期，第 1-2 页。

④ 李晓璇、刘大海、刘芳明：《海洋生态补偿概念内涵研究与制度设计》，《海洋环境科学》2016 年第 35 卷第 6 期，第 948-953 页。

⑤ 俞虹旭、余兴光、陈克亮：《基于生态系统方法的海洋生态补偿管理机制》，《生态经济》2012 年第 8 期，第 71-75 页。

⑥ 王金坑、余兴光、陈克亮等：《构建海洋生态补偿机制的关键问题探讨》，《海洋开发与管理》2011 年第 11 期，第 56-58 页。

⑦ 陈克亮、张继伟、陈凤桂：《中国海洋生态补偿制度建设》2015 年版，海洋出版社。

⑧ 《山东省海洋生态损害赔偿和损失补偿评估方法》，DB37/T 1448-2009。

尽快修订，吸收这几年取得的成熟、实用的海洋生态损失与补偿评价成果，并与2014年修订通过的《海洋工程环境影响评价技术导则》相衔接，才能满足党中央实施海洋生态文明建设、党政干部生态环境损害责任追究、领导干部自然资源离任审计等有关法规和政策的新要求。李睿倩和孟范平①认为现有的生态补偿评估方法不能全面反映填海造地对海湾生态系统造成的影响，低估了损失的总价值。郑冬梅②探讨了海洋生态补偿制度的研究基础与拓展研究，指出目前应当系统地提出海洋生态补偿标准确定的方法体系。因此，合理制定科学合理可行的海洋生态补偿标准是市场经济条件下有效推进资源有偿使用制度实施的关键。

围绕着海洋生态补偿的关键技术问题，国家海洋局第一海洋研究所海洋生态资本与生态补偿研究团队积极开展了系列相关研究，起草的《海洋生态资本评估技术导则》被国家作为国标发布，标准号GB/T 28058-2011③。开展了全国四大海区近海生态资本价值评估，并绘制了空间分布图，为海洋生态补偿工作的开展提供了很好的方法与示范。为了适应海洋管理部门的新需求，受山东省海洋与渔业厅委托，该团队对原标准《山东省海洋生态损害赔偿和损失补偿评估方法》进行了修订，在分析用海建设项目对海洋环境影响的基础上，基于快速化、定量化和差别化补偿评估原则，建立了基于生物资源价值和生态系统服务价值损失的海洋生态补偿评估技术体系，并起草编制了新的《山东省海洋生态补偿管理办法》及其配套技术标准《用海建设项目海洋生态损失补偿评估技术导则》（DB37/T 1448-2015）④，2016年被山东省采用发布，被纳入山东省用海审批管理决策过程，作为海洋部门审批用海项目和发放环评许可的法定技术依据。

与旧标准相比，新的生态补偿标准主要变化如下。

（1）旧标准把山东近海按其自然属性和社会属性划分为四个评价海区，即莱州湾及渤海湾南部、山东半岛北部、山东半岛南部和海州湾海域。使用过程中评价单位和基层管理部门普遍认为这种分区过粗。新标准把山东海域按照行政区划分为九个评价海区，其中，将烟台海域划分为三个区，烟台一区指莱州市、招远市和龙口市的管辖海域，烟台二区指蓬莱市、长岛县、开发区、芝罘区、莱山区和牟平区的管辖海域，烟台三区指莱阳市和海阳市的管辖海域。并给出每个评价海区的生态价值基准值。既反映各海区实际生态差别，又兼顾方便基层管理和评价单位使用。

（2）旧标准以山东近海环境调查评价专项2007年和2008年的生物资源量数据为依据，制定了适用于海洋中鱼类（鱼卵和仔稚鱼）、甲壳类、头足类、浮游动物、潮间带天然动物等生物资源损失量的评估办法，依据建设项目具体类型及其对海洋生物资源可能产生的影响进行损失补偿。未将受损海域的海洋生态系统服务价值和邻近影响海域范围的海

---

① 李睿倩、孟范平：《填海造地导致海湾生态系统服务损失的能值评估——以套子湾为例》，《生态学报》2012年第32卷第18期，第5 825-5 835页。

② 郑冬梅：《海洋生态补偿制度研究基础与拓展研究》，《福建行政学院学报》2014年第147卷第5期，第91-99页。

③ 《海洋生态资本评估技术导则》，GB/T 28058-2011。

④ 《用海建设项目海洋生态损失补偿评估技术导则》，DB37/T 1448-2015。

洋生态价值损失纳入评估体系，只考虑了海洋生物资源存量价值和占用海域范围的生态补偿；新标准基于生态资本理论和生态价值损失建立了包括生物资源存量和生态系统服务流量两个方面的占用海域和邻近影响海域范围的生态价值损失补偿评估框架。海洋生态价值基准值乘以受损海域面积、生态损害系数、损害期限，得到海洋生态损失；再乘以生态补偿系数得到补偿资金。

(3) 新标准按照国家标准《海洋生态资本评估技术导则》，评估了2013年山东省管辖海域的海洋生物资源价值和海洋生态系统服务价值及其空间分布密度，将其空间分布密度值作为评价海区生态价值的基准值。

(4) 新标准区分施工期和使用期，给出不同用海方式对项目占用海域以及潮流改变、冲淤改变等特征性影响要素对邻近影响海域的生态损害系数速查表。同时，按照不同用海产业类型，给出包括基准补偿系数、政策调整补偿系数和附加补偿系数的生态补偿系数速查表。按照产业政策不同、受影响海域的生态脆弱性不同对用海建设项目的海洋生态损失进行差别化补偿。

(5) 旧标准中海洋生态损失补偿按不同海洋工程对占用海域影响的轻重而有不同规定，而新标准对受损海域范围和损害期限重新进行了界定。

在新标准中，用生态损害系数调整受损海域的生态价值基准值，再用生态补偿系数调整因海域受损所造成的海洋生态损失补偿，这样使得开发用海项目的海洋生态损失补偿更全面更科学更合理。

三、山东省海洋生态补偿标准实施情况分析

本文对2016—2017年山东省海洋与渔业厅新审批的按照新标准缴纳海洋生态补偿资金的28个用海建设项目的海洋生态损失及生态补偿情况进行汇总梳理并加以分析，分析资料主要来自上述项目的环评报告书（报批稿），以期更好地探讨新标准的科学性和适用性。

(一) 用海建设项目概况

2016—2017年省厅新审批的用海建设项目共有28个。除了1个项目是公益性用海以外，其他项目的用海类型均为交通运输用海。这些项目的用海方式主要是填海，其次是港池蓄水、非透水构筑物和透水构筑物等，用海年限一般是50年；个别项目用海方式主要是航道锚地，用海年限是2年。除了1个项目占用自然岸线139米外，其他27个用海项目均未占用自然岸线；仅有少数项目占用部分人工岸线。

这28个用海建设项目用海面积2 205. 717 8公顷，造成的邻近海域显著影响的面积61 143. 899 5公顷，受损海域面积总计是63 349. 617 3公顷，受损的邻近影响海域面积大约是用海面积的27. 72倍。结果表明，采用新标准核算用海建设项目海洋生态损失补偿的时候，把邻近影响海域受损造成的生态价值损失也考虑进去，是非常科学合理的。

(二) 用海建设项目海洋生态价值损失分析

28个用海建设项目，按照新补偿标准计算补偿资金，造成的生态价值损失合计

99 326. 114 7万元。其中，直接占用海域生态价值损失合计 65 233. 339 3 万元，含生物资源损失 16. 315 9 万元，生态系统服务损失 65 209. 631 9 万元；邻近影响海域的生态价值损失为 34 092. 775 4 万元，其中生物资源损失 59. 818 9 万元，生态系统服务损失 34 031. 711 0万元。结果表明，每用海 1 公顷造成 45. 031 2 万元的生态损失，每公顷受损海域生态损失约为 1. 567 9 万元。

研究发现，用海建设项目占用海域和邻近影响海域造成的生态系统服务损失远远超过其生物资源损失，表明用海建设项目带来的海洋生态价值损失主要来自生态系统服务损失。此外，还发现，用海建设项目不但有占用海域的生态价值损失，同时也会带来邻近影响海域的生态价值损失。用海建设项目邻近海域受损主要是由于悬浮泥沙扩散、流速改变和冲淤环境变化造成的。因此，在新标准中不只是考虑用海建设项目造成的海洋生物资源存量价值损失，还将受损海域的生态系统服务价值损失和邻近影响海域范围的生态价值损失均纳入评估体系，具有创新性。

（三）用海建设项目海洋生态补偿资金分析

28 个用海建设项目，按照新补偿标准核算，应当缴纳的生态补偿资金总额为 26 565. 487 3万元，其中占用海域的生态补偿资金是 17 073. 749 3 万元，邻近影响海域的生态补偿资金是 9 630. 701 0 万元。表明每用海 1 公顷需要缴纳生态补偿资金 12. 043 9 万元；项目用海每造成 1 公顷海域受损，生态补偿资金为 0. 419 3 万元。按照新标准所核算的总海洋生态补偿资金约占用海总海洋生态损失的 27%。其中，滨州北海经济开发区三河口挡潮闸工程为公益性用海，根据《山东省海洋生态补偿管理办法》，公益性用海项目免缴生态补偿资金。因此，省厅审批的用海项目实际所缴纳的生态补偿资金会比按照新标准所核算的生态补偿资金要少一些。这也充分反映了新标准快速化、差别化、定量化的评估原则，体现了它的科学性和合理性。研究还发现，根据统计结果，用海项目应当缴纳的生态补偿资金分别占项目工程投资额的 0. 11%～3. 84%，作为用海企业来说，这完全是可以接受的。

按照海域使用金征收标准，核算了 28 个用海建设项目的海域使用金额，总计 46 085. 001 0万元，是用海项目应缴纳的生态补偿资金总额的 1. 73 倍。海域使用金是指国家以海域所有者身份依法出让海域使用权，而向取得海域使用权的单位和个人收取的权利金。海域使用金的征收，表明了海域属于国家所有，国家对海域实施有偿使用制度。然而，从资源收益法和海域使用金的内涵来说，海域使用金标准的制定只是考虑了海域使用人在海洋空间资源上的收益，换句话说，国家只是征收了海域使用人对海域的空间占用费，并没有考虑其在海洋生态环境资源上的收益。海洋生态补偿的法律性质不属于海域使用金，而是一种生态修复社会责任承担方式。

2010—2014 年审批的 9 个海洋产业 119 个用海项目，用海面积合计 6 049. 628 1 公顷，按照旧标准核算的生态补偿资金共计 49 263. 913 6 万元，每公顷用海的生态补偿资金为 8. 143 3 万元。按照新标准核算的 2016—2017 年审批的 28 个用海项目，每公顷用海的生态补偿资金为 12. 043 9 万元，比旧补偿标准增加了 48%。补偿标准的提高，增加了企业的用海成本，但是还只是补偿了企业用海生态损失的 1/4 左右，还有 3/4 的生态损失没有要求补偿，需要国家财政增加生态修复投入。山东用海生态损失补偿政策的实施，很好地发挥了环境经济政策的效果；企业主动缩减围填海等用海面积，采用环境友好的用海方式，既节约了企业用海成本，又减轻了对海洋生态环境的损耗。在全国推广山东的开发用海生态补偿制度和标准，可以有效地引导企业理性用海、集约高效用海，助力海洋产业绿色转型，体现生态文明入宪的重大意义。

（四）海洋生态补偿资金征收的经济效率分析

采用经济学上的收益成本法对28个用海项目缴纳海洋生态补偿资金和海域使用金的经济效率进行评估。从国家层面上看，用海项目的社会总成本是用海项目造成的总生态损失，包括生物资源损失和生态系统服务价值损失；用海项目的社会总收益是国家从用海企业收取的海域使用金、生态补偿资金和税收。根据成本收益公式计算国家的收益成本比，从而对新的海洋生态补偿标准的优劣做出判断。收益成本比计算公式如下：

$$A = \frac{B}{C}$$

式中，A是收益和成本之比；B是社会总收益，单位为万元；C是社会总成本，单位为万元。

上述28个用海项目尚未产生税收，该项暂不计算，只计算海域使用金和生态补偿资金两项作为社会总收益。这些用海项目的社会总成本为99 856.472 3万元，社会总收益为72 650.488 3万元，收益成本比达到73%，还不到100%。只有用海企业投入生产，经营盈利，向国家缴纳税收，才有望实现用海审批的社会总收益超过总社会成本。对于长期亏损的用海企业，扭亏无望就应强制退出用海，减少社会成本；退出的海域重新出让给有盈利能力的企业，实现海域价值的保值增值。

四、问题和建议

在新标准的执行和实施过程中，发现存在以下问题，并给出合理的建议。

（1）根据新标准，用海建设项目施工期的邻近影响海域范围，主要根据悬浮泥沙增加量的最大包络线范围确定，而使用期对邻近影响海域的范围，根据特征点最大潮流速改变量或者改变率、冲刷减少量和淤积增加量的最大包络线范围。邻近影响海域的范围高度依赖数值模型的精度，而现有的《海洋工程环境影响评价技术导则》（GB/T 19485-2014）对环评报告书中的数值模型精度没有明确要求，导致邻近影响海域范围误差较大。建议尽快修订《海洋工程环境影响评价技术导则》，对数模精度做明确规范。

（2）新标准把山东海域按照行政区划分为九个评价海区，并给出每个评价海区的生态价值基准值，并没有考虑不同功能区不同生态类型的差别。建议在每个评价海区中按不同功能区确定生态价值基准值。

（3）按照新标准，用海企业所缴纳的生态补偿金只是少部分开发用海的生态损失，大部分的生态损失仍然要由政府承担，通过国家财政增加生态修复投入。建议在新标准中逐步提高补偿系数比例，如目前是补偿25%左右，2020年提高至50%左右，2025年以后提高至100%等，逐步实现全额补偿，这样，国家才能逐步提高海域开发利用的收益成本比，实现海域价值的保值增值。

五、结论

党的十八大和十九大报告提出，要建立体现生态价值和代际补偿的资源有偿使用制度和生态补偿制度。海洋生态损失补偿是在海洋资源开发利用中协同保护海洋生态的重要手段。建立海洋生态损失补偿机制可以使海洋资源开发利用活动主体能够将海洋生态环境成本纳入其决策过程中，使海洋生态资源的消费者承担相应的经济代价，可以在经济上制约对海洋生态资源的不合理开发和利用，使损害和破坏海洋生态资源的行为减少，从而提高海洋生态资源的利用效率，达到海洋经济的可持续发展，是海洋生态文明建设的必经之路和制度保障。

按照海洋生态补偿的旧标准和新标准，分别核算，每公顷用海的生态补偿资金为8.143 3万元和12.043 9万元，新标准比旧标准增加了48%。补偿标准提高，有利于增强用海企业海洋资源有偿使用意识，引导企业理性用海，提高用海的投资比和产出比，主动采用环境友好的用海生产方式。本文为山东近海围填海等用海开发活动管控政策的制定和实施提供了科学依据，也为山东省海洋环保工作提供了技术支撑，对于推进我国海洋生态文明建设和海洋产业经济绿色发展具有重要意义。

论文来源：本文原刊于《海洋开发与管理》2017年第2期，第108-114页。
项目资助：中国海洋发展研究会重点项目资助（CAMAZD201712）。

风暴潮灾害救助保障体系的构建

张鑫[①]　张玥[②]

摘要：基于风暴潮灾害发生时间集中、地区差异显著、经济损失严重、次生灾害频发等自然特征，分析群众、政府、经济组织等救助对象的需求特征，从时间维、空间维和逻辑维剖析风暴商潮灾害损失及灾害救助关联的协同机理，设计并构建包括内容体系、结构体系、层次体系以及服务体系的风暴潮灾害四维救助保障体系。通过加快风暴潮灾害救助法制化建设、建立健全风暴潮灾害救助财政投入制度、强化风暴潮灾害救助监督管理等保障措施，实现风暴潮灾害救助保障体系的高效运行。

关键词：风暴潮；灾害救助；救助保障；四维救助体系

风暴潮灾害救助是在风暴潮灾害损失的基础上，在不确定的环境中运用可利用资源和动态变化能力去完成抢救任务及援助行动[③]。我国是一个海洋大国，拥有 18 000 多千米的大陆岸线，6 500 多个岛屿和近 300 万平方千米的管辖海域。辽阔的海域为社会经济的发展创造有利条件的同时，也使得我国沿海地区成为海洋灾害频发的高风险区域。风暴潮灾害造成的经济损失尤为严重，居海洋灾害之首，有效进行风暴潮灾害救助对降低沿海地区灾害损失具有至关重要的意义。

灾害救助的研究主要集中在灾害救助主体、内容以及资金等方面。从救助主体来看，完善的救助体系应鼓励政府、非政府组织、企业、保险公司、居民等多种主体参与海洋灾害救助[④]。救助内容方面，人性化的救助应覆盖各类型受灾群体，满足其物质、文化、心理等多样化需求[⑤]。救助资金方面，从市场化管理视角建立灾害救助体系，将灾害救助工

---

① 张鑫，女，河海大学公共管理学院副教授。主要研究方向：灾害管理研究。

② 张玥，女，河海大学商学院博士研究生。主要研究方向：资源管理。

③ Khaliliaraghi A. Intelligent decision support for marine safety and security operation centres. Science，2011，259 (5093)：390-391.

④ Tierney K. Disaster governance：social，political，and economic dimensions. Annual Review of Environment and Resources，2012 (37)：341-363.

⑤ 李华文：《改革开放四十年来中国自然灾害与社会救助述论——基于历年灾害与救灾数据的统计分析》，《湖南社会科学》2018 年第 5 期，第 46-52 页。

作和市场化相结合，建立一种混合型灾害救助机制①。海洋灾害救助机制方面，学者普遍认为我国虽已初步形成国家层面的海洋灾害应急管理体系，但在理论与实践上仍处于较低水平②。风暴潮灾害救助制度在宏观制度层面、微观实施层面均取得了一系列成效，但是整体化的社会救助效能难以实现，功能配套的灾害救助体系尚未建立，应急管理需要以灾害为中心，向前向后延伸③。目前，针对风暴潮灾害救助体系的研究局限于应急管理体系的建设与完善，尚未开展针对风暴潮灾害的系统化救助和研究，没有从保障体系的角度研究风暴潮灾害的救助，而完善的制度体系要求具有完备的内容体系、结构体系、层次体系和服务体系。基于风暴潮灾害特征及受助群体需求分析，从时间维、空间维和逻辑维分析风暴潮灾害损失及灾害救助的协同关联，进而构建涵盖内容体系、结构体系、层次体系以及服务体系的风暴潮灾害四维救助保障体系。

一、风暴潮灾害救助的特殊性分析

（一）风暴潮灾害特征

1. 发生时间集中

风暴潮灾害发生的月份分布图（图 1）显示，我国风暴潮灾害主要集中出现在每年的 7—10 月。其中，8 月风暴潮灾害最多，其次是 9 月，再次是 7 月，3 个月合计次数占总次数的 67%左右。由此可见，夏秋季节是我国台风的多发季节，由此引起的台风风暴潮灾害也随之增多。每年的 11 月到翌年的 3 月是温带风暴潮的频发时段，但是由于温带风暴潮的增水过程比较平缓，引发的潮灾次数明显减少。2000—2018 年，我国每年的 12 月至翌年 2 月均未发生引起潮灾的风暴潮灾害。因此，相较于其他时段，夏秋季节是我国风暴潮灾害发生的高风险时期。

2. 地域差异显著

在空间分布上，风暴潮灾害存在显著的地域差异。相较于北部沿海城市，长江口以南的东南沿海地区，受热带气旋引发的台风风暴潮影响大，成灾概率高④，而北部沿海地区发生温带风暴潮灾害的概率较大。此外，近 18 年来，我国风暴潮灾害的空间分布具有相对集中性，主要发生在东部以及南部沿海地区的部分省份（图 2）。2000—2018 年全国共有 11 个省份（自治区、直辖市）遭受过风暴潮灾害侵扰，其中，福建、广东及浙江是风暴潮灾害的频发区和严重区。

---

① Zhou Y, Li N, Wu W, et al. Assessment of provincial social vulnerability to natural disasters in China. Natural Hazards, 2014, 71 (3): 2 165-2 186.

② Li X Y, Ling L G, Dong Z, et al. An analysis on disasters management system in China. Natural Hazards, 2012, 60 (2): 295-309.

③ 童星：《“灾害”研究的四个关键概念——多学科透视下的公共政策意函》，《南国学术》2018 年第 4 期，第 552-561 页。

④ 邓辉、王洪波：《1368—1911 年苏沪浙地区风暴潮分布的时空特征》，《地理研究》2015 年第 34 卷第 12 期，第 2 343-2 354 页。

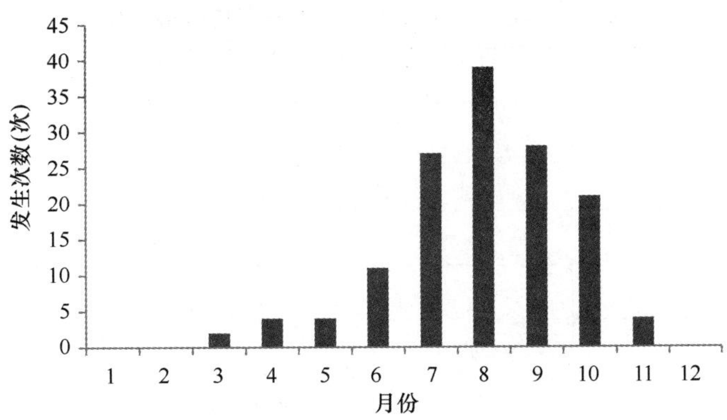

图 1　2000—2018 年风暴潮灾害发生月份分布

数据来源：《2018 年中国海洋灾害公报》

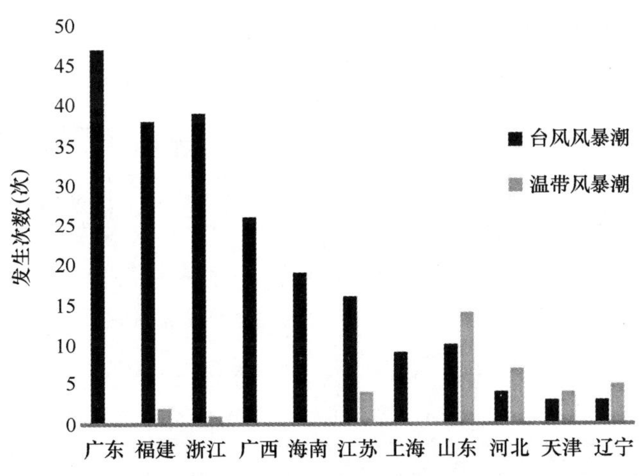

图 2　2000—2018 年风暴潮灾害地区分布

数据来源：《2018 年中国海洋灾害公报》

3. 经济损失严重

我国海岸线延展漫长，濒临海洋灾害发生最为严重、最为频繁的太平洋海域。随着我国“重陆轻海”传统观念的变化，东部沿海地区以发展“蓝色经济”为基础和依托，充分利用海洋区位优势，积极实施沿海区域经济发展战略。我国约有 70%以上的大城市，50%以上的人口及近 60%的国民经济都往人口密集、经济发达的东部经济带和沿海地区倾斜、汇聚①，而这部分地区往往也最易遭受海洋灾害侵袭，由此造成的经济损失相对较大。以 2005 年为例，风暴潮灾害造成的直接经济损失高达 329.8 亿元，2016—2018 年风暴潮灾害造成的直接经济损失仍持续在 44 亿元以上（表 1）。

① 潘艳艳、王涛、赵昕：《风暴潮灾害损失时间路径模拟与预测》，《统计与决策》2016 年第 5 期，第 87-89 页。

表 1　2000—2018 年风暴潮灾害直接经济损失

年份	灾害频次（次）	直接经济损失（亿元）
2000	4	115.40
2001	6	87.00
2002	2	63.10
2003	5	78.77
2004	7	52.15
2005	10	329.80
2006	4	217.11
2007	9	87.15
2008	11	192.24
2009	8	84.97
2010	8	65.79
2011	6	48.81
2012	9	126.29
2013	14	153.96
2014	9	135.78
2015	8	72.62
2016	18	45.94
2017	16	55.77
2018	16	44.56

数据来源：《2018 年中国海洋灾害公报》

4. 次生灾害频发

我国沿海地区的风暴潮以台风风暴潮居多，如果风暴潮与天文高潮相叠，则会形成突发的风暴潮灾害。风暴潮具有速度快、历时短、来势猛、强度大的特点，使其更易造成灾害[①]。同时，台风多发的年份也是气候异常的年份，其形成季节通常是平原地区的江湖泛滥期，且台风过境时往往伴有狂风、暴雨，风雨浪潮的叠加可能带来更为极端的灾害事件。此外，风暴潮所产生的风暴增水可能造成漫滩、溃堤而引发洪涝灾害，亦会引起海岸

① Takagi H，Li S. Storm surge and evacuation in urban areas during the peak of a storm. Coastal Engineering，2016（108）：1-9.

侵蚀、海水倒灌以及沿岸土地盐渍化等现象，对沿海地区的生态环境构成一定程度的损害①。

（二）救助的需求特征

风暴潮灾害救助的核心是救急难，属于典型的应急管理范畴。对象上的全灾害管理、过程上的全过程管理和结构上的多主体管理，既体现出应急管理的主要特征，又凸显应急管理不同于常态管理的独特内涵②。风暴潮灾害的救助主体是政府，救助客体包含受灾群众和经济组织，救助主客体的需求是灾害救助实施的依据。灾害救助需求是非正常状态下特殊灾害中以政府、经济组织及受灾群众为中心的需求，是以无偿救助为对应条件的保障性需求。

1. 政府公权力行使需求

作为公共权力的行使者、社会秩序的维持者，政府参与灾害救助保障的各个环节中也存在一定的利益需求。水利、交通、通信等行政主管部门，参与救灾物资管理、受灾地区重建等灾后救助的全过程，是实施灾害救助的主体③。政府部门的管理职责是否到位，是决定灾害救助效率与效果的关键。政府部门的主要诉求是希望通过对灾害救助的成功管理，维护正常的社会秩序，并凭借在救灾过程中的职能发挥，获得其他主体对其执法合法性的认可，稳固其行使公权力的地位，获得群众的支持与拥护④。

2. 经济组织生产发展需求

风暴潮影响区域内的中小企业、商铺等经济组织，按照法律向国家纳税，对当地的社会经济发展做出了巨大贡献，政府及相关部门应根据其需求特征，给予及时的灾后救助。风暴潮灾害的发生往往会对经济组织的房屋、设备、原材料等造成损坏，迫使企业中断生产。由于水电、交通以及通信的中断，企业和商铺还面临营业中断的威胁。因此，企业和商铺等经济组织的需求主要集中于财产安全及后续生产发展的保障。中小企业的主要诉求是期望政府提供资金、税收支持，从而获得自身发展的运营资本。受灾商铺面临的困境是风暴潮灾害发生后的停水、停电以及物流、通信受阻，首要诉求是恢复水电的正常供应，保证交通、通信顺畅，保障商铺持续经营。

3. 灾区群众生命生活需求

在风暴潮灾害中，作为最直接的承灾体，受灾群众是最核心的救助对象。首先，对于受灾群众个体而言，生命安全保障最为重要，与生命救助密切相关的生活、医疗物品的需求也最为迫切。其次，突发性自然灾害发生过程中，受灾群众往往会产生较大的心理问

① 张鑫、凌敏、张玥：《“一带一路”沿海城市风暴潮灾害综合防灾减灾研究》，《河海大学学报（哲学社会科学版）》2017年第19卷第1期，第81-87+91页。

② 张海波、童星：《广义应急管理的理论框架》，《风险灾害危机研究》2018年第2期，第1-27页。

③ Shi P. On the role of government in integrated disaster risk governance—based on practices in China. International Journal of Disaster Risk Science，2012，3（3）：139-146.

④ Kusumasari B，Alam Q，Siddiqui K. Resource capability for local government in managing disaster. Disaster Prevention and Management：An International Journal，2010，19（4）：438-451.

题，受灾群众的心理慰藉需求同样不容忽视①。此外，对于灾区整体而言，安全有序的救灾环境也是重要的现实需求②。因此，灾区群众的需求包含基于受灾群众整体的生命线需求和治安保障需求，以及基于受灾群众个体的生命健康需求、生活保障需求和心理慰藉需求③。其中，受灾群众个体的生命、生活、心理三大需求为核心需求，而基于整体的救助需求是受灾群众个体需求的保障和基础。

二、风暴潮灾害损失与灾害救助的关联分析

风暴潮灾害损失是自然灾害损失的一种，是从社会财富积累和社会生产积累中支出的或负增长的部分，受到自然、经济、社会、人口因素综合影响。风暴潮灾害救助作为一种以“救急难”为主要功能的社会救助制度，是保障受灾群众生活的最后一道防线，避免受灾群众陷入生活困境，同时亦能保证救灾资源的合理分配，使灾区进入正常发展的轨道，避免次生灾害的发生，是社会稳定的“平衡器”和“安全网”④。

以 1949 年以来登陆我国的最强台风威马逊台风风暴潮为例，从时间、空间、逻辑三个维度剖析风暴潮灾害损失以及灾害救助关联的协同机理（图 3）。

（一）时间维度

从时间维度看，风暴潮灾害损失涉及灾害发生、发展的各阶段，灾害救助的实施也存在阶段性差异。据统计，威马逊台风风暴潮灾害造成的直接经济损失达 80.80 亿元，其中包括渔农业损失、基础设施损毁以及房屋损坏等。此外，灾害损失还包括人力资本损失、停工停产损失、重建投入等在内的波及损失。威马逊台风风暴潮造成海水入侵进而淹没农田，大量被淹没的农田完全复耕需要 3 年以上的时间；受到海水倒灌影响的海南产胶区，恢复种植至产胶至少需要 7 年时间；沿海养殖渔排、池塘受损使得水产养殖业几乎绝收。基于灾害发展的特征变化，政府实施的灾害救助也有所侧重。灾前准备阶段，广东、海南和广西积极进行救助准备工作，利用社交媒体、短信等渠道向群众发送台风暴雨预警信息共计 529 次，接收信息共计 1.65 亿人次，各省区根据气象预警，成功转移 68.91 万危险地带人员，及时通知 33 010 艘出海作业渔船回港避风⑤。依靠多种信息技术传递灾情信息，为积极做好灾害救助准备工作和后续灾害救助措施提供了基础⑥。灾中应急救助期间，海南省省政府下拨救灾应急资金 1 亿元持续为受灾群众提供食品、衣物、药品、资金等救

① Jacobs S C，Leach M M，Gerstein L H. Introduction and overview：counseling psychologists' roles，training，and research contributions to large-scale disasters. The Counseling Psychologist，2011，39（8）：1 070-1 086.

② Gosney J，Reinhardt J D，Haig A J，et al. Developing post-disaster physical rehabilitation：role of the World Health Organization liaison sub-committee on rehabilitation disaster relief of the international society of physical and rehabilitation medicine. Journal of rehabilitation medicine，2011，43（11）：965-968.

③ Kusenbach M，Simms J L，Tobin G A. Disaster vulnerability and evacuation readiness：coastal mobile home residents in Florida. Natural Hazards，2010，52（1）：79-95.

④ 卢山、李秀芳：《台风灾害快速损失评估模型研究》，《保险研究》2016 年第 11 期，第 26-40 页。

⑤ 宋艳、孙典、苏子逢：《基于演化博弈的台风灾害应急疏散决策机制研究》，《预测》2018 年第 37 卷第 2 期，第 69-75 页。

⑥ Tsai M K，Yau N J. Improving information access for emergency response in disasters. Natural Hazards，2013，66（2）：343-354.

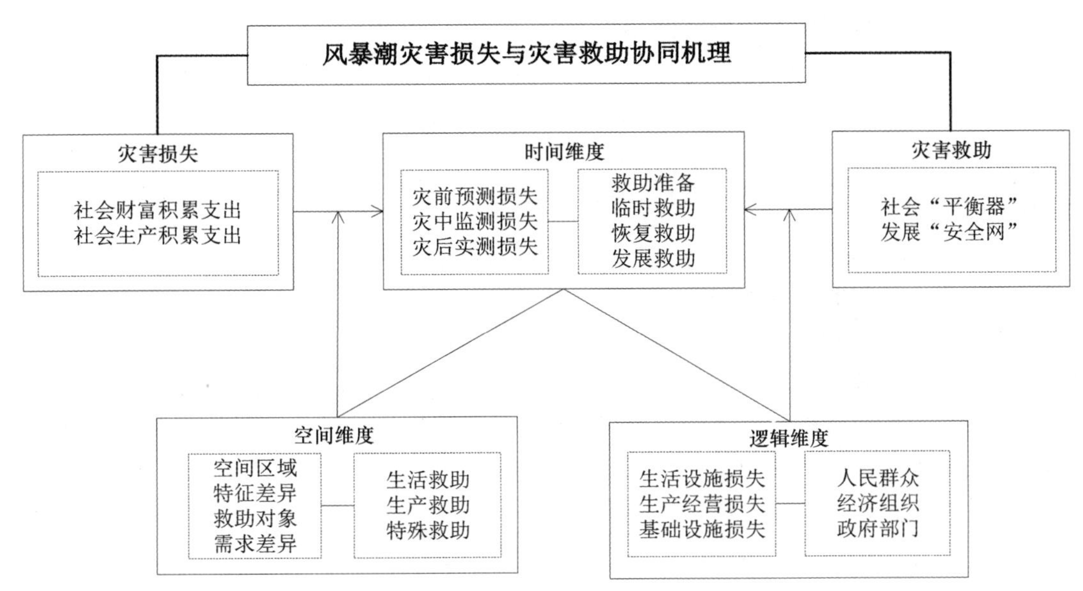

图3 风暴潮灾害损失与灾害救助关联图

助物资。灾后恢复阶段，海口市、文昌市安排救助资金1.5亿元和2 000万元进行灾后重建①，形成包含灾前预报预警、灾中应急管理、灾后恢复重建在内的全过程灾害救助。

从风暴潮灾害损失的时间维度来看，风暴潮灾害发生前的预测性损失、灾害发生过程中的监测性损失以及灾害发生后的实测性损失对风暴潮灾害救助的实施工作具有一定的影响。因此，风暴潮灾害救助应基于灾害损失发生的阶段性特征，建立与风暴潮灾害产生与发展各阶段相对应的救助准备、临时性救助、恢复性救助和发展性救助相结合的协同救助。

（二）空间维度

从空间维度看，因地区差异的存在，风暴潮受灾地区的损失类型各有差异。据《2014年中国海洋灾害统计公报》显示，威马逊台风风暴潮期间，广东地区渔业受到极大冲击，水产养殖受灾面积达1.971万公顷，水产养殖损失28.90万吨；海南地区居民受灾情况严重，房屋受损22 663间，渔船受损2 477艘，死亡（含失踪）6人；广西地区海岸工程遭受重创，海堤、护岸损毁达49.03千米。灾害发生后，各地依据区域受灾情况，进行有针对性的救助工作，力图使灾害损失最小化。其中，广东省准备应急救助船舶7艘以及时应对特殊情况；海南省海口市调拨棉被3 230床、毛毯1 000条、帐篷300顶以及衣服、食品等救灾物资用于受灾群众生活救助；广西壮族自治区北海市政府下拨救灾资金1 000万元，恢复海岸工程建设。

从风暴潮灾害的空间分布特征来看，风暴潮灾害的波及范围及强度，受灾区的地理环

① 石先武、贾宁、谭骏等：《威马逊台风风暴潮灾害分析：第二届中国沿海地区灾害风险分析与管理学术研讨会论文集》，2014年版。

境、产业发展、人口密度等地域特征，各级政府与部门的职责履行程度等因素的存在，使风暴灾害损失存在层次与区域差异。风暴潮灾害救助应依据受灾区空间维的分层次损失特征，形成针对不同区域的差别化救助设计。

（三）逻辑维度

从逻辑维度看，风暴潮灾害对渔业、农业、运输、建筑等各行各业以及居民生命财产都造成一定程度的破坏，影响涉及生产、生活的各个领域。威马逊台风风暴潮期间，生产经营方面，农业、渔业受灾面积分别为 2.252 万公顷和 3.761 万公顷，农民、渔民以及承包企业损失严重；基础建设方面，海岸工程设施损毁达 64.71 千米，给政府灾后重建工作造成压力；生活设施方面，受灾房屋达 33 765 间，损毁船只 3 228 艘，使受灾群众日常生活受到困扰。灾后恢复阶段，海南省划拨 360 万元专项资金，用于建造 120 艘新渔船，帮助渔民尽快恢复生产；广西壮族自治区紧急开展修复各类仪器设备、恢复沿岸生态系统、整治海水养殖区环境等方面的恢复重建工作。

从风暴潮灾害损失的逻辑层次来看，风暴潮灾害影响到各行业的生产与经营、居民生活设施的维护、城市基础设施的运行等不同逻辑结构内容，涉及经济组织、社会团体、家庭、个人等各主体的既得利益。风暴潮灾害救助应从生产、生活的各个领域出发，形成针对特定救灾对象的精准化救助设计。

三、风暴潮灾害四维救助保障体系

目前，我国已初步形成国家层面的海洋灾害应急管理体系，但风暴潮灾害救助在理论与实践层面上仍处于较低水平。完善的灾害救助要求构建包含内容体系、结构体系、层次体系和服务体系的风暴潮灾害四维救助保障体系（图 4）。

灾害救助内容体系的着眼点为灾害救助项目的覆盖程度；灾害救助结构体系的关注点为各类受助群体的覆盖状况；灾害救助层次体系的着力点为从多主体参与到多主体协同，明晰各灾害救助主体所承担的责任；灾害救助服务体系的切入点为各类救助服务的风险控制程度①。

（一）风暴潮灾害救助内容体系

风暴潮灾害受自然、经济、社会、人口等多维度因素的影响，是致灾因子、孕灾环境和承灾体相互作用的结果，由此造成的灾害损失在内容、程度等方面呈现出阶段性差异。风暴潮灾害救助应综合考虑灾害损失的链式效应，从灾害损失发生的阶段性特征出发，明确各阶段救助的侧重点，并根据灾情变化进行适度调整。在此基础上，依据灾害损失评估、风暴潮灾害救助的特征，建立灾前救助准备、灾中临时性救助和灾后恢复性救助、发展性救助为重点的风暴潮灾害救助内容体系。

（二）风暴潮灾害救助结构体系

地域差异的存在使受灾区域的救助需求不尽相同。对于人口密集的灾区而言，受灾群

① 王雄：《完善社会救助统筹体系研究》，《云南社会科学》2018 年第 3 期，第 144-149 页。

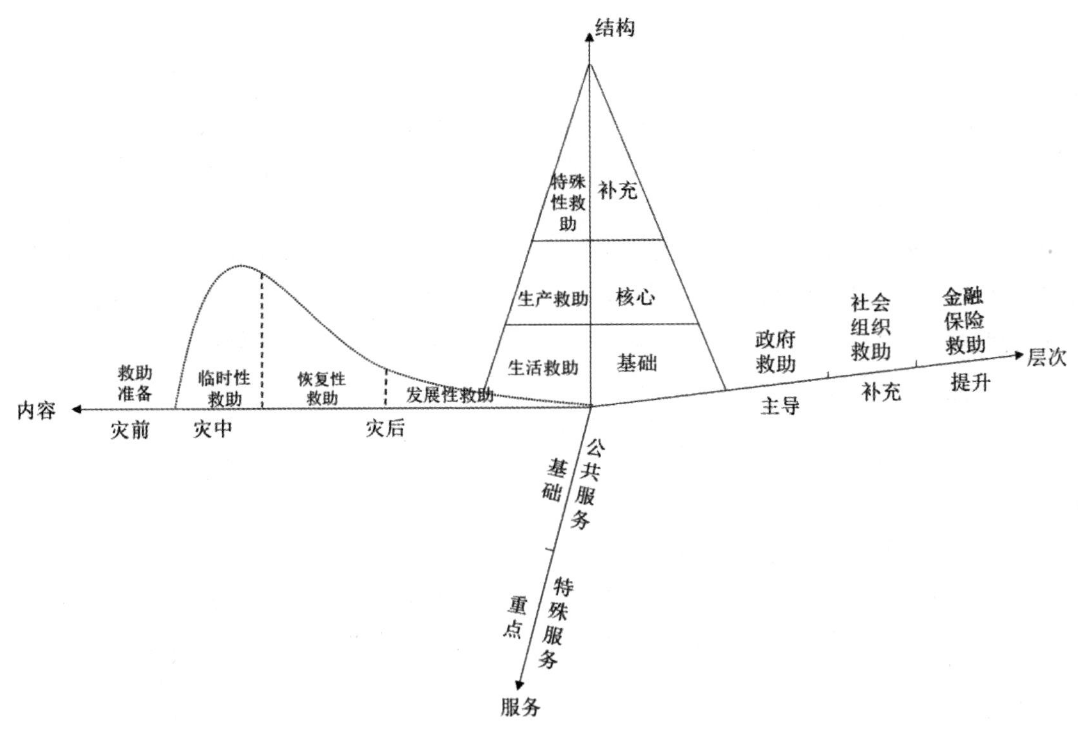

图 4 风暴潮灾害四维救助保障体系

众的实物需求与心理慰藉需求最为强烈，包括食品、药物和衣被等物资在内的生活救助能解决其生存问题；渔业经济发达地区对恢复生产的诉求较为突出，基础设施正常运行等生产救助为促进经济组织的生产恢复与后续发展奠定了基础；海岸工程建设重点区域对专业人才及设备的需求更为迫切，这要求相关部门采取有针对性的特殊救助[①]。因此，风暴潮灾害救助体系应基于救助对象的需求特征以及区域灾变特征，明确各层级、各部门的职责，形成以生活救助为基础、生产救助为核心、特殊性救助为补充的风暴潮灾害救助结构体系。

（三）风暴潮灾害救助的层次体系

风暴潮灾害波及范围较广，涉及基础设施、生命设施、工程建筑、农田、水产养殖、人员生命等多个逻辑层次，包含人身安全以及经济利益等各个方面。因此，风暴潮灾害救助体系的建设要在发挥政府主导作用的基础上，将企业、公众、非政府公共组织等社会力量纳入防灾减灾体系并加以统筹规划。形成政府救助为主导，社会团体、民办非企业单位、基金会等社会组织和社会成员救助为补充，金融政策支撑、保险机构参与救助为提升的风暴潮灾害救助层次体系。

① 国家发展和改革委员会社会发展研究所课题组、谭永生、关博、王阳：《我国社会救助制度的构成、存在问题与改进策略》，《经济纵横》2016 年第 6 期，第 86-94 页。

（四）风暴潮灾害救助的服务体系

风暴潮灾害速度快、来势猛、环境破坏力较强，具有明显的自然风险特征。同时，受灾人口的流动、灾区环境的恶化等社会效应的影响力较大，使得风暴潮灾害兼具一定的社会风险特征。因此，需要在气象预警的基础上，依据脆弱性分析，对风暴潮灾害预警并提升风暴潮灾害精细化管理水平。风暴潮灾害救助提供公共服务应对自然风险的同时，需要设计相应的特殊公共服务以保障全社会的稳定和安全，这要求风暴潮灾害救助综合考虑灾害损失涉及的各个环境层面，兼顾不同救助层次的双重风险特征，从救助对象的救助需求出发，建立以公共服务为基础，特殊服务为重点的风暴潮灾害救助服务体系。

四、结论与建议

我国沿海地区风暴潮灾害频发，风暴潮灾害救助保障体系的建立任重而道远。风暴潮灾害具有发生时间集中、地区差异显著、经济损失严重以及次生灾害频发等复杂特征，群众、经济组织等救助对象的需求特征也存在较大差异。因此，风暴潮灾害救助保障体系的构建应基于时间、空间、逻辑三个维度综合考虑风暴潮灾害损失与灾害救助关联的协同机理。建立灾前救助准备、灾中临时性救助、灾后恢复性救助和发展性救助为重点的风暴潮灾害救助内容体系；生活救助为基础、生产救助为核心、特殊性救助为补充的风暴潮灾害救助结构体系；政府救助为主导，社会团体、民办非企业单位、基金会等社会组织和社会成员救助为补充，金融政策为支撑、保险机构参与救助为提升的风暴潮灾害救助层次体系；公共服务为基础，特殊服务为重点救助的风暴潮灾害救助服务体系；形成基于内容体系、结构体系、层次体系和服务体系的风暴潮灾害四维救助保障体系。通过多层次的保障措施实现风暴潮灾害救助保障体系的平稳运行。

法律层面上，加强法制化建设，以法律强制性保障灾害救助体系的平稳运行。我国的灾害救助在运行项目、救助标准、经费投入、对象界定等方面存在较大的随意性与临时性，阻碍了灾害救助体系的长期稳定发展。为此，要完善相关法律规定，尽快出台《社会救助法》，并制定配套的灾害救助程序，确保灾害救助法律的严格执行。在灾害救助体系的实践过程中，及时依据反馈意见进行修正，实现法律的公正性。

财政层面上，建立稳定的灾害救助财政制度，拓展资金来源渠道。资金投入是灾害救助的基础，政府对灾害救助的责任之一就是保障资金。为确保风暴潮灾害救助体系的有效运行，要明确中央与地方职责，并在此基础上确立中央与地方的资金投入比例关系。我国目前的风暴潮救灾资金缺乏稳定的资金投入机制，从而增加了筹资难度。因此，要利用多种渠道拓宽资金来源，通过灾害保险等方式分担灾害损失；通过建立救灾基金的方式，委托红十字会、基金会等社会组织进行筹资及运营，增加筹资渠道，实现基金的保值增值。

制度层面上，构建风暴潮灾害救助监督体制，实现灾害救助的有效管理。我国的灾害救助体制以至上而下的管理为主，缺乏制度化的监督，灾害救助制度的实施往往涉及不同层级、不同地区的多个部门，各责任主体之间利益的博弈与矛盾难以避免。因此，要强化灾害救助监督检查工作手段，完善灾害救助检查工作机制，并全面落实监督管理责任。同时，充分利用舆论监督力量，实现灾害救助工作的规范化、透明化。

论文来源：本文原刊于《河海大学学报（哲学社会科学版）》2020 年第 22 期，第 37–43 页。

项目资助：中国海洋发展研究会基金项目资助（CAMAJJ201607）。

我国沿海地区重特大海洋动力灾害应对策略研究

石先武[①]，方佳毅[②]，梁祎，刘珊，张建东

摘要：我国沿海地区是极端天气和气候事件易发频发区，也是重要的人口和经济聚集地。在全球气候变化背景下，风暴潮、海浪、海冰和海啸等海洋动力灾害的形成机理、发生规律、时空特征、损失程度呈现出新的特点，重特大海洋动力灾害对我国沿海地区造成的威胁不容忽视。文章阐述了海洋动力灾害时空分布特征，在分析我国沿海地区应对海洋动力灾害现状基础上，提出了我国沿海地区应对重特大海洋动力灾害的对策与建议：建议开展重特大海洋动力灾害防御相关立法研究，制定国家层面应对重特大海洋动力灾害专项应急预案，建立健全重特大海洋动力灾害保险风险补偿机制以及提升重特大海洋动力灾害科技支撑能力。

关键词：海洋动力灾害；重特大；时空分布；应对策略；风险转移

海洋灾害已对沿海地区造成巨大的人员伤亡和经济损失，例如2004年印度洋地震-海啸导致14个国家共计23万人死亡和181.28亿美元直接经济损失，对当地旅游业、渔业和生态环境影响巨大[③]。2005年美国卡特里娜飓风风暴潮灾害链使美国新奥尔良市防洪堤决口，市内80%的地区受淹，在全美造成1 330人死亡，经济损失达960多亿美元[④]。2011年3月11日，日本福岛地震海啸灾害链造成日本约1.4万人死亡，地震引起的核电站爆炸以及其他次生灾害大大影响了灾后救援和恢复重建，也对当地的海岸带生态环境造成重大破坏，同时给全球生产链、供应链和全球股市带来巨大的冲击[⑤]。当前，在全球气候变化背景下，极端天气气候事件明显增多，风暴潮、海浪、海冰、海啸等海洋动力灾害的形成机理、发生规律、时空特征、损失程度呈现出新的特点。

---

① 石先武，男，自然资源部海洋减灾中心高级工程师，硕士。主要研究方向：海洋防灾减灾。

② 方佳毅，女，华东师范大学地理科学学院讲师，博士。主要研究方向：气候变化及海岸带灾害风险评估。

③ 李辉：《印度洋海啸灾情及救援行动概述》，《国际资料信息》2005年第4期，第11-15，20页。

④ 吕丽莉、史培军：《中美应对巨灾功能体系比较：以2008年南方雨雪冰冻灾害与2005年卡特里娜飓风应对为例》，《灾害学》2014年第4429卷第3期，第206-213页。

⑤ 尹卫霞、王静爱、余瀚等：《基于灾害系统理论的地震灾害链研究：中国汶川“5.12”地震和日本福岛“3.11”地震灾害链对比》，《防灾科技学院学报》2012年第2期，第1-8页。

我国沿海地区受季风天气系统和极端天气事件影响，是海洋灾害易发和频发区。重特大海洋动力灾害虽然发生频率低，但往往会造成巨大的人员伤亡和财产损失。自 20 世纪 80 年代以来，我国近海及海岸带区域的海洋灾害损失年均增长近 30%，是各种自然灾害造成经济损失中增长最快的①。随着“一带一路”建设的展开，我国参与经济全球化程度提高，沿海地区工业化和城镇化进程加快，人口密度和社会财富急剧增加，海洋资源开发利用活动日益频繁，频发的海洋灾害为我国沿海区域发展和海洋开发带来严峻的挑战②。由此可见，我国沿海地区重特大海洋动力灾害的发生的可能性不容忽视，随着沿海地区社会经济和人口的快速发展，面临的海洋灾害风险也越来越大，如何科学应对沿海地区面临重特大海洋动力灾害的威胁成为我国海洋防灾减灾中亟待解决的重要课题。

一、海洋动力灾害时间分布特征

本研究收集了包括风暴潮、灾难性海浪和海冰三类海洋动力灾害数据，数据主要来源是《中国海洋灾害公报》③，海啸近年在我国沿海发生频次较低，目前无灾情统计记录。为了使经济损失具有可比性，经济损失通过居民消费价格指数逐年订正，统一订正到了 2016 年价格。在此基础上，分析了我国沿海海洋动力灾害时空分布特征。

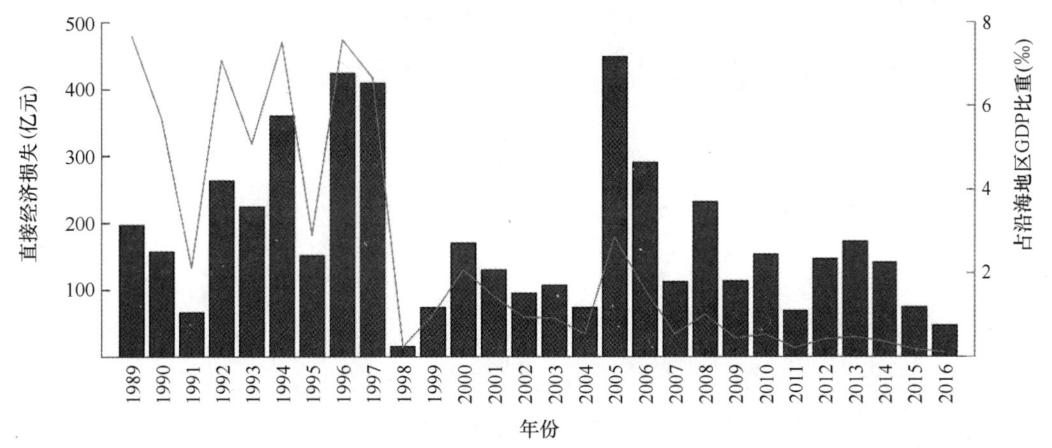

图 1　1989—2016 年海洋灾害造成的直接经济损失（亿元）及占沿海 GDP 比重（‰）
（统　订正到 2016 年价）

1989—2016 年海洋动力灾害已造成了 4 911 亿元直接经济损失，平均每年造成的直接经济损失达到 175 亿元。其中风暴潮灾害是造成经济损失最多的灾种，占比高达 94%，海洋动力灾害造成的直接经济损失无明显的趋势，但其占沿海 GDP 的比重呈现显著变小趋

① 吕丽莉、史培军：《中美应对巨灾功能体系比较：以 2008 年南方雨雪冰冻灾害与 2005 年卡特里娜飓风应对为例》，《灾害学》2014 年第 4429 卷第 3 期，第 206-213 页。

② 李明、张韧、洪梅：《基于加权贝叶斯网络的海洋灾害风险评估》，《海洋通报》2018 年第 2 期，第 121-128 页。

③ 国家海洋局：《中国海洋灾害公报》，国家海洋局，1989—2016 年。

势（图1）。在过去的28年里，海洋动力灾害已经造成了8 469人死亡（包括失踪），平均每年302人。人员死亡主要是由风暴潮（4 370人）和灾难性海浪（4 099人）造成，其中“9417”号台风风暴潮仅在浙江省就导致1216人死亡（图2）。海洋动力灾害造成人员伤亡的主要原因是：① 致灾因子危险性高，孕灾环境复杂，台风夜间登陆，风暴潮与天文大潮叠加，同时风力强、暴雨量大，洪水位高；② 沿海人口集聚，房屋分布密度大，海水淹没容易造成农房连片倒塌，居民抗灾能力差；③ 沿海部分区域工程防护措施设防标准偏低，一旦发生海堤溃决容易导致级联效应，造成更多海堤被损坏引发沿岸大面积淹没；④ 因灾死亡人口普遍社会脆弱性高，老人凭经验不愿避险，外来人口不熟悉当地地形惊慌逃生，盲目为抢救资产而遇难身亡①。

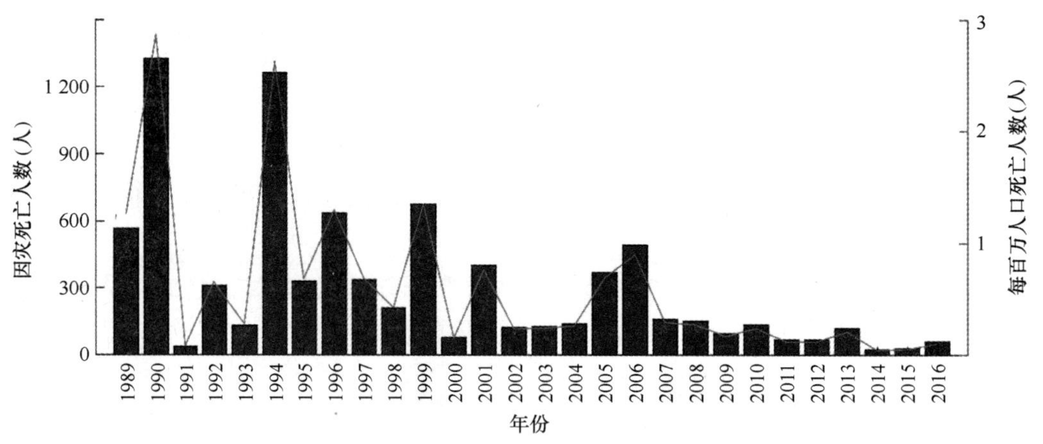

图2　1989—2016年海洋灾害造成的死亡人数和每百万人口死亡人数

二、海洋动力灾害空间分布特征

我国沿海地区海洋动力灾害造成的经济损失和死亡人口呈现明显的空间分布特征。在统计区间内浙江、福建、广东是海洋动力灾害造成直接经济损失最多的3个省份，占全国沿海直接经济损失比例达到84%，这3个省份直接经济损失总值均超过1 000亿元。浙江、福建、广东、山东和海南是因海洋灾害死亡人数最多的省份，约占全国的88%，其中浙江和福建统计区间内死亡人数均超过了1 000人，这也是我国沿海地区受风暴潮和海浪影响最严重的两个省份。表1对我国沿海重特大海洋动力灾害影响和分布特征进行了概述，风暴潮和海浪引发的重特大海洋动力灾害最为频发，海冰多发生在渤海海域和北黄海沿岸海域，从表中典型案例可发现历史上风暴潮、海浪、海冰、海啸都在我国沿海地区引发过重特大海洋动力灾害。海洋动力灾害损失的地区差异显著，尽管沿海地区人数不断增多，但绝对死亡人数和相对死亡人数都呈现出显著地减少趋势，2000年后减少趋势尤为明显，主要由于20世纪以来沿海社会抗灾能力和提高应急响应能力的不断提高，应急转移、灾害

① 张岩峰、徐洪太：《温州“9417”号台风灾情和反思》，《浙江水利科技》1996年第2期，第34-36页。

预警等措施落实到位①。

表1　重特大海洋动力灾害影响与分布

灾种	影响情况	分布特征		典型案例
		空间分布	时间趋势	
风暴潮	风暴潮与天文大潮、上游洪水叠加，会导致海岸洪水、沿海基础设施毁坏和洪水防御系统破坏，冲毁近岸近海养殖设施	台风风暴潮从南到北都有发生，温带风暴潮主要发生在渤海和北黄海的沿海地区	1951—2014年台风风暴潮频次呈现增长趋势	“9711”号台风风暴潮灾害导致342人员死亡和直接经济损失274亿元。仅浙江省，受灾群众达到1 141万人，169人死亡或失踪，损坏堤防776千米，直接经济损失约193亿元
海浪	掀翻海上船只，毁坏海上工程和海岸工程，是造成人员伤亡主要的海洋灾害	灾难性海浪天数由南到北依次递减为，南海、东海、黄海、渤海	“6903”号台风引发的灾害性海浪，南海狂浪区维持90小时，造成1 554人死亡，倒房82 381间，经济损失特别惨重	
海冰	海面冰封导致航道封闭，影响港口运作，并对海上水产养殖业有影响	海冰多发生在渤海海域和北黄海沿岸海域	海冰冰情指数从1950—2016年呈现下降趋势	1969年2—3月，渤海发生特大冰封，持续时间近50天，海上交通运输瘫痪，结冰范围广，经济损失数亿元
海啸	海水涌入海湾或海港产生破坏性巨浪，吞没良田和城镇村庄，冲击沿海海防设施	台湾海峡是高发区，其次是大陆架区域，低发区是渤海区域	1918年2月13日广东南澳岛东南海底地震引发海啸，海啸波幅达到2米，死亡250人，沉船超过50艘	

三、重特大海洋动力灾害应对现状及存在问题

（一）法律法规及应急预案支撑应对重特大海洋动力灾害能力不足

我国的灾害管理体系是自上而下模式，即在中央政府领导下的相关部委主导的灾害管

① Shi X，Liu S，Yang S，et al. Spatial-temporal distribution of storm surge damage in the coastal areas of China. Natural Hazards，2015，79（1）：237-247.

方佳毅：《气候变化下中国沿海地区极值水位人口与经济风险评估》，北京师范大学，2018年。

理制度。其基本原则为“统一领导、分级负责、条块结合、属地管理”，由政府统一负责制定和实施有关灾害管理的政策、法规和规划，为地方减灾工作提供依据。然而尚未有专门针对海洋灾害防御的法律法规，导致开展相关工作的过程中无法可依。各级政府在面对跨区域重特大海洋动力灾害的复杂局面时，各机构、各区域往往各自为战，相互间没有进行很好的配合与协调，造成大量资源的闲置、浪费以及重复配置，协调力与资源整合力严重不足，缺乏合理的应对保障机制。2015 年国家海洋局发布了《风暴潮、海浪、海啸和海冰灾害应急预案》①，但该预案主要规定了风暴潮、海浪、海啸、海冰等海洋动力灾害应急期间国家海洋局系统内部各部门的职责，并没有涉及沿海地方受灾地区海洋行政管理部门的任务分工，主要用于一般的海洋动力灾害应对。

（二）保险市场参与重特大海洋动力灾害风险转移机制亟须完善

重特大海洋动力灾害具有损失程度大、影响范围广、无法用传统概率来厘定保险费率等特点，使得普通的商业保险无法单独承保重特大海洋灾害风险，我国国内也尚未形成成熟的海洋灾害保险及再保险风险转移机制。一旦发生重特大海洋动力灾害，沿海居民灾后的恢复生产主要依赖于中央及地方政府的救济救助，沿海居民因灾致贫、因灾返贫现象非常严重，保险作为最重要的风险分散工具，尚未在沿海地区海洋灾害的风险分散和损失补偿中发挥应有的作用②。重特大海洋动力灾害的致灾机理复杂，承灾对象主要是海上平台、海水养殖、海岸防护措施以及类似核电站等沿海重点工程，存在投入大、风险高、核损定损难等特点，如果缺乏政策性支持，仅靠商业模式，相关保险工作难以开展，迫切需要从国家层面对保险及再保险参与应对重特大海洋动力灾害机制上进行完善。

（三）重特大海洋动力灾害基础研究科技支撑有待提高

日本“3. 11”地震海啸后，国家海洋局启动了海洋灾害风险评估和区划、海洋灾害承灾体调查、海洋灾害重点防御区划定、海洋灾情调查评估与报送以及新一轮警戒潮位核定等业务工作③，这些基础性海洋防灾减灾工作为地方海洋防灾减灾初步构建了本底数据库，但是尚未系统开展针对重特大海洋动力灾害的致灾机理及影响评估研究工作。2016 年科技部启动了国家重点研发计划海洋动力灾害应对技术研究及应用专题，针对风暴潮、海浪、海冰、海啸等重特大海洋动力灾害对近岸承灾体作用机理、风险评估及防控技术、应急响应程序、防灾标准等，在我国近海动力灾害高风险区进行应用示范，形成的“重大海洋动力灾害致灾机理、风险评估、应对技术研究及示范应用”项目正在推进。

四、重特大海洋动力灾害应对对策与建议

（一）开展重特大海洋动力灾害防御相关立法

针对地震、气象、地质、洪水等自然灾害，国家先后出台了《防震减灾法》《气象灾害防御条例》《地质灾害防治条例》《防汛条例》等相关法律法规，目前我国海洋相关法

---

① 国家海洋局：《风暴潮、海浪、海啸和海冰灾害应急预案》，国家海洋局，2015 年。

② 国家海洋局海洋减灾中心：《海洋灾害保险研究报告》，国家海洋局，2017 年。

③ 王锋：《关于海洋灾害应急管理体系建设的思考》，《海洋开发与管理》2013 年第 30 卷第 4 期，第 1-5 页。

律法规大多为海洋环境保护方面，与海洋防灾减灾相关的法律仅有《海洋观测预报管理条例》。我国海洋灾害种类多、区域差异大、灾害损失日益严重，海洋防灾减灾工作形势严峻，《海洋观测预报管理条例》主要对观测和预报进行了规定，没有全面涉及海洋灾害风险评估、灾情管理、应急处置、影响评估和灾后恢复等其他海洋防灾减灾工作领域，海洋防灾减灾众多工作面临无法可依的局面，涉及重特大海洋动力灾害应对的法律法规更是缺乏，亟须出台专门的海洋灾害防御方面的法律法规，建议加快制定《海洋灾害防御条例》，明确应对重特大海洋动力灾害各级政府和行业部门职责。

（二）制定国家层面应对重特大海洋动力灾害专项应急预案

我国海洋行政管理部门针对风暴潮、灾害性海浪、海啸、赤潮等海洋灾害编制了应急预案，省、市、县各级政府也编制了相应的预案，初步建立了覆盖全国沿海的海洋灾害应急预案体系。但这些应急预案应对重特大海洋动力灾害的针对性不强，重特大海洋动力灾害往往造成严重的人员伤亡，究其原因除了灾害本身强度大、影响广外，地方政府应对能力的不足，应急避难场所设置的不合理以及灾民应急响应的不及时等，导致灾民选择了不正确的避难场所或者错过了最佳的避难时机，往往导致重特大海洋动力灾害引发巨大的人员伤亡和经济财产损失。建议加强针对应对重特大海洋动力灾害的应急预案编制，以国家和地方减灾需求为牵引，建立联防联控的重特大海洋动力灾害应对机制，并将重特大海洋减灾避灾预案纳入国家综合减灾预案体系。

（三）建立健全重特大海洋动力灾害保险风险补偿机制

中国保监会与财政部开展了《建立巨灾保险制度》研究工作，并将地震、洪水、台风、森林火灾等灾种纳入其中，而未将海洋灾害纳入。风暴潮、海啸、海浪、海冰等引发的重特大海洋动力灾害事件容易引发巨大经济损失，且受灾群众均为沿海渔民等底层人员，对风险的承受能力较差，建议将重特大海洋动力灾害纳入巨灾保险体系，以促进海洋灾害损失救助补偿及保险机制的发展，保障沿海居民的财产安全。重特大海洋动力灾害巨灾累积风险大、应对协调繁琐，需要中央和地方政府组织多部门的共同协调，而单一部门很难实现重特大海洋动力灾害风险转移分散。建议针对我国重特大海洋动力灾害易发多发区，从地方政府和沿海居民应对重特大海洋动力灾害实际需求出发，开展重特大海洋动力灾害保险可行性研究，建立政府主导、市场参与的政策性重特大海洋动力灾害保险体制，研发符合我国沿海地区的重特大海洋动力灾害巨灾保险产品，提高沿海地区应对重特大海洋动力灾害风险防范能力。

（四）提升重特大海洋动力灾害科技支撑能力

建议开展重特大海洋动力灾害综合致灾机理研究，科学识别我国沿海重特大海洋动力灾害潜在发生区域，重点针对地震–海啸–生产安全事故（核泄漏）灾害链、台风–暴雨–风暴潮–洪水灾害链、海冰–生产安全事故灾害链的成灾机制，建立重特大海洋动力灾害链风险评估模型库，基于情景假设分析我国沿海重特大海洋动力灾害风险及其社会影响特征。针对海水养殖、渔港码头、海上平台、避灾设施等典型承灾体，开展重特大海洋动力灾害过程影响分析，建立重特大海洋动力灾害典型承灾体防灾标准，提高沿海地方重特大海洋动力灾害风险防范水平。

论文来源：本文原刊于《海洋开发与管理》2019 年第 5 期，第 32-36 页。
项目资助：中国海洋发展研究会基金项目资助（CAMAJJ201706）。

应用海洋健康指数对环北部湾中国近岸海洋健康的评价

陈洁[①] 吴霓[②] 姚宝龙 黄华梅 王静 章柳立 王金华

摘要：本研究在环北部湾中国近岸海域生态系统调查基础上，利用国际前沿的理念——海洋健康指数（Ocean Health Index，OHI）评价环北部湾中国近岸海洋的健康状态。评价结果：环北部湾中国近岸海洋健康指数的评估总分为 61.3 分。其中，得分最高的为清洁水域，得分 92.5 分，其次为自然产品得分 85.6 分。海洋归属感和旅游休闲的得分也高于 70 分。但食物供给和生物多样性方面得分不足 60 分，海岸防护、碳汇、海岸带生计与经济方面得分不足 50 分，传统渔民的捕捞机会的得分仅 39.3 分。上述结果说明环北部湾中国近岸海洋健康状况整体较差，特别在食物供给、生物多样性、海岸防护等得分不足 60 分的 6 个方面，问题较为严重，应加强管理与保护。

关键词：海洋健康指数；北部湾；海洋生态

海洋健康是海洋环境管理与生态系统管理的目标之一，生态系统服务功能是人类生存和发展的基础。海洋健康指数建立了一套多角度、全面评估和监测海洋健康的体系，通过对食物供给、传统渔民的捕捞机会、自然产品、碳汇、海岸防护、海岸带生计与经济、旅游休闲、海洋归属感、清洁水域、生物多样性 10 个目标评估模型数据进行收集和分析评估海洋可持续发展能力[1]。每个目标值的计算都采用 4 个维度的计算——现状、近期发展趋势、存在压力和依据当前管理行为能够获得的近期弹性，每一个维度都包括了生态的和社会的数据。2012 年 8 月，Halpern 等采用海洋健康指数指标体系计算出全球海洋生态系统健康指数得分为 60 分，全球各国海域的得分在 36 至 86 分之间，中国海域得分 53 分[1]。之后，Halpern 等[2]应用海洋健康指数对美国西海岸和巴西等地的海洋健康状况进行评估。在我国，自 2005 年国家海洋局印发行业标准《近岸海洋生态系统健康评价指南》以来，开展了海洋生态系统健康评价，每年以《中国海洋环境质量公报》的形式发布。整

① 陈洁，女，国家海洋局南海规划与环境研究院，高级工程师。主要研究方向：海洋生态学、生态环境政策。
② 吴霓，女，国家海洋局南海规划与环境研究院，助理研究员。

体说来，我国海洋生态系统健康评价尚处于摸索阶段，评价方法也尚不成熟。海洋健康指数为我国海洋环境健康提供了一种新方法、新思路。2013 年 6 月，国家海洋局分派多个单位参加了由保护国际基金会和美国国家生态学分析与综合研究中心联合组织的“海洋健康指数区域应用培训”。目前，已初步完成海洋健康指数 10 个指标的计算模型和方法在中国区域的适应性研究工作。

北部湾东临我国的雷州半岛和海南岛，北临我国广西壮族自治区，西临越南，南与南海相连，处华南经济圈、西南经济圈和东盟经济圈的结合部，区位优势明显，战略地位突出。本文应用改进后适应于中国海洋健康指数的计算模型和方法对北部湾海洋健康指数进行评价，定量评价环北部湾中国近岸海洋的健康水平，量化其可持续发展的能力，找出影响海洋健康的短板，从而有助于了解目前环北部湾中国近岸海域的生态现状及人类生产活动对北部湾环境生态的胁迫力，为环北部湾中国近岸海域提出海洋资源开发与保护的管理决策提供依据。

一、材料与方法

（一）评估模型

国家海洋局和保护国际签订协议，组建了以国家海洋环境监测中心牵头的海洋健康指数中国适应性评估课题组展开海洋健康指数中国适应性研究。本文参照由海洋健康指数中国适应性评估课题组改进后的中国海洋健康指数（OHI-China）模型[3]对环北部湾中国近岸海洋健康指数进行评价。

（二）评价范围

应用海洋健康指数对北部湾中国海域的评价范围为受人类影响活动影响较大的环北部湾中国沿岸低潮线向海一侧 12 海里以内海域。

（三）海洋健康指数 10 个目标数据层及其数据来源

海洋健康指数 10 个目标数据层如表 1 所示，其数据来自中国海洋健康指数适应性研究项目。

表 1　环北部湾中国近岸海洋健康指数 10 个目标数据层及其数据来源

目标	子目标	数据层	数据来源及说明
食物供给	捕捞渔业	海洋捕捞产量	《中国渔业统计年鉴》（1994—2013）[4]
		捕捞渔船功率	
	海水养殖	海水养殖产量	
		海水养殖面积	
传统渔民的捕捞机会	/	渔港数量	国家农业科学数据共享中心（2014）[5]
		传统渔民数量	《中国渔业统计年鉴》（2003—2013）[6]
		柴油价格	今日油价（2010—2013）[7-10]
		人均可支配收入	各省、区统计年鉴（2009—2013）[11-13]
自然产品	/	资源提取率	《中国海洋发展报告》（2012—2014）[14]
		资源提取难度	
		单个自然产品的收获量	《中国海洋统计年鉴》（2012—2014）[15]
		单个自然产品相对于所有产品总产值的权重	《中国海洋发展报告》（2012—2014）[14]
碳汇	/	每种生境对碳汇的贡献率	相关文献[15-20] 中国目前尚无完整的海草床面积的统计数据，有海草的区域目前基本已建立保护区，因此，海草床的数据用珊瑚礁保护区[15]的面积来代替
		每种生境的面积	
		每种生境当前条件与参考条件的比	
海岸防护	/	生境类型的面积	文献/报告[15,19-24]
		生境类型的状况（覆盖度）	

续表

目标	子目标	数据层	数据来源及说明
海岸带生计与经济	生计	主要海洋产业就业数量	《中国海洋统计年鉴》（2009—2013）[25]
		沿海地区涉海就业人数	
		北部湾地区城镇居民和农村居民人均可支配收入	
		北部湾地区农村居民家庭纯收入	
	经济	北部湾地区海洋生产总值	
旅游休闲	/	区域的海岸线长度	《中国海洋统计年鉴》（2009—2013）[25]
		评估区域国内旅游接待的人数	
		旅游竞争力指数	通过考虑旅游景点的数量、交通便利性、接待能力等因素，采用专家评判的方法计算得到
海洋归属感	标志性物种	北部湾两省一区标志性物种清单	国家重点保护野生动物名录[26]、世界自然保护联盟（IUCN）名录[27]、相关资料[28]、专家咨询
	人文价值区	评估区域的滨海海域面积	广西壮族自治区[29]、海南省海洋与渔业厅官方数据[30]、广东省海洋经济发展“十二五”规划[31]
		受保护的海岸海洋面积	《中国海洋保护区》[32]
		海洋文化影响力因子	通过资料查阅半定量判断[33-35]
清洁水域	/	无机氮、活性磷酸盐、化学需氧量和石油类趋势性数据	2011—2013 年夏季 7—9 月的趋势性监测数据，通过反距离权重法插值方法对近岸海域各分指标进行水质插值
生物多样性	/	物种名录及权重	国家重点保护野生动物[26]及 IUCN 名录[27]
		各生境当前条件与参考条件的比	中国海洋统计年鉴（2009—2013）[25]

二、结果与讨论

（一）北部湾两省一区海洋健康指数10个目标的评估结果（表2）

表2　北部湾两省一区海洋健康指数10个目标得分情况

	目标		广东	广西	海南
	食物供给		63.8	60.8	27
1	其中	捕捞渔业	0	24.3	13.6
		海水养殖	97.5	100	93.3
2	传统渔民的捕捞机会		40.7	37.1	40
3	自然产品		88.8	100	68
4	碳汇		39.4	59.6	39.7
5	海岸防护		37.3	57.2	37.2
6	海岸带生计与经济		94.6	18	20.6
	其中	生计	89.1	28.5	33.7
		经济	100	7.5	7.6
7	旅游休闲		71	78.3	80.6
8	海洋归属感		84.1	85.8	66.7
	其中	标志性物种	68.2	72.5	55.1
		人文价值区	100	99.2	99.4
9	清洁水域		90.1	88.1	99.4
10	生物多样性		54.7	60.1	49.8
	其中	物种	51	53	45
		生境	70	75.7	70

食物供给的得分是由捕捞渔业和海水养殖的得分共同决定的。从表2可以看出，北部湾两省一区的食物供给的得分在27~64分之间，其中广东省和广西壮族自治区食物供给的得分均高于60分，但海南省得分仅27分。两省一区的海水养殖得分均高于90分，说明环北部湾中国近岸海域的海产品持续供给能力较好。广东省由于基本无捕捞渔业，所以捕捞渔业的得分为0。广西壮族自治区和海南省的捕捞渔业均低于30分，说明二者实际捕捞渔业产量超过最大可持续产量，存在过度捕捞的情况。北部湾两省一区的传统渔民的捕捞机会得分普遍很低，仅在37~41分之间（表2），说明环北部湾中国近岸海域传统渔民捕捞的可持续性差。自然产品的得分在68~100分之间，广西壮族自治区自然产品的得分最

高为 100 分，其次为广东省，得分 88. 8 分（表 2），意味着广西壮族自治区自然产品的产量与历史平均值相当，广东省自然产品产量也接近历史平均值。近几十年来，由于城市、工业、围填海等的发展，导致各省盐沼、红树林和海草床的破坏程度高，面积缩减，因此北部湾两省一区的碳汇得分普遍不高，相比之下，广西碳汇得分略高，为 59. 6 分，广东与海南的碳汇得分则均低于 40 分（表 2），应加强对环北部湾中国近岸海域各种生境的保护与修护。北部湾两省一区海岸防护的得分也均较低，在 37 ~ 58 分之间（表 2），说明各生境当前状况较差。其中广西壮族自治区海岸防护的得分相对略高，为 57. 2 分（表 2），是由于广西壮族自治区的红树林在所有生境类型中所占比重较大，且其防护权重最高，导致分数较高，广东与海南的海岸防护得分则均低于 40 分（表 2）。北部湾两省一区的海岸带生计与经济得分差别较大，在 18 ~ 95 分之间，广东省海岸带生计与经济的得分最高，为 94. 6 分，而广西壮族自治区与海南省的得分低于广东的得分，仅在 20 分左右（表 2）。从海岸带生计与经济的两个子目标来看，广西和海南的生计和经济得分也均远低于广东生计和经济的得分，其中广西壮族自治区与海南的经济得分均不足 10 分（表 2），该评估结果也很好地反映了北部湾两省一区海洋经济发展的等级序列，与其实际情况较为吻合。北部湾两省一区的旅游休闲得分普遍较高，在 71 ~ 81 分之间，其中海南旅游休闲的得分最高（81 分），广东相对略低（71 分）（表 2），说明两省一区对管辖海域的旅游资源利用较好，促进了环北部湾中国近岸海洋经济的发展。海洋归属感子目标得分在 66 ~ 86 分之间（表 2），其中，广西海洋归属感的得分最高，海南最低。从海洋归属感的两个子目标来看，北部湾广东、海南和广西壮族自治区的标志性物种得分在 55 ~ 69 分之间，其中海南省的标志性物种得分相对较低，应加强对海南省海洋濒危生物的保护。人文价值区的得分的高低与受保护海域面积的大小、管辖海域面积的大小以及海洋文化影响力因子三个因素密切相关。北部湾两省一区的人文价值区得分普遍很高，均在 99 分以上（表 2），其中广东省受保护的海岸海洋面积大于管辖海域面积，因此得分为 100 分。北部湾两省一区的清洁水域得分均较高，其中广东和海南两省的得分均在 90 分以上，说明环北部湾中国近岸海水的污染状况普遍较低，海水较清洁。北部湾两省一区的生物多样性得分均较低，在 49 ~ 61 分之间（表 2），生物多样性又包括物种和生境两个子目标，其中生境子目标广东、广西和海南的得分均高于 70 分，但广东、广西和海南的物种子目标得分均在 50 分左右（表 2），说明环北部湾中国近岸海域对物种的保护力度不足。

（二）综合评估结果

如图 1 所示，环北部湾中国近岸海洋健康评估总分为 61. 3 分。其中，得分最高的为清洁水域，得分 92. 5 分，说明北部湾中国近岸海域海水受污染程度较低，海水清洁度优良。自然产品的得分也高于 85 分（图 1），说明目前该区域从海洋中获得的非食物性海洋资源的能力和可持续性较好。另外，海洋归属感和旅游休闲方面得分也较高，均高于 75 分（图 1）。环北部湾中国近岸海洋在清洁水域、自然产品、海洋归属感和旅游休闲方面的状况较好，建议继续保持的同时，加强对海南濒危海洋生物的保护和非食物性海洋资源的可持续收获。而海岸防护、海岸带生计与经济、传统渔民的捕捞机会、食物供给、生物多样性和碳汇 6 个目标的得分均低于 60 分（图 1），说明环北部湾中国近岸海域在上述

6 个方面存在的问题比较严重。其中，传统渔民的捕捞机会的得分最低，低于 40 分（图 1），说明上述地区传统渔民的捕捞可持续性差，应加大对渔民捕捞的管理，提高捕捞的可持续性。在海岸防护和碳汇方面，该区域得分也均在 45 分左右（图 1），其中，广东和海南的海岸防护和碳汇得分均低于 40 分（表 2），说明环北部湾中国近岸的珊瑚礁、海草床、红树林、盐沼等生境状况较差，应加强对该区域上述生境的保护和修复，特别是广东和海南生境的保护和修复。在海岸带生计与经济方面，环北部湾中国近岸海域总体得分仅 44.4 分（图 1）。其中，广东省的得分高于 90 分（表 2），但广西和海南的得分仅在 20 分左右（表 2），广西和海南的城镇居民家庭人均可支配收入、农村居民家庭人均纯收入、涉海就业人数和海洋生产总值均远低于广东省，因而应加大广西与海南的涉海就业人数和提高海洋生产总值，增加城镇居民家庭人均可支配收入和农村居民家庭人均纯收入。在食物供给方面环北部湾中国近岸海域总体得分也仅 50.5 分（图 1），相比于广东与广西，海南的食物供给得分最低，食物供给的得分由海水养殖和捕捞渔业两部分决定，环北部湾中国近岸海水养殖普遍得分很高，均高于 90 分（表 2），但捕捞渔业分值却很低，说明环北部湾中国近岸海域持续供给海产品的能力强，但过度捕捞现象严重，实际捕捞产量高于最大可持续产量，建议加强对捕捞渔业的管理，限制捕捞产量。环北部湾中国海域生物多样性得分也低于 60 分（图 1），应加强对生物多样性的保护力度。

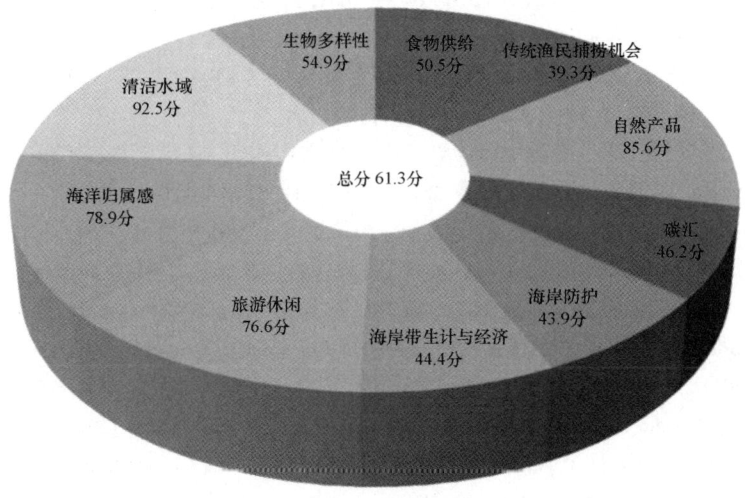

图 1　环北部湾中国近岸海域海洋健康评估结果

三、结论

（1）环北部湾中国近岸海洋健康评估总分为 61.3 分。

（2）环北部湾中国近岸海域在清洁水域、自然产品、海洋归属感和旅游休闲方面的状况较好，均在 75 分以上，建议继续保持，同时加强对海南濒危海洋生物的保护和非食物性海洋资源的可持续收获。

（3）在海岸防护、海岸带生计与经济、传统渔民的捕捞机会、食物供给、生物多样性和碳汇 6 个方面得分均低于 60 分，应加强对上述 6 个方面的修复、管理与保护。

参考文献

［1］ Halpern B S，Longo C，Harady D，et al. An Index to Assess the Health and Benefits of the Global Ocean［J］. Nature，2012，488（7413）：615-620.

［2］ Halpern B S，Longo C，Scarborough C，et al. Assessing the health of the US west coast with a regional-scale application of the Ocean Health Index［J］. Plos one，2014，9（6），e98995.

［3］ 杨洋. 中国海洋健康指数评估模型的构建与初步应用研究——以浙江省和温州市为例［D］. 上海：上海海洋大学，2016.

［4］ 农业部渔业渔政管理局. 中国渔业统计年鉴［J］. 北京：中国农业出版社，1995-2014.

［5］ 国家农业科学数据共享中心. 渔港数量、分布、功能与现状数据库［DB/OL］.［2014-08-30］. http：//www. agridata. cn/data/datacontent. aspx？data_par=04200212014062700041.

［6］ 农业部渔业渔政管理局. 中国渔业统计年鉴［J］. 北京：中国农业出版社，2004—2014.

［7］ 今日汽油价格_汽油降价_最新汽油价格查询（2010 年 6 月 11 日）［EB/OL］.［2013-12-20］. http：//www. cngold. org/qiyou/30897. html.

［8］ 今日 0 号柴油价格_ 最新柴油价格查询_ 今日柴油价格降价（2011 年 1 月 17 日）参考价格［EB/OL］.［2013-12-20］. http：//www. cngold. org/c/2011-01-17/c184217. html.

［9］ 今日最新 0 号柴油价格查询（2012 年 10 月 10 日）参考价格［EB/OL］.［2013-12-20］. http：//www. cngold. org/c/2012-10-10/c1348701. html.

［10］ 现在柴油价格查询（2013 年 12 月 10 日）参考价格［EB/OL］.［2013-12-20］. http：//www. cngold. org/c/2013-12-10/c2306354. html.

［11］ 广西壮族自治区统计局. 广西统计年鉴［J］. 北京：中国统计出版社，2010—2014.

［12］ 广东省统计局. 广东统计年鉴［J］. 北京：中国统计出版社，2010—2014.

［13］ 海南省统计局. 海南统计年鉴［J］. 北京：中国统计出版社，2010—2014.

［14］ 国家海洋局海洋发展战略研究所. 中国海洋发展报告［R］. 北京：海洋出版社，2013—2015.

［15］ 国家海洋局. 中国海洋统计年鉴［J］. 北京：海洋出版社，2013—2015.

［16］ Pan Y，Birdsey R A，Fang J，et al. A Large and Persistent Carbon Sink in the World's Forests［J］. Science，2011，333（6045）：988-993.

［17］ Pendleton L，Donato D C，Murray B C，et al. Estimating Global "Blue Carbon" Emissions from Conversion and Degradation of Vegetated Coastal Ecosystems［J］. PLoS ONE 2012，7（9）：e43542.

［18］ Fourqurean J W，Duarte C M，Kennedy H，et al. Seagrass Ecosystems as a Globally Significant Carbon Stock［J］. Nature Geoscience，2012，5（7）：505-509.

［19］ 贾明明. 1973—2013 年中国红树林动态变化遥感分析［D］. 长春：中国科学院，2014.

［20］ 张莉，郭志华，李志勇. 红树林湿地碳储量及碳汇研究进展［J］. 应用生态学报，2013，24（04）：1 153-1 159.

［21］ 李森，范航清，邱广龙，等. 海草床恢复研究进展［J］. 生态学报，2010，30（9）：2 443-2 453.

［22］ 郑凤英，邱广龙，范航清，等. 中国海草的多样性、分布及保护［J］. 生物多样性，2013，21（05）：517-526.

［23］ 许战洲，罗勇，朱艾佳，等. 海草床生态系统的退化及其恢复［J］. 生态学杂志，2009，28（12）：2 613-2 618.

[24]　王卿，汪承焕，黄沈发，等．盐沼植被群落研究进展：分布、演替及影响因子［J］．生态环境学报，2012，21（2）：375-388.

[25]　国家海洋局．中国海洋统计年鉴［J］．北京：海洋出版社，2010—2014.

[26]　国家林业局．国家重点保护野生动物名录［EB/OL］．［2013-12-22］．http：//zdx. forestry. gov. cn/portal/bhxh/s/709/content-85157. html.

[27]　International Union for Conservation of Nature. The IUCN Red List of Threatened Species.［EB/OL］．［2013-12-22］．http：//www. iucnredlist. org/.

[28]　黄宗国，林茂．中国海洋物种多样性（上册、下册）［M］．北京：海洋出版社，2012.

[29]　广西壮族自治区海洋和渔业厅．海洋空间、港湾资源［EB/OL］．［2014-09-03］．http：//www. gxoa. gov. cn/gxhyj_hysygl_hyzy/2014/08/25/0b5db64fb99a4229a18318da689f7c3e. html.

[30]　海南省海洋与渔业厅．海南省海洋经济发展规划［EB/OL］．［2014-09-03］．http：//xxgk. hainan. gov. cn/hi/HI0122/200910/t20091021_11871. htm.

[31]　广东省人民政府办公厅．广东省海洋经济发展“十二五”规划［EB/OL］．［2014-09-03］．http：//zwgk. gd. gov. cn/006939756/201506/t20150626_587343. html? keywords=.

[32]　曾江宁．中国海洋保护区［M］．北京：海洋出版社，2013.

[33]　张开城，张国玲．广东海洋文化产业［M］．北京：海洋出版社，2009.

[34]　陈智勇．海南海洋文化［M］．海口：南方出版社，2008.

[35]　吴小玲．广西海洋文化资源的类型、特点及开发利用［J］．广西师范大学学报（哲学社会科学版），2013，49（01）：18-23.

论文来源：本文原刊于《海洋环境科学》2019 年第 6 期，第 868-873 页。

项目资助：中国海洋发展研究会重点项目资助（CAMAZD201714）。

海洋生态文明建设目标：社会效益及路径选择

张一[①]　马雪莹[②]

摘要：长期以来，海洋生态文明建设既强调以经济效益为基础的效率，也强调生态效益的公平，具有注重集约利用海洋资源和有效保护海洋环境的价值取向。然而在海洋实践过程中，持续存在经济效益与生态效益失衡而引发社会矛盾的现象，这种失衡与社会效益缺位密不可分。管理部门的“经济人”属性导致的本位主义和工具理性取向、社会海洋生态价值观缺失导致的个体逐利意识以及社会效益本身存在的外部性问题，是海洋生态文明建设中社会效益价值目标长期缺位的内在逻辑。海洋生态文明建设必须依赖于对社会效益的清晰认知，并以此作为实践的标准和目标，在此视角下创新模式，着重点应是建设中的社会价值，以体现出人本精神和民生取向。

关键词：海洋生态文明建设；社会效益；以人为本；公众参与；创新模式

在习近平总书记“绿水青山就是金山银山”思想指导下，海洋生态文明建设就是要建设海上“绿水青山”。海洋生态文明建设经历了从被动保护到主动治理为特征的发展过程，呈现出由追求经济效益到经济效益和生态效益并重的发展方式转变。在今后时期内，海洋生态文明建设需要形成公众共同参与、社会全面推进的大格局，强调对海洋民生层面的社会效益的探求，对于全面推进海洋生态文明建设具有重要价值和意义。

一、海洋生态文明建设之惑：何为首位

纵观海洋生态文明建设历程和发展全局，其指导思想始终来源于新时代社会主要矛盾转化的时代诉求，海洋生态文明建设也随着社会主要矛盾变化呈现出不同的建设重点。习近平总书记强调要更加注重认识海洋、经略海洋，在向海进军的实践中，海洋产业迅速发展，海洋经济对沿海地区的贡献持续增加，海洋开发表现出强化经济效益的价值取向。然

---

① 张一，男，中国海洋大学国际事务与公共管理学院副教授，硕士生导师，社会学博士，主要从事海洋社会学、社会治理研究。

② 马雪莹，女，中国海洋大学国际事务与公共管理学院社会学硕士研究生，主要从事海洋社会学研究。

而，随着海洋经济活动的增多，开发海洋资源的幅度不断增大，海洋生态系统所面临的资源减少与系统退化压力与日俱增，海洋生态文明建设已经成为生态文明建设进程中的一个结构性短板。进入新时代，传统增长方式造成的海洋环境破坏趋势倒逼和社会公众趋海生活所追求的幸福原动力，使注重生态效益成为海洋生态文明建设的重点。党的十九大报告明确提出“要提供更多优质生态产品以满足人民日益增长的优美生态环境需要”。[①]“共抓大保护、不搞大开发，像对待生命一样对待海洋生态环境。”[②]开发与保护并重成为经略海洋的重要理念，追求经济效益与生态效益的协同共建成为海洋生态文明建设的基本框架。

海洋生态文明建设根本价值是追求人海和谐，深厚的海洋文化积淀及预设的海洋发展规律是海洋生态文明基础。然而，海洋实践中因海洋资源开发和海洋生态环境问题而引发的社会矛盾依然存在，由于缺乏多元主体合作与公众参与而导致的涉海利益冲突尚未得到根本解决。“生态危机的根源，并不在于确认和强调了人的主体性，而在于使这种主体性的作用发挥到了极端的程度。”[③]从现实来说，公众相当程度上延续了传统管理模式的惯性依赖，将政府视作海洋环境治理的唯一推动者和实施者，缺少自觉参与意识，进而导致不同社会主体间的信任程度和沟通合作程度较低，不利于海洋生态文明建设的协同共建。因此，推进海洋生态文明建设进程，需要在社会层面形成对海洋生态文明建设社会效益的共识，这不仅离不开党和政府的顶层设计，更需要广泛的公民参与的共建共促。

二、社会效益——海洋生态文明建设的价值目标

（一）社会效益再思考

何为社会效益？社会效益是公共事业或项目在意识形态和价值观上的体现，主要表现在公众反应和社会评价体系上。广义的社会效益包括生态效益和经济效益，或将生态效益囊括在内而与经济效益区别开来，狭义的社会效益仅体现为一种评价公众需要满足程度的指标。[④]相对于经济效益，社会效益的内涵更主要的是社会评价，评价指标更多的是非价值形态和非量化的，主要体现为某种行为或活动对增加公共就业、提高人们生活水平等方面的质量。

实现社会效益应是海洋生态文明建设价值目标。对海洋环境问题的认识觉醒和试错积累要求海洋生态文明建设到底要达成什么样的认识和方法，习近平总书记针对新时期海洋事业发展提出了一系列新论述、新要求，逐步形成了海洋生态文明建设的系统部署，将我国海洋生态文明建设推进到了历史新高度。一是“把海洋生态文明建设纳入海洋开发总布局之中”的要求，明确增强海洋生态文明在海洋开发总布局中的话语权，破解了缘木求鱼和竭泽而渔的矛盾关系，标志着已经进入以海洋生态文明建设重塑海洋开发的新时代。二

① 习近平：《决胜全面建成小康社会 夺取新时代中国特色社会主义伟大胜利》，新华网，[2019-01-14]，载 http://www.xinhuanet.com/201710/27/c_1121867529.htm。

② 赵万里：《环境问题、经济新常态与生态文明建设》，《黑龙江社会科学》2015 年第 4 期，第 86-90 页。

③ 丰子义：《生态文明的人学思考》，《山东社会科学》2010 年第 7 期，第 5-10 页。

④ 付延慧：《推进社会效益优先建设美丽中国》，《媒介与文化研究》2014 年第 1 期，第 54-60 页。

是“让人民群众吃上绿色、安全、放心的海产品，享受到碧海蓝天、洁净沙滩”的目标，为如何实现海洋生态文明建设社会效益提供根本遵循。对于我国海洋生态文明建设保有乐观态度，是基于两个合理判断：一个是海洋发展所创造的经济基础为走向海洋生态文明奠定坚实基础；另一个是趋海行为所追求幸福生活的原动力和与之保持一致的自我提升能力。海洋生态文明建设只有具备良好的社会基础，才能更好的推进。第一，海洋生态文明建设应体现公平性原则，应在充分听取社情民意的基础上解决相关突出涉海问题，而非采取以自我为敌的极端生态主义；第二，海洋生态文明建设应以让百姓满意为宗旨，以海洋民生为重点融入沿海地区社会建设，推动沿海地区的绿色生活方式转型。如果将审视的眼光由顶层设计移向社会现实，会更明确海洋生态文明建设社会效益的重要性，在海洋生态文明建设实践中，更多指向的是“政府主导的自上而下”的管理模式，而对公众社会参与和利益表达支持不足。推进海洋生态文明建设与提升海洋生态文明意识、培育海洋生态文明建设公众参与行为过程是一致的，从某种意义上说，社会共识程度，直接体现着海洋生态文明建设效果。核心价值取向缺失，海洋生态文明建设自然不会有人本关怀；价值认同弱化，海洋生态文明建设自然也称不上高级文明形态。

以面向未来的历史视野来看，海洋实践具有直接的趋利性，不同个体、群体、地区、民族、国家的利益具有独立性和排他性，在对海洋利益的追逐中，往往被局部和短期利益所吸引，使海洋资源的代际共享成为不可忽视的社会问题——当代人与后代人存在潜在竞争关系；当代人如果超出海洋资源再生速率进行开发、利用，就意味着后代人丧失了利用机会；当代人如果对海洋环境造成不可逆性破坏，就意味着后代人永久失去了海洋生态环境。海洋环境的共有性、实践影响的滞后性与代际之间的利益一致性导致了利益主体责任与义务的不对称。海洋生态文明建设应着眼于世代传承与海洋命运共同体的要求，在短期与长远利益之间、当代与后代的发展之间保持必要的平衡，蕴涵着生存与发展的代际公平。

（二）海洋生态文明建设社会效益的主要内容

总结来说，海洋生态文明建设社会效益具有四重特征：一是其影响对象不指向某个特定的个体或群体，具有开放性；二是它是全体社会公众利益而非少数人利益的实现，具有公平性；三是它涉及沿海地区社会发展的方方面面，具有系统性；四是海洋生态文明建设社会效益部分内容在一定程度上难以用数据的形式直观体现，具有复杂性。

海洋生态文明建设社会效益可具化为三个方面。一是民生优先——满足人民生存发展需求。“生态文明建设始终应当将满足人的需求置于优先选项。”① 海洋生态文明建设应始终坚持以真正实现人民群众福祉为最终目标，“促进海洋资源集约利用→海洋生态良性循环→人海和谐共生”最终目的都是为了实现人的全面发展。马斯洛的“五层次需求理论”预设了人的行为与需求之间的关系，特别进入新时代，更应重视和满足社会公众精神需求的重要性。社会公众是海洋生态文明建设社会效益价值标准的制定者、执行者、评价者和

---

① 陈墀成、邓翠华：《论生态文明建设社会目的的统一性——兼谈主体生态责任的建构》，《哈尔滨工业大学学报（社会科学版）》2012 年第 14 卷第 3 期，第 120-125 页。

受益者，海洋生态文明建设是对沿海地区、城乡、代际之间社会公众生活需求的总体权衡，以人为本是其出发点。二是生态基础——实现人海和谐。海洋是人类海洋实践中生产生活的初始源泉，直接参与人与自然、人与社会的物质代谢过程，长期以来，海洋实践总是不断打破自然界已有的平衡。新常态下海洋发展逻辑建立在海洋生态文明建设基础之上，人海关系在海洋生态文明价值观指导下，要求海洋实践遵循开发与保护并重的理念，要以海洋生态系统的良性循环来约束和限制海洋实践。保护海洋生态环境与海洋发展具有高度相关性，重视人海关系方面的积极物质成果与精神成果，并以人海协调发展为行为准则，实质是打造人海和谐关系的外部环境基础。[①] 三是社会认同——保障公众参与共促共建。海洋生态文明建设是惠及全体人民、涉及整个海洋发展领域的深刻变革，是一项社会主体全方位共同参与的系统工程，会对公众认同和参与建设形成助推效应。公众对海洋生态文明建设的自觉参与意识和参与行为程度是影响建设进程的重要因素，在海洋生态文明建设过程中，所生产出的生态身份、生态诉求和利益共同体，广泛影响着社会关系的重构。[②] 海洋生态文明意识代表了一种人海和谐共处的价值观念，会在潜移默化中内化为公众的主观认知，并通过参与的实践方式自觉表现为共建海洋的社会行为。海洋生态文明建设过程同时也是逐步人化自然的过程，海洋生态文明建设与公众认同和参与密不可分，海洋生态文明建设就是在实践中规范社会公众的思想行为、意识形态、价值标准等因素的过程。

三、社会效益价值目标长期缺位的责任归因

在海洋发展历程中，经历了“走向海洋—开发海洋—和谐海洋”的过程，是一个逐步趋向人性化、科学化和系统化的过程，是主动超越传统海洋工业文明而创造适合自身发展的演化过程，自然对价值目标——社会效益的认知和实现也不可避免地存在发展过程中的矛盾。其中，管理部门基于本位主义和工具理性取向的观念模式、制度机制，构成了第一重梗阻；社会海洋生态价值观缺失导致的逐利意识和本能选择，构成了第二重梗阻；社会效益本身存在的外部性问题障碍，构成了第三重梗阻。这三重梗阻之间相互影响、相互作用，成为海洋生态文明建设社会效益价值目标长期缺位的内在逻辑。

（一）地方政府的工具理性是主要阻力

以创建海洋生态文明示范区为基本思路的海洋生态文明建设，使沿海地区地方政府成为直接面向公众的政策执行者。地方政府能够在海洋发展中与企业、科研机构等相关社会经济主体开展合作，具有政策制定和执行的裁量权，在承受海洋经济发展和环境保护的双重压力下，这种裁量权的运用会表现出一定的灵活性。也就是说，地方政府本身具有“经济人”的属性，在地方政策制定与执行过程中，往往会产生以本位主义和工具理性为主导趋势，使中央政府大力提倡的海洋生态文明建设在地方执行过程中大打折扣。

---

① 王学俭、张哲：《互通与契合：公民社会与社会生态空间关联研究》，《西北师大学报（社会科学版）》2014年第5期，第85-92页。

② 李波、于水：《生态公民：生态文明建设的社会基础》，《西南民族大学学报（人文社会科学版）》2018年第3期，第199-204页。

当前，海洋生态文明建设呈现出结果导向与过程程序化的特点，结果导向表现为注重建设与治理的即时效果，过程程序化可从建设规划中对行为主体和建设进程的定位和要求中得以体现，在一定程度上与“官场+市场”的发展模式有关，极易使中央政府层面的海洋生态文明建设政策遭遇变通执行。[①] 在海洋生态文明建设过程中，这种现象主要有三种类型：一是目标导向异化，地方政府部门将总体目标割裂并固化，各自为政，分而治之，导致部门之间不协调；二是“形式主义”，许多海洋环保政策缺乏对不同建设内容情况的实际考量，按照统一部署上马项目，在积极执行和落实的背后，是使多项项目沦为摆设和应对考核的指标；三是“瞒天过海”，表面上看似是认真制定或落实相关政策，而实际目的却与海洋生态文明建设目标无关，甚至背道而驰。急迫的海洋经济发展要求和区域发展的不平衡为地方政府在海洋生态文明建设中的不作为提供了可变通的空间。

（二）社会海洋生态价值观缺失是根本制约

人海关系失衡是工具性思维方式的表现，其本质是社会海洋生态价值观缺失的产物。在海洋实践中，社会公众既是海洋生态文明建设的直接受益者，又是海洋生态系统的直接破坏者，海洋生态价值观缺失造成公众用海行为在海洋生态维度上失去了约束标准，逐利意识和本能选择导致过度占有开发、浪费海洋资源、污染海洋环境等问题，致使人海关系无序。

事实上，社会公众缺乏主动精神和责任意识，认为参与海洋生态文明建设是获取自我利益的途径，并未达到将海洋生态文明建设上升到个人自觉和社会责任的阶段。海洋环境问题绝非一般意义的社会矛盾，它根源于传统海洋发展模式转型而又与碎片化的治理模式广泛联系，海洋之于老百姓的特殊性在于可以满足更高的需求，但又距离日常生活很远，自然缺乏主动破题的意识基础，更需要社会公众从思维领域到生活领域的根本变革，这又是一个过程问题。价值认同是公众不断适应社会和改善自我的过程，海洋生态文明建设需要超越具体实践的地区性和主体性边界，在理性框架下努力探索兼具整体性与科学性的可持续发展的现实路径。倘若社会海洋生态价值观念淡薄，海洋生态文明就缺乏应有的社会基础。

（三）社会效益的外部性问题是内在缺陷

海洋生态文明建设的重要任务之一，就是要供给能够提高海洋资源利用效率、改善海洋生态环境、丰富海洋文化物质和精神成果的生态产品和服务，这也是海洋生态文明建设社会价值的重点所在。然而，这种具有较高程度的“公共性”产品和服务供给，使得社会效益表现出突出的外部性的特点，也就是说，这种公共产品或服务一经投入使用，不仅仅使投资者和生产者受益，其他未直接参与建设过程的社会公众也可能从中受益，这种搭便车现象在海洋生态文明建设领域依然存在，更乐于坐享建设成果，只受益而不付出，势必会降低海洋生态文明建设社会参与的主动性。

此外，由于外部性问题的作用，企业等市场主体往往在生产过程中只顾自身利益而忽

---

① 刘文：《新时代生态文明建设：梗阻、切入点与综合长效机制》，《现代管理科学》2018 年第 10 期，第 76-78 页。

视社会效益，将生产成本转移到海洋环境之中，导致社会公众成为海洋环境污染的主要受害者和承担者，形成社会效益的外部不经济现象。其实，“公地悲剧”理论早有力地揭示了这一现象的逻辑，“如果海上渔民都以个人利益最大化为价值理念，尽量多捕捞以增加受益，只会导致海洋生物持续减少和渔民全体破产”。[①] 海洋生态文明建设是不可能仅靠社会公众依靠个人理性完成的，克服海洋生态文明建设社会效益的外部性问题，需要政府加强主导作用，将海洋生态文明建设作为社会建设中一项重要的民生工程，提高对海洋生态产品和服务的供给程度，以及对海洋环境治理、海洋文化建设等工作的投入力度，这是充分实现海洋生态文明建设社会效益的前提基础和有效保障。

四、实现和提升海洋生态文明建设社会效益的路径选择

海洋生态文明建设本质上代表了一种海洋发展理念变革和结构转型，这种兼具整体性和结构性的改革需要面对三重相互影响的梗阻。梗阻的解决需要在海洋生态环境良性循环的内生假定下，在考察海洋经济发展及其可持续性的基础上，将社会效益这一最基础因素视为海洋生态文明建设的内在力量，将海洋经济效益、海洋生态效益和海洋社会效益统一起来，向着协同共建的方向发展。

（一）以制度体系设计规范社会理性行为

海洋生态文明制度是将海洋生态文明理念转化为行动规范的关键举措，[②] 在一定意义上，海洋生态文明制度是约束社会主体涉海行为和激励海洋生态文明建设效用最大化的社会规范体系。在进行海洋生态文明建设制度体系设计时必须考虑到，这一制度体系既要约束政府指导建设的结果，也要具备规范社会公众行为的功能，更应将服务社会公众涉海权益、实现海洋生态文明建设社会效益作为设计基本准则。也就是说，海洋生态文明社会效益实现与否是海洋生态文明制度建设水平的考核工具。

由于以往原有制度界定下的利益关系同所追求的社会效益之间存在不适应和不匹配的情况，有必要对原有制度进行调整、完善和创新。首先，要充分理清旧账，发挥激励性，对原有制度中制约海洋经济发展转型、制约海洋民生发展需要、制约海洋生态系统良性循环、制约社会参与共促共建的内容要根本改革；其次，通过制度设计，来限制损害海洋生态文明建设社会效益的行为，在最大程度上提高公众对于海洋社会的安全感和幸福感；最后，制度不仅要夯实法律法规保障等正式规则，更包括了海洋民俗、涉海生活习惯等更广泛的伦理约束，这些非正式约束对促进海洋生态文明建设自觉是大有裨益的，这也正是海洋生态文明建设所追求的社会效益的一种体现。

（二）将社会效益建设纳入基本公共服务

海洋生态文明建设本身是在积极对待和处理人与海洋、人与社会的关系问题。习近平海洋生态文明建设重要论述的提出，是海洋生态文明建设领域需更加注重社会效益的重要体现，努力实现这一目标应是海洋生态公共服务建设的基本要求。把海洋生态文明建设社

① 马林、张扬：《中国草原生态文明建设的思路及对策探讨》，《财经理论研究》2017 年第 6 期，第 64-71 页。

② 林美卿、苏百义：《生态文明建设的人性思考》，《山东社会科学》2016 年第 4 期，第 114-118 页。

会效益主要内容纳入基本公共服务之中，就是要将海洋生态文明建设融入沿海地区社会建设中，增加海洋类公共服务和公共产品的供给，尤其是与民众生活直接需求相关的基本公共服务。

在当前的现实条件下，海洋生态公共服务建设具有十分重要的意义，不仅有助于解决因海洋生态产品外部性特点而带来的海洋污染难以治理、海洋资源和生态空间减少等问题，而且能够更好地为公众提供“最公平的公共产品和最普惠的民生福祉”——良好的海洋生态环境，最终推动沿海地区绿色生活方式转型。因此，地方政府应该把增加海洋类公共服务的供给作为海洋生态文明建设中的重点，重视与专业性企业、科研机构和非政府组织合作。同时，海洋生态公共服务是一项科技性要求很高的建设领域，为了保证服务质量，采取政府购买方式是十分必要的，政府应以招标程序向其购买海洋类公共服务，这有利于解决海洋生态公共服务领域的利益协调问题。

（三）以价值观念引导构建社会基础

现代社会是高度分散化的社会，每个个体行为都对生态环境产生影响，[①] 海洋生态文明建设需要全体社会成员的共同努力。所以，在全社会大力弘扬海洋生态文明价值观，是扩大海洋生态文明建设社会基础的重要方式。

海洋生态文明建设不仅是发展海洋经济和保护海洋环境的平台，而且是树立公众对海洋生态文明认知，引导公众自觉参与海洋生态文明建设过程的伦理保障，更是实现公众美好生活需求的重要媒介。无论对于公民个体还是对于组织群体甚或社会整体而言，参与海洋生态文明建设自觉性的培育都不是能够自发完成的，也需要有利的外部环境的熏陶、浸染，应该重视公众参与海洋生态文明建设关联性的研究，进一步认识和把握好海洋生态文明建设公众参与的必要性，并在实践基础上努力做到公众参与与海洋生态文明建设之间能量的交换与平衡。一是了解——加强社会教育功能，加大海洋生态文明宣传力度；二是理解——引入社会治理理念，拓展社会参与渠道，保护传承传统海洋生态文化；三是破解——大力打造滨海旅游业，实施科技兴海战略，打造蓝色文化高地。在寻求社会基础与海洋生态文明建设关系的时候，正常的逻辑是了解—理解—破解，了解就是知道，理解就是支持，破解就是融入，这些都是需要我们重视的。

总之，富有成效的海洋生态文明建设研究，既要研判基于科学性的描述与阐释建设经验，又不能放弃对海洋生态文明建设的根本价值取向的追求，海洋生态文明建设必须依赖于对社会效益的清晰认知，并以此作为实践标准。

论文来源：本文原刊于《中国海洋大学学报（社会科学版）》2019 年第 4 期，第23-27 页。

项目资助：中国海洋发展研究会重点项目资助（CAMAZD201711）。

① 蔡拓：《全球治理的中国视角与实践》，《中国社会科学》2004 年第 1 期，第 94-106 页。

国土空间规划体系改革背景下海洋空间规划的发展

黄杰[①]　王权明[②]　黄小露　李滨勇　钟慧颖

摘要： 立足国家提出推进治理体系与治理能力现代化的战略要求，剖析当前国土空间规划改革背景下，海洋空间规划面临的主要挑战及调整的方向，以期为建构科学的海洋空间规划体系提供建议和参考。研究认为未来的海洋空间规划，必须准确把握陆域和海域空间治理的整体性和独特性，加强陆海统筹，协调匹配陆海主体功能定位、空间格局划定、开发强度管控、发展方向和管制原则设计、政策制定和制度安排，促进陆海一体化发展和保护。

关键词： 国土规划；改革；海洋功能区划

空间规划体系改革是国土空间治理体制改革的重要内容，是生态文明体制改革的一项重要任务。党的十八大以来，我国国土空间治理体系和空间治理能力逐步向科学化、系统化、法制化迈进。主体功能区的基础地位得到确立，主体功能区将作为国土空间开发布局规划的总图和空间管制政策的依据，其他专项空间规划要落实主体功能区战略，通过空间开发强度与用途的管制，实现空间有序开发保护和顶层设计[③]。海洋是重要的国土空间，近年来，各类空间规划涉海内容不断增加，如何协调各类规划的关系，形成科学的海洋空间治理体系，是海洋生态文明建设和海洋综合管理改革面临的重大课题。

一、国家国土空间规划体系改革的政策与实践

（一）国土空间规划改革的相关政策与技术要求

党的十八大提出了“五位一体”建设生态文明的战略目标，将生态文明建设提到前所未有的战略高度。党的十八届三中全会通过的《中共中央关于全面深化改革若干重大问题的决定》，提出“建立空间规划体系，划定生产、生活、生态空间开发管制界限，落实用

---

① 黄杰，女，国家海洋环境监测中心高级工程师。研究方向：海洋资源综合管理。

② 王权明，男，国家海洋环境监测中心海洋综合治理研究室副主任。研究方向：海洋资源环境。

③ 樊杰：《我国空间治理体系现代化在“十九大”后的新态势》，《中国科学院院刊》2017 年第 32 卷第 4 期，第 396-404 页。

途管制”。明确了空间规划作为引导空间资源合理配置的指南，是推进生态文明建设的重大改革举措之一。从2013年底开始，国家先后在《生态文明体制改革总体方案》《关于加快推进生态文明建设的意见》、党的十八届五中全会、《“十三五”规划建议》《省级空间规划试点方案》《关于完善主体功能区战略和制度的若干意见》、党的十九大等一系列重要改革（图1）。文件中部署推进空间规划体系改革。空间规划体系改革以空间治理和空间结构优化为主要内容，通过构建全国统一、相互衔接、分级管理的空间规划体系，着力解决空间性规划重叠冲突、部门职责交叉重复、地方规划朝令夕改等问题①。

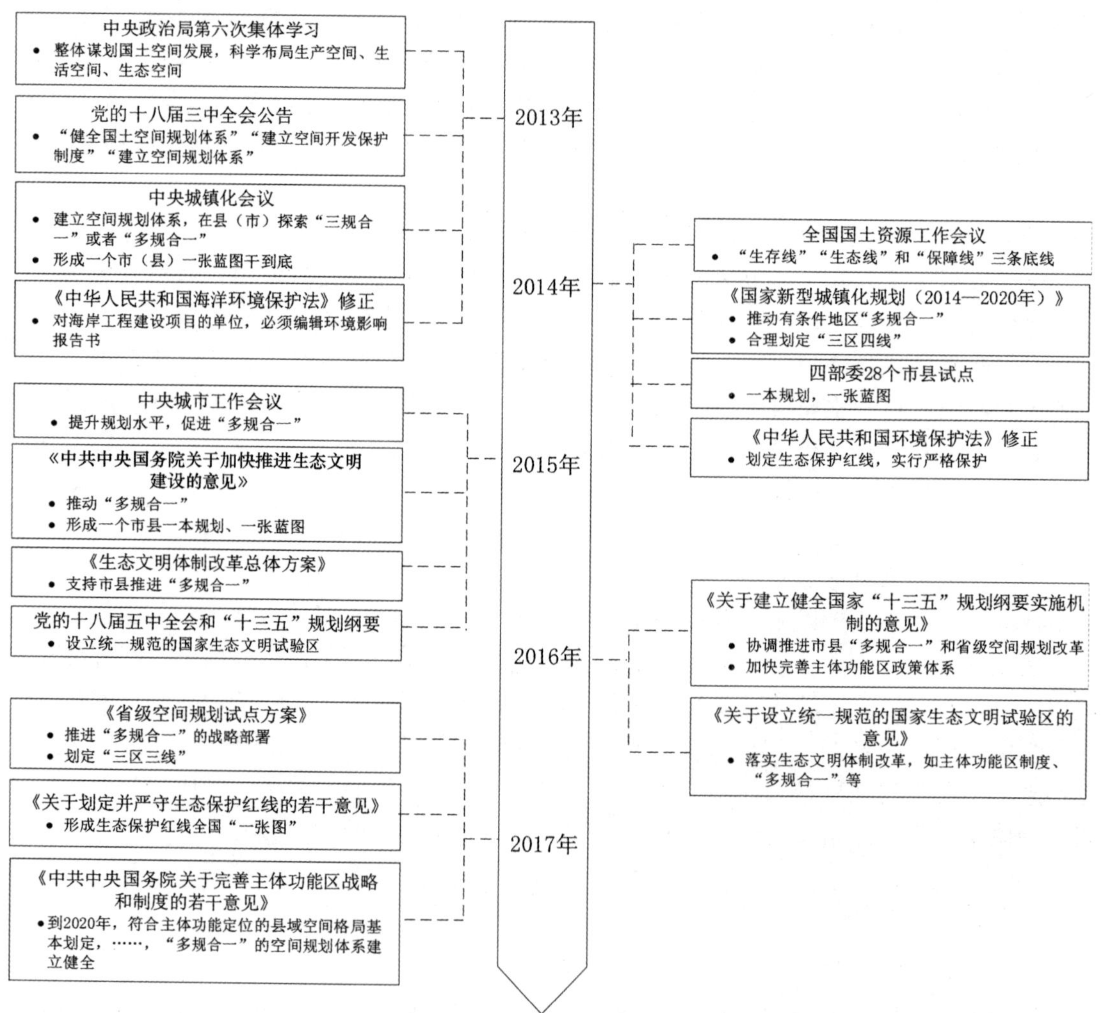

图1　国家层面“多规合一”政策文件时间脉络

① 李月寒、何佳、包存宽：《我国现行空间规划的职责交叉与亟待正确处理的四大关系——基于〈生态文明体制改革总体方案〉的分析》，《上海城市管理》2016年第1期，第10-14页。

刘亭：《以主体功能区战略引领“多规合一”》，《今日浙江》2016年第5期，第36-37页。

根据《省级空间规划试点方案》，省级空间规划试点的技术路线可以概括为“先布棋盘、后落棋子”。以主体功能区规划为基础，科学划定城镇、农业、生态空间以及生态保护红线、永久基本农田、城镇开发边界（简称“三区三线”）；把各部门分头设计的管控措施，加以系统整合，与“三区三线”协调配套共同形成国土空间保护与开发的“棋盘”。落实好国土空间开发强度管控和主要控制线，并按照一定的规则和次序，将各级各类空间性规划作为“棋子”有机整合落入“棋盘”，共同绘出空间发展的“一张蓝图”。可以看出“多规合一”的空间规划的核心是划定“三区三线”，其他空间性规划在此基础上进行空间的进一步细化和落实；“多规合一”的空间规划不仅不会替代其他空间性规划，而且还要通过各部门的规划，强化对国土空间的有效管控，这也是简政放权和促进国家治理体系现代化的要求。

（二）国土空间规划实践进展

为落实空间规划体系改革相关战略要求，2014 年国家发改委、国土部、环境部、住建部在全国确定了 28 个市县（包括大连旅顺口区、浙江嘉兴市、福建厦门市三个沿海市县）开展“多规合一”试点工作。2017 年 1 月，国务院印发《省级空间规划试点方案》，要求在市县“多规合一”工作基础上，在海南、宁夏、吉林、浙江、福建、江西、河南、广西、贵州 9 个省区开展省级空间规划试点工作。

目前，已经开展“多规合一”和省级空间规划试点工作的地区，从体系架构看，普遍采取了“1+*N*”模式，即通过编制 1 个“多规融合”的国土空间综合规划为统筹，以土地利用总体规划、城市总体规划、环境保护规划等 *N* 个专项规划为支撑的空间规划体系①。将多规融合的国土空间规划作为现有各部门规划的上位规划，统一规划期限、统一基础数据、统一用地分类、统一目标指标、统一管控分区、统一协调机制。在大统一下各部门通过编制专项规划进一步完善、深化、细化②。在这个统一的空间规划体系中，侧重于要整合陆域各专门规划的空间管控要素，避免叠加错位。在试点中，涉及海洋部分一是在统一规划的基础上，编制建设用海规划或海洋功能区划专篇，二是将三区三线的空间划分和管制约束扩展到海洋，但并不取代海洋功能区划。

二、海洋空间规划的特殊性

海洋是重要的国土空间，海洋的空间规划，同样是国土空间规划体系的重要组成部分，必须纳入统一的规划目标、管制要求、核心内容和空间基准体系。但海洋空间规划又不同于土地、城市、林业等其他部门专项规划。在统一的空间规划体系中，重点是整合陆域各空间规划的空间管控要素，避免叠加错位，解决规划间互为掣肘、审批多头③等问题。

① 谢英挺、王伟：《从“多规合一”到空间规划体系重构》，《城市规划学刊》2015 年第 3 期，第 15-21 页。

② 刘亭：《以主体功能区战略引领“多规合一”》，《今日浙江》2016 年第 5 期，第 36-37 页。

马永欢、李晓波等：《对建立全国统一空间规划体系的构想》，《中国软科学》2017 年第 3 期，第 11-16 页。

③ 张克：《“多规合一”背景下地方规划体制改革探析》，《行政管理改革》2017 年第 5 期，第 27-31 页。

严金明、陈昊、夏方舟：《“多规合一”与空间规划：认知、导向与路径》，《中国土地科学》2017 年第 31 卷第 1 期，第 21-27 页。

海洋与陆地国土相比是相对分隔和独立的部分，海陆自然属性和利用状况都存在本质区别。海洋是一个整体的、系统的、复合的生态空间，其资源具有流动性和立体性特点，动态变化强，没有陆地上的明确边界，区域差异性相对陆域很不显著，海洋的空间规划分区和分类在空间尺度、类型、管控要求等相应与陆域有较大差异。海域的行政区管理相对陆域弱化，整体开发程度低，市县域主要的规划区域在近岸，离岸大部分海域的规划和管理应由省级和国家统筹。正是由于以上原因，海洋空间规划在国土空间规划体系中具有特殊性。《全国主体功能区规划》中明确：海洋既是目前我国资源开发、经济发展的重要载体，也是未来我国实现可持续发展的重要战略空间。鉴于海洋国土空间在全国主体功能区中的特殊性，国家有关部门将根据本规划编制全国海洋主体功能区规划，作为本规划的重要组成部分，另行发布实施。《自然生态空间用途控制办法（试行）》也明确，鉴于海洋国土空间的特殊性，海洋生态空间用途管制相关规定另行制定。

因此，海洋空间规划与陆域专项规划的是互补衔接关系，不存在内容和区位上的叠加。在统一的规划体系中，海洋空间规划应作为同级空间规划的海域部分，同步另行编制，具有相对独立的定位和实施管理程序，不能完全融入省市县空间规划或被空间规划取代。

三、海洋空间规划的改革方向

（一）现有海洋空间规划体系

目前，我国从国家层面推动编制的海洋空间类规划主要包括：《海洋主体功能区规划》《海洋功能区划》《海岛保护规划》《海岸带综合保护与利用规划》以及《港口规划》等涉海专项空间类规划，规划内容均涉及空间的布局与安排，均具有不同层面的法律、法规效力。

“海洋主体功能区规划”以县域海域空间为基本单元，确定海域主体功能，并按照主体功能定位调整完善区域政策和绩效评价，以实行分类分区指导和管理，但在实施管理层面缺少系统的空间规划内容、技术体系和管理体系①。“海洋功能区划”依据《海域使用管理法》《海洋环境保护法》组织编制和实施，在内容上以安排海洋开发保护的空间布局为主，基本不做时序安排，目的是规范海域使用和海域审批，是海域管理的具体依据。“海岛保护规划”依据《海岛保护法》编制，是从事海岛保护、利用活动的依据，规划强调系统规范海岛生态保护和无居民海岛使用。“海岸带综合保护与利用规划”依据《海岸线保护与利用管理办法》，将海岸线划分为严格保护岸线、限制开发岸线和优化利用岸线三种类型，实施分类分段管理。规划以海岸带功能为基础，考虑岸线两侧海域和陆域的保护与利用，重点解决海岸带保护与利用的陆海统筹问题。其他涉海专项规划是以某一涉海特定空间为对象编制的规划，是空间顶层规划在特定领域的延伸和深化。

① 张兵、胡耀文：《探索科学的空间规划——基于海南省总体规划和多规合一实践的思考》，《规划师》，2017 年第 2 期，第 19-24 页。

表 1　我国现行的主要海洋空间规划比较

项目	海洋主体功能区规划	海洋功能区划	海岛保护规划	海岸带综合保护与利用总体规划
法规依据	国家生态文明建设的一项重要任务	《海域法》《海洋环境保护法》	《海岛法》	《海岸线保护与利用管理办法》
分类标准	优化开发、重点开发、限制开发、禁止开发 4 类主体功能定位	农渔业区、港口航运区在内 8 个一级类，以及进一步细分的 22 个二级类	有居民海岛、无居民海岛、特色利用 3 类海岛	严格保护、限制开发、优化利用 3 类岸线
规划目标	明确县域单元发展方向，在分区政策上进行指引	揭示具体海域的自然属性及社会功能价值，确定现有认识条件下的最佳开发利用方向	对海岛实现分类分区管理，保护和改善海岛及其周边海域生态系统	陆海统筹，实现海岸带综合管理
规划逻辑	构筑科学、合理、高效的海洋国土空间开发格局	强化资源开发利用保护和支撑经济社会发展	侧重于海岛保护	以海定陆，构建陆海一体、功能清晰的海洋带保护与利用总体格局
规划年限	5 年	10 年	无规定	8 年
规划实施	2015 年 8 月 20 日，国务院印发了《全国海洋主体功能区规划》。2017 年底，辽宁、天津、山东、广东等省市海洋主体功能区规划已发布实施，其他沿海省份海洋主体功能区规划编制审查基本完成	1989 年至今，开展了三轮海洋功能区划编制工作，建立国家、省、市（县）三级规划体系。	2012 年《全国海岛保护规划》公布实施，辽宁、山东、广东、福建、广西、海南、浙江等沿海省区相继制定了省级海岛保护规划	2017 年 2 月，国家海洋局批复广东作为全国首个开展海岸带规划编制试点省。2017 年 10 月《广东省海岸带综合保护与利用总体规划》发布

（二）海洋空间规划改革方向

海洋空间规划必须被置于治理现代化的背景中去认知，未来海洋空间规划应当以国家制度、国土治理、永续发展为导向，以海洋主体功能区为基础，将"优化'三生'"作为规划的核心任务，将"三条底线"作为规划的关键界限，将"自然资源空间管制"与国土综合整治作为规划的实施抓手，"在统一理念、目标和共识下"协调各项涉海规划，依托统一的空间平台，制定海洋发展战略，明确"保护底线"和"发展极限"，优化生产、生态、生活空间。

在当前，将现有的海洋空间规划体系完全打破，建立一个全新的海洋空间顶层规划，存在着法规和技术方法等多重难以逾越的制度障碍和困难。因此，采取渐变的规划编制方法较为现实。从法理地位和制度保障来看，大部分海洋区域规划以及相关生态环保规划的推进主要依据中央文件，缺乏明确的法律保障，规划的实施主要依据是单一的行政手段；海洋功能区划是《海域使用管理法》《海洋环境保护法》共同确定的我国海洋管理的一项基本制度，是我国海洋空间开发、控制和综合管理的整体性、基础性、约束性文件，经过近30年的实践，已形成了完备的技术方法与实施管理体系。以海洋主体功能区规划作为海洋空间规划的顶层规划，以海洋功能区划为主体，建立“纵向协调、横向衔接”的“多规合一”海洋空间规划体系较为切实可行①。

在统一的国土空间规划体系中，海洋功能区划与同级空间规划在空间管制目标、管制要求和空间基准等方面具有相对的统一性。海洋功能区划的作用与同级的空间规划一致，核心是通过海洋空间开发与保护用途的管制，实现空间有序开发保护和顶层设计，是实施海洋生态空间治理、统筹协调涉海行业的海洋空间需求和优化海洋资源开发保护的空间布局的基础。涉海渔业、港口、旅游等其他规划与陆域土地、城市、林业等规划相对应，是海洋各行业的专项规划，必须在海洋功能区划的约束下进一步细化。

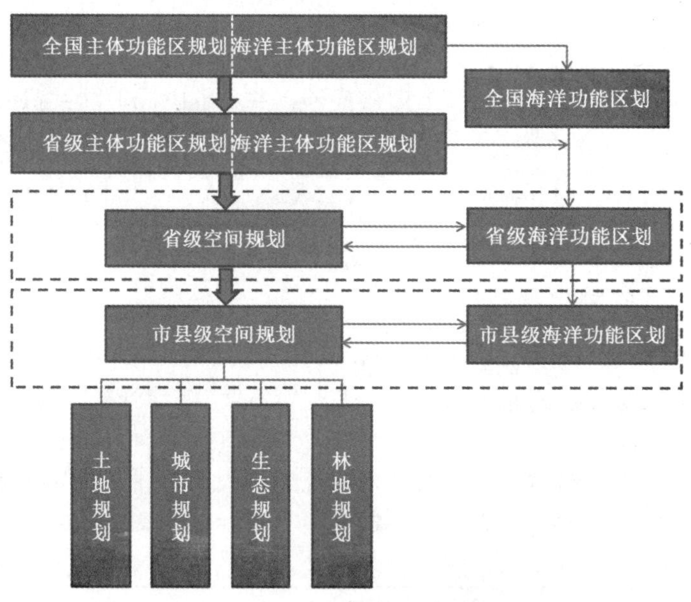

图2　我国海洋空间规划体系构想

（三）统一的空间规划体系对海洋功能区划的要求

在统一的空间规划体系中，海洋功能区划从期限、目标、层级、实施管理、分类、空间规划基准等均要有较大幅度的调整和完善，才能适应国土空间治理体系现代化要求。

区划期限。在统一的空间规划体系中，要求海洋功能区划的期限与本行政区空间规划相一致，而不再是海洋部门单独按照海洋功能区划管理自成体系。

区划层级体系。省级空间规划强调“三区三线”的约束框架，市县层面强调土地、城

① 栾维新、王辉、杨玉洁：《4.0版海洋功能区划的实施体系》，《中国海洋报》第2215期，A2版。

市等相关规划的融合和统一，精细和深化，同时土地、城市等规划也是在市县级才有明确的规划图件与分区落地。在统一的空间规划体系中，海洋功能区划的层级体系要改变目前以省级为主体的局面，应以市县级为主体，省级侧重“三区三线”约束和规模比例控制。

区划陆海统筹。以往的海洋功能区划陆海统筹内容的体现还较少，在统一规划体系中，首先规划的基础底图是统一的，“三区三线”控制要素是陆海统筹的，沿岸海洋功能区的设置要更多考虑陆域的功能服务、支撑和衔接。一方面，要统筹城镇建设区的扩展、城镇生活空间、港口交通用地、陆源污染物扩散等功能需求。另一方面，要强化对陆域开发活动的限制措施，比如建筑后退线、陆源排污、自然岸线保护等。

区划的内容体系。构筑以“三线”为核心的空间管控模式：一方面，统一的省、市（县、区）级空间规划纳入了海域“三区三线”的内容，功能区划的内容必然要在“三区三线”控制的基础上进一步细化和深化；另一方面，统一的空间规划更强调空间的约束和保护边界控制，海洋功能区划的重点和核心要倾向于在“三区三线”控制下的，海域用途管控规则和措施，分区内容应相对弱化。

论文来源：本文原刊于《海洋开发与管理》2019 年第 5 期，第 14-18 页。
项目资助：中国海洋发展研究会重点项目资助（CAMAZD201713）。

第四篇　海洋经济

我国海洋渔业新旧动能转换效率分析

戴桂林[①]　王圣[②]

摘要：新旧动能转换是转变渔业发展方式，促进渔业增效、渔民增收的重要举措，但如何在多种政策工具中选择出最佳的实施方案，需要根据具体情况进行科学的研判。本文在索罗模型的基础上针对要素供给政策的实施效果进行了模拟，从理论上分析了两种不同类型的政策对渔业产出的影响路径。研究结果显示，要素调整政策有助于加快渔业生产点向最佳投入产出比移动的过程，使要素配置尽快达到最佳生产规模（MPSS），适用于渔业技术基本成熟，但产业化程度有待提升的领域。技术改进政策将最终促进产出的提升，但提升的过程取决于政策实施时实际生产点的位置，最佳的引入时机应为生产点达到最佳要素配置，并且即将从规模报酬不变转为规模报酬递减的阶段。

关键词：海洋渔业；新旧动能转换；要素供给政策；效率评估

新旧动能加速转换是我国现阶段经济发展的显著特点，是培育新动力和新动能的过程，同时也是各种风险和矛盾加快释放的过程[③]。而海洋渔业是海洋经济的传统产业，产业发展成熟，产业结构已经较为稳定，因此海洋渔业的新旧动能转换将面临更大的挑战。针对海洋渔业的结构调整和产业增效，各省市已经出台了大量相关政策，特别是在要素供给方面，其中不乏成功的案例，但这些政策是否具有普适性，政策的效率是否有明显差异，需要根据地区实际情况进行科学的分析。为直观地体现政策的实施效率，同时保留政策的主要特征信息，本文按照政策的作用机制，对目前海洋渔业新旧动能转换的相关政策进行了分类归纳，在索罗模型的基础上，对不同政策主要特征和实施效果进行分析。

一、文献综述

海洋渔业新旧动能转换的研究主要集中在以下几个方面：从产业生态学视角指出，要

① 戴桂林，男，中国海洋大学经济学院教授，博士生导师。主要研究方向：海洋经济。

② 王圣，男，中国海洋大学经济学院博士研究生，山东社会科学院海洋经济文化研究院助理研究员。研究方向：海洋经济。

③ 王小广：《新旧动能转换：挑战与应对》，《人民论坛》2015 年第 35 期，第 16-18 页。

通过加强海洋生态环境养护、发展海洋第二三产业、推进渔业产业化、建立行业协会等实现海洋渔业产业结构的优化升级①；从产业经济学角度提出，根据海洋渔业产业内部企业的差异性，构建贯穿整个产业环节的多形式、富有竞争力的产业链，从供给端实现海洋渔业产业发展和升级②；从规模养殖主体角度提出经营主体、养殖结构、人才结构、拓展领域等方面的措施建议以促进海洋渔业规模化养殖，实现渔业的现代化建设③；从生产率研究视角指出，养殖业的全要素生产率波动下滑，与捕捞业的差异缩小且逐渐趋同，单纯依靠增加养殖业资本投入不能带来海洋渔业的高产出④，海洋渔业全要素生产率推动了水产品产量的增长，应加强技术创新力度，使全要素生产率成为海洋渔业发展的主动力⑤；此外，还有从科技进步⑥、渔业资源配置管理⑦、海洋牧场建设⑧等多方面措施实现海洋渔业新旧动能转换的研究。综上所述，这些研究大多从供给角度进行分析，尽管在政策的制定细节方面考虑了不同的实际情况，但主要政策机制基本可概括为要素调整和技术改进两类措施。以海洋渔业第一产业为例，海洋捕捞业的生产要素主要包括从业人员、机动渔船、渔具、渔港等，海洋养殖业的生产要素主要包括从业人员、养殖面积、水产苗种、基础设施等，要素调整可以理解成劳动力配置比发生改变或者资本投入的方向发生转移，例如上述加强海洋生态环境养护、发展海洋第二三产业、调整人才结构、渔业资源配置管理等措施可以归为此类，而科技进步、海洋牧场建设、渔船、渔具设备升级及渔港的设施完善等措施则可以归结为技术改进的范畴。新旧动能转换政策的广泛应用说明了其在经济环境中的普适性⑨，但如何选择最佳的政策方案以充分适应不同的经济环境还需要一种科学的可量化标准，随后的分析将主要集中于对这两类政策措施的实施效果进行评估。

---

① 杨林、苏昕：《产业生态学视角下海洋渔业产业结构优化升级的目标与实施路径研究》，《农业经济问题》2010 年第 31 卷第 10 期，第 99-105 页。

② 权锡鉴、花昭红：《海洋渔业产业链构建分析》，《中国海洋大学学报（社会科学版）》2013 年第 3 期，第 1-6 页。

③ 巩玉霄、刘静沙、刘泉：《供给侧改革背景下我国海洋渔业规模化养殖发展新思路》，《南方农业》2017 年第 11 卷第 18 期，第 71-72 页。

④ 蒋逸民、任淑华、慕永通：《生产率视角下浙江海洋渔业结构的实证研究》，《农业经济与管理》2013 年第 5 期，第 96-106 页。

⑤ 卢秀容：《海洋渔业全要素生产率的变动轨迹及其收敛性分析》，《广东海洋大学学报》2017 年第 37 卷第 2 期，第 29-34 页。

⑥ 王玲玲：《海洋科技进步对区域海洋经济增长贡献率测度研究》，《海洋湖沼通报》2015 年第 2 期，第 185-190 页。

⑦ 董文静、王昌森、韩立民：《中国海洋渔业资源利用状况与管理制度研究》，《世界农业》2017 年第 1 期，第 217-224 页。

⑧ 胡求光、王秀娟、曹玲玲：《中国蓝色牧场发展潜力的省际时空差异分析》，《中国农村经济》2015 年第 5 期，第 70-81 页。

⑨ 王波、杨林：《共享发展理念下医疗卫生资源有效供给：基于城乡比较》，《东岳论丛》2017 年第 38 卷第 9 期，第 158-166 页。

二、海洋渔业新旧动能转换政策模型

（一）模型构建基础

在建立海洋渔业的新旧动能转换模型之前，首先需要了解海洋渔业的产业结构，并将海洋渔业细分为若干相互联系的具体行业。通过这一过程可以进一步观察海洋渔业内各行业之间的关联作用，以及细分行业对整体产业的影响效果。

根据《国民经济行业分类和代码》，狭义的渔业范畴包括水产养殖和水产捕捞两大类，考虑到在新旧动能转换的实施过程中将不可避免的涉及其他与之相关的上下游行业，因此应采用广义的渔业范畴，增加渔业的专业辅助性活动部门，如渔船制造、鱼苗育种、水产品加工等行业。综合上述因素，海洋渔业的行业结构如图 1 所示。

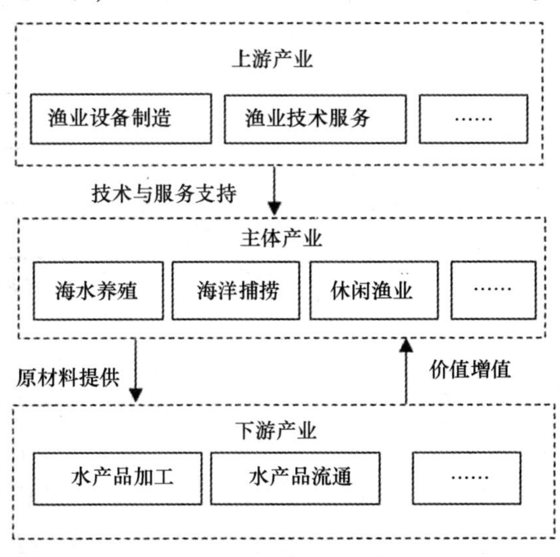

图 1　海洋渔业的产业结构

从图 1 可以看出，广义的海洋渔业包括上游产业、主体产业和下游产业三个部门，每个生产部门分别包括 1~2 个细分行业，并共同构成一条完整的产业链。新旧动能转换政策可能对产业体系中的某一个或几个细分环节产生影响，并最终促进海洋渔业的整体绩效改进，因此，针对不同的政策措施，应建立各自相应的模型，并在此基础上对比不同政策的影响效果。

但是，由于海洋渔业新旧动能转换政策多种多样，如果针对每一项政策各自建立相应的模型，将使政策措施的效率对比分析过程变得十分复杂；同时，由于不同的政策可能是基于相同的发展战略设计产生，因此按照影响路径和作用机理对政策措施进行分类将大大简化分析的过程。按照上述思路，精深加工、科技创新和传统产业改造等政策针对的是产业生产要素投入端的改进，通过优化产出过程，提高产业的生产绩效。因此，为方便政策效率的探讨，本文将前文所阐述的政策措施，针对要素政策建立相应的理论模型。

如前文所述，可以将上述政策的效果分为两种情况进行讨论：一是在生产要素组合不变的情况下，改变要素供给的比例，使生产要素的配置更为合理，从而提升生产效率；二是在生产要素的种类、数量、比例均不变的情况下，通过提升全要素生产率，获得更多的产出。从理论上分析，第一种情况下，模型的函数形式、各外生变量和参数均未发生改变，而是生产点沿生产曲线移动到了更高的位置。在第二种情况下，政策措施改变了原模型外生的控制变量或参数，使得生产曲线的形状发生了改变，在投入向量相同的情况下获得了更多的产出，但模型的函数形式没有发生改变。可见，两种情形下生产曲线的函数形式均未发生变化，可作为同质的政策影响进行讨论，由于两种情况的模型构建思路相同，分类讨论的目的主要在于方便对比政策实施的效果。

（二）要素调整政策

由于技术改进政策重点关注的是生产前端的改进，因此首先应对海洋渔业的投入变量进行梳理，但考虑到各细分行业的生产要素使用情况十分复杂，出于简化分析的考虑，将其归纳为资本和劳动力两种投入要素。以资本和劳动力为研究对象的模型数量众多，由于研究的目的以分析政策的作用效果和动态路径为主，因此采用索罗模型的基本形式进行分析，并在此基础上根据现实情况进行调整。

广义的海洋渔业由若干细分海洋产业构成，每个行业的外生参数均有所差异。因此，在变量符号设定中 K_i、L_i 分别代表第 i 个细分行业的资本投入和劳动力投入，$F(\cdot)$ 代表生产函数，Y 为产出，L 为海洋渔业系统的全部劳动力投入，即 $L=\sum_{i=1}^{N} L_i$，N 为海洋渔业系统细分行业个数，A_i 为第 i 个细分行业知识或劳动的有效性，t 表示时间。则海洋渔业系统的生产函数为：

$$Y(t)=\sum_{i=1}^{N} F(A(t)_i K(t)_i,\ L(t)_i) \quad (1)$$

从式（1）可以看出时间并不直接引入生产函数，而是通过 K、L 与 A 引入，即生产投入变化时，产出也随时间变化。考虑到技术进步的作用，在资本和劳动比例不变的情况下，$A(t)$ 为单调递增的凸函数，即 $A'(t)>0$ 且 $A''(t)<0$，同时 K 的调整会改变原有的资本和劳动比例，在新的投入组合下，厂商需要额外的时间进行新技术的适应，因此在短期内资本劳动比例的调整会导致资本有效性 $A(t)$ 的下降，图 2 显示了这种影响的变化图形，图中 $k_3>k_2>k_1$。

可以看出，函数 $A(k,t)$ 在 k 轴上是非连续的，随着 k 的增加，A 会在短期内出现下降，但随着时间 t 的增加，A 将逐渐回升并达到更高的位置，与 t 类似，假设 $A'(k)>0$ 且 $A''(k)<0$。

另外，A 与 K 以乘积形式引入，AK 被称为有效资本，以这种方式引入的技术进步被视为资本增加型或希克斯中性的。这样设置的原因是由于新旧动能转换措施往往以资本和技术研发为切入点，因此技术项与资本交乘更为合适[①]。

由于海洋渔业是海洋产业中发展时间最长的产业，细分行业门类齐全，产业结构完

① 戴维·罗默：《高级宏观经济学（第二版）》，上海财经大学出版社 2003 年版。

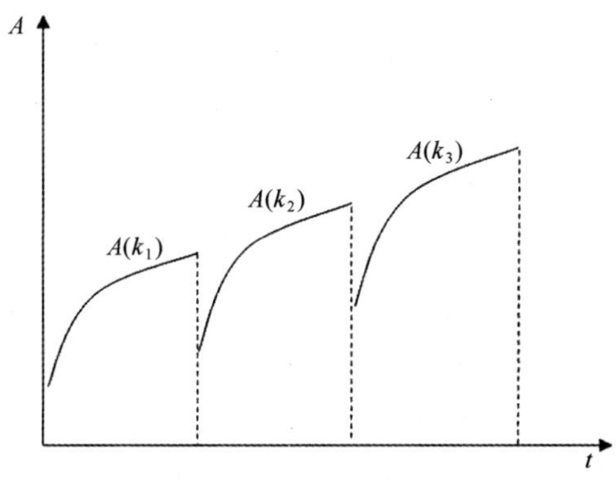

图 2　资本有效性的函数图形

整，发展较为成熟。按照产业周期理论的划分标准，海洋渔业已经经历了发展的幼稚期和成长期，进入了成熟期，因此产业的增长速度较为稳定，存在规模报酬不变的特征，即

$$cY(t) = \sum_{i=1}^{N} F(cA(t)_i K(t)_i,\ cL(t)_i),\ \forall c \geqslant 0 \tag{2}$$

因此，将等式右边的投入变量缩减为原来的 $\frac{1}{L}$ 倍，则式（2）可写为

$$y(t) = \sum_{i=1}^{N} f(k(t)_i,\ \rho_i),\ \forall c \geqslant 0 \tag{3}$$

其中，$y(t)$ 表示人均产出；$k(t)_i$ 为人均第 i 部门的资本占有量；$\rho(t)_i$ 为 i 部门的劳动力比值，用公式表示为 $y(t) = \frac{Y(t)}{L(t)}$，$k(t)_i = \frac{A(t)_i K(t)_i}{L(t)}$，$\rho(t)_i = \frac{c(t)_i}{L(t)}$，$f(\cdot)$ 为随 $k(t)_i$ 单调递增的生产函数。如前文所述，技术改进政策多从资本投入着手，但 $A(k,\ t)$ 在 k 上不连续，所以不能直接通过对 k 求导的方法进行分析。考虑人均资本的变化，根据定义 $k(t)_i = \frac{A(t)_i K(t)_i}{L(t)}$，则

$$\begin{aligned}\dot{k}(t)_i &= \frac{\dot{A}(t)_i K(t)_i + A(t)_i \dot{K}(t)_i}{L(t)} - \frac{A(t)_i K(t)_i}{L(t)^2}\dot{L}(t) \\ &= \frac{\dot{A}(t)_i}{A(t)_i}k(t)_i + \frac{\dot{K}(t)_i}{K(t)_i}k(t)_i - \frac{\dot{L}(t)}{L(t)}k(t)_i \end{aligned} \tag{4}$$

令 $\frac{\dot{A}(t)_i}{A(t)_i} = g$，$\frac{\dot{L}(t)}{L(t)} = n$，$\frac{\dot{k}(t)_i}{k(t)_i} = c_i$，则式（4）可写为

$$\dot{K}(t)_i = (c_i + n - g)K(t)_i \tag{5}$$

根据式（5），将各细分行业的资本变化量加总，得

$$\sum_{i=1}^{N} \dot{K}(t)_i = \sum_{i=1}^{N} c_i K(t)_i + (n-g)\sum_{i=1}^{N} K(t)_i \tag{6}$$

记 $\sum_{i=1}^{N} K(t)_i = K(t)$ ，表示产业总资本。在封闭系统情况下，产出在消费和投资之间分割，且投资在产出中的份额为 S；同时，现有资本以 δ 的速率折旧，因此有：

$$\dot{K}(t) = SY(t) - \delta K(t) \tag{7}$$

结合式（1）、式（6）、式（7），以及生产函数的规模报酬不变特征可得：

$$\sum_{i=1}^{N} \frac{\dot{k}(t)_i}{A(t)_i} = S\sum_{i=1}^{N} f(k(t)_i,\ \rho_i) - (n + \delta - g)\sum_{i=1}^{N} \frac{k(t)_i}{A(t)_i} \tag{8}$$

式中右边第一项为产出的投资部分，第二项为持平投资，当人均有效资本大于持平所需的投资时 $k(t)_i$ 处于上升阶段；当实际投资小于持平所需投资时 $k(t)_i$ 处于下降阶段；当二者相等时 $k(t)_i$ 不变。在其他细分行业资本投入不变的情况下，仅考虑单一行业的资本增加，产业的动态均衡如图 3 所示。

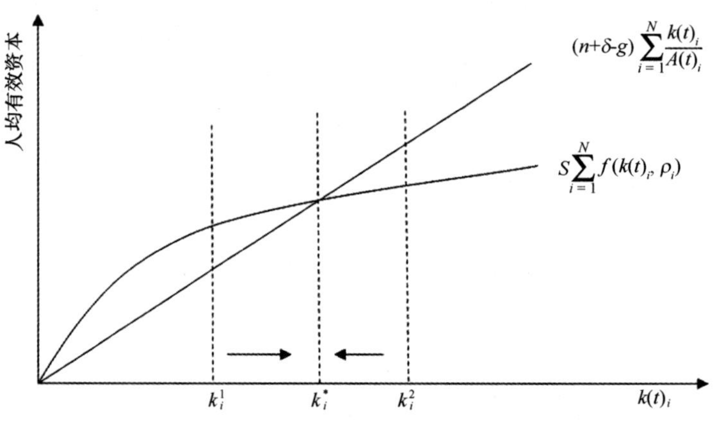

图 3　要素调整政策的均衡过程

由于要素调整政策仅对模型的内生变量发生影响，因此模型的函数及图像均不发生变化，而是使均衡点沿生产曲线发生移动。如图 3 所示，当生产点处于 k_i^1 位置时，由于 $S\sum_{i=1}^{N} f(k(t)_i,\ \rho_i) > (n + \delta - g)\sum_{i=1}^{N} \frac{k(t)_i}{A(t)_i}$，因此 $k(t)_i > 0$，导致生产点向右移动，当生产点处于 k_i^2 位置时，由于 $S\sum_{i=1}^{N} f(k(t)_i,\ \rho_i) < (n + \delta - g)\sum_{i=1}^{N} \frac{k(t)_i}{A(t)_i}$，因此 $k(t)_i < 0$，导致生产点向左移动，当生产点处于 k_i^* 位置时，$k(t)_i = 0$，生产点处于均衡位置，在没有政策措施的影响下，产出水平的动态变化路径如图 4 所示。

由图 4 可知，当人均有效资本小于 k_i^* 时，增加投资带来的产出变化量为正，当人均有效资本大于 k_i^* 时，增加投资带来的产出变化量为负，由于均衡生产点的人均有效资本最终将收敛于 k_i^* ，因此政策实施的效果应当与收敛的方向相同，以促进生产尽快达到均衡。即当人均有效资本小于 k_i^* 时增加投资，而当人均有效资本大于 k_i^* 时减少投资。

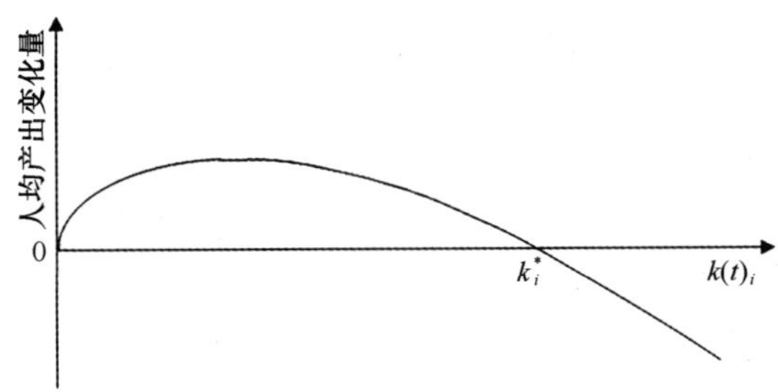

图 4 要素调整政策对人均产出的影响效果

综上所述，海洋渔业的要素调整政策有以下特点：①要素调整的效果不是瞬时出现的，而是需要通过一段时间来释放政策的效果。在调整阶段，由于要素配置比例的变化导致原有的生产模式发生转变，对新模式的适应使得资本的有效性降低，随着要素配置优化效果逐渐显现，资本的有效性将逐渐回升至高于调整前的水平，可见要素调整政策具有一定的时滞作用。②由于要素调整政策并没有影响渔业生产的技术水平，因此要素调整的效果存在极限。当渔民的资本占有量较低时，提升人均资本将较为明显地改善产出水平，当人均资本增长使持平投资的边际投入和生产投资边际产出相等时，改进的效果最为明显，直至持平投资等于生产投资，要素调整对渔业产出的提升效果完全释放，此时再增加投资将导致产出的下降。

（三）技术改进政策

与要素调整政策不同，技术改进政策旨在增加资本要素的科技含量，通过提升全要素生产率，实现产出的绩效改进。可见，政策实施的结果导致行业知识或资本的有效性 A_i 发生变化，由于改变了模型函数的外生变量，因此函数的图像将发生变化。具体而言，由于 A_i 的增加导致实际投资曲线向上方成比例增长，同时持平投资曲线向下方成比例缩小，其变化过程见图 5。

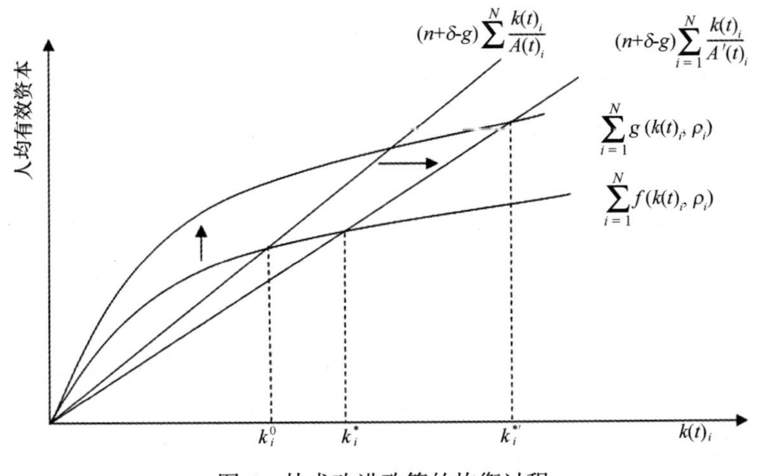

图 5 技术改进政策的均衡过程

如图 5 所示，在 k_i^* 的左边，由于 $S\sum_{i=1}^{N}f(k(t)_i, \rho_i) > (n+\delta-g)\sum_{i=1}^{N}\frac{k(t)_i}{A(t)_i}$，实际投资水平大于持平投资，因此 $k(t)_i$ 处于上升区间，实际生产点的人均有效资本将向右移动。在 k_i^* 的右边，由于 $S\sum_{i=1}^{N}f(k(t)_i, \rho_i) < (n+\delta-g)\sum_{i=1}^{N}\frac{k(t)_i}{A(t)_i}$，实际投资水平小于持平投资，因此 $k(t)_i$ 处于下降区间，实际生产点的人均有效资本将向左移动，当 $k(t)_i = k^0_i$ 时达到均衡。

假设当政府采用技术改进政策，在第一种情况下，产业的资本劳动比例尚未达到最优配置，政府通过增加投资使生产点向更高的位置移动，但并未改变实际投资曲线和持平投资线的位置和形状，这意味着原先的生产点位于 k_i^* 的左侧，政策实施的效果使生产点向右移动的过程提速，最终于 k_i^0 处达到均衡并保持稳定。在第二种情况下，政策的实施增加了产业的资本数量，使资本和劳动比处于更优的配置状态，同时也改变了资本和劳动的有效性 A，使实际投资曲线向上移动至 $S\sum_{i=1}^{N}g(k(t)_i, \rho_i)$ 的位置，持平投资线顺时针旋转至 $(n+\delta-g)\sum_{i=1}^{N}\frac{k(t)_i}{A'(t)_i}$ 的位置，此时均衡生产点的人均有效资本将沿 x 轴向右移动，并最终收敛于 $k_i^{*'}$。

由于政策实施过程中，劳动力数量并未发生改变，因此人均产出的变化与产业总产出的变化反应相同，其变化路径如图 6 所示。

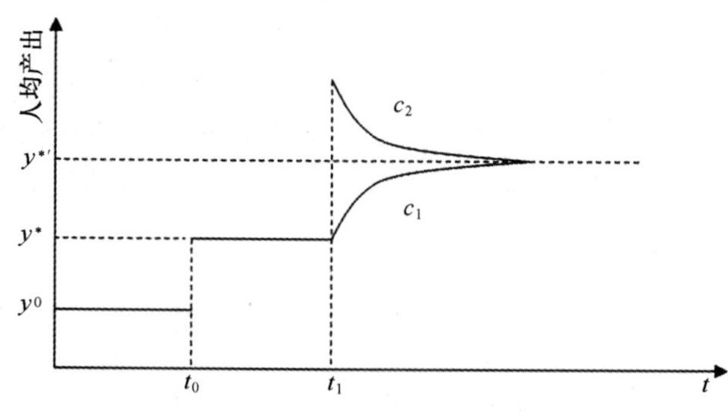

图 6　技术改进政策对人均产出的影响效果

t_0 期左侧表示技术改进政策尚未实施的时间，从图中可以看出，此期间内产出一直维持在较低的水平。从 t_0 期开始实施第一类技术改进政策，即改变资本劳动比，这使得均衡点处的人均有效资本由 k_i^0 提升至 k_i^*，且 $f(\cdot)$ 随 $k(t)_i$ 单调递增，因此产出水平从 y^0 提升至 y^*，由于该情形下生产曲线的位置和形状均不发生改变，而是生产点的位置发生改变，因此政策实施效果的反馈时间很短。从 t_1 期开始实施第二类，即通过提高全要素生产率，对生产函数的参数进行优化，这将导致生产曲线的位置和形状发生改变。此时分两种情况讨论，若仅实施第二类技术改进政策，或者第一、第二类技术改进政策同时实施，但第一类政策对人均有效资本的提升并未达到 $k_i^{*'}$ 的水平时，生产水平将沿曲线 c_1 从 y^* 逐渐移动

至 $y^{*'}$。当第一、第二类技术改进政策同时实施，同时第一类政策对人均有效资本的提升超过 $k_i^{*'}$ 的水平时，生产水平将从更高的位置沿曲线 c_2 逐渐回落至 $y^{*'}$。

综上所述，海洋渔业的技术改进政策有以下特点：①技术的改进将带来渔业生产水平的显著提升，这种提升的效果是即时的，即从新技术采用的那一时刻起，就能观察到生产水平的增长。但需要注意的是，技术改进选择的时机，从图 6 可以看出，技术改进使原先连续的生产曲线变为分段函数，当渔民的人均资本占有量较低时，技术改进带来的生产水平的提升完全可以通过要素调整达到同样的水平，并且要素调整政策的实施成本更低；当渔民的人均资本占有量过高时，技术改进将改变原先较高持平投资时的生产模式，并且人均产出将有所降低。因此，新技术引入的时机应为：生产点达到最佳要素配置，并且即将从规模报酬不变转为规模报酬递减的阶段。②由于改变了生产函数的外部参数，因此理论上技术改进对生产水平的提升是没有限制的，但相比于要素调整政策，技术改进政策从实施到起效需要更多的成本和更长的周期，因此技术改进政策的效果释放得更为缓慢。

三、结论与政策建议

渔业要素供给方式和结构的改变会对产出造成不同性质的影响，通过索罗模型的推导，从理论上验证了要素供给结构的调整将使最终生产点沿生产曲线移动，但并不会对生产曲线本身造成影响。由于模型的均衡具有收敛的特性，因此要素供给的调整应当与收敛的方向相一致，以促使生产过程尽快达到最佳投入产出比，即最佳生产规模（MPSS）。与要素调整政策不同，技术改进政策改变了生产函数的外生变量，因此生产边界将发生变化，并最终促进产出的提升，但提升的过程取决于政策实施时实际生产点的位置。由于两种政策的作用机制差异较大，因此实施的效果也明显不同，各有利弊。特别是在不同的环境下，这种差异将更为明显。要素调整政策在资本投入量不足的情况下效果更为明显，但前提是该领域的现有渔业技术应用已经较为成熟，人均资本的增长将为下一步的技术进步提供物质准备。技术改进更加适合作为促进渔业生产的长效机制来使用，但前提是具有适当的人均资本储备。因此，针对上述政策的作用机制，提出如下建议。

（1）实施“智慧海洋”工程。利用数字信息平台，完善海洋自然灾害预警和养殖病害防治机制，提高灾害预测精度和对突发病害事件的反应速度。发挥大数据和云计算技术在水产品流通和大宗商品交易方面的优势，提升物流服务的精准度，降低交易成本；整合水产品小额零散贸易，建立面向中小企业和个体从业者的电子商务交易平台。结合海洋牧场建设，做好海洋牧场观测网运行维护，发挥好“可视、可测、可控”功能。智慧海洋工程的实施可以有效提升要素的生产效率，同时能及时反馈要素配置的适应情况，使要素调整更为便利。

（2）保护修复海洋生态环境，整治渔业水域养殖污染。根据养殖水域滩涂规划，在划定养殖区、限养区、禁养区。在扎实开展养殖业污染普查的基础上，全面清理近岸海域城市核心区的筏式养殖设施。取缔清理开放型湖泊、饮用水源地网围网箱养殖，开展传统投饵性网围网箱养殖区底质整治修复试点，池塘和工厂化养殖实行达标排放。

（3）强化海洋科技创新，推进重大科技创新平台建设。支持海洋工程技术协同创新中心建设，培育科技兴海示范基地。探索建设海上试验场，加快科考船、深海基地、浅海综合试验场等重大创新平台建设。协调推进科研教育机构与市、县（市、区）的深度对接，不断拓宽合作领域，加快海洋科技成果转化为现实生产力。指导渔业创新团队开展科技服务地方的活动，积极主动对接技术指导县和龙头企业科技需求。

论文来源：本文原刊于《中国渔业经济》2019 年第 2 期，第 10-18 页。
项目资助：中国海洋发展研究会基金项目资助（CAMAZD201704）。

海洋科教、风险投资与海洋产业结构升级

纪建悦[①] 郭慧文[②] 林姿辰

摘要： 海洋产业结构升级是海洋经济高质量发展的重要推动力，海洋科教与风险投资又是促进海洋产业结构升级的两个基本要素，然而鲜有文献深入研究三者之间的内在联系。本文首先对海洋科教、风险投资以及海洋产业结构升级三者之间的内在联系进行了理论分析，在此基础上采用中介效应及门限回归模型进行实证研究。研究结果表明，海洋科教对海洋产业结构升级具有显著的促进作用，风险投资在这一影响机制中发挥了中介效应和门限效应。因此，为实现海洋强国，应重视海洋科教的发展，进一步完善风险投资市场机制，扩大风险投资规模，促进海洋产业结构优化升级。

关键词： 海洋产业结构升级；海洋科教；风险投资；中介效应；门限回归

经济新常态下，我国经济已由高速增长阶段转向高质量发展阶段，推动经济发展质量变革是建设现代化经济体系的关键举措。海洋产业结构是反映海洋经济发展质量的重要指标，它体现了海洋资源开发利用过程中各产业构成的比例关系。在海洋强国战略的推动下，尽管我国海洋经济取得了快速发展，但在海洋产业结构方面仍存在诸多问题[③]。海洋产业结构升级是加速海洋经济发展、提升国际竞争力的重要因素[④]，对于海洋经济的高质量发展而言至关重要。

熊彼特“经济发展理论”指出，技术创新通过“创造性破坏”促进经济结构的新旧更替，带动产业结构升级。在这一过程中，创新和资本是关键因素。海洋产业结构升级同样离不开创新和资本。海洋科教是海洋科技创新的基础，为海洋科技创新提供高素质人才

---

① 纪建悦，男，中国海洋大学经济学院教授，博士生导师，中国海洋大学海洋发展研究中心研究员。主要研究方向：国民经济学、海洋经济等。

② 郭慧文，女，中国海洋大学经济学院硕士研究生。主要研究方向：金融投资与金融管理、海洋经济等。

③ 于会娟：《现代海洋产业体系发展路径研究——基于产业结构演化的视角》，《山东大学学报（哲学社会科学版）》2015 年第 3 期，第 28-35 页。

④ 栾维新、杜利楠：《我国海洋产业结构的现状及演变趋势》，《太平洋学报》2015 年第 23 卷第 8 期，第 80-89 页。

与科研成果。科研成果的商品化、产业化转化是海洋科教促进海洋产业结构升级的重要环节。然而科技成果转化活动具有资金需求量大、风险高以及投资回报难以预测等特征，加之海洋经济自身具有自然灾害风险大以及潜在收益不确定等内在特点，导致从事海洋科技成果转化的企业难以通过传统的银行贷款等渠道获得资金。在此背景下，旨在投资于高科技企业的风险投资则能够成为海洋类企业稳定的资金来源。

在已有文献中，不少学者研究了海洋科技创新对海洋经济的影响①。也有学者研究了海洋金融对海洋经济发展的重要作用（许林等，马铁城）②，然而上述研究将银行信贷、证券市场以及风险投资等诸多融资渠道视为一个整体进行分析。少数学者认识到风险投资对海洋经济独特的支持作用③，但其研究均局限于特定产业，无法衡量风险投资对海洋产业结构整体升级的影响。总体而言，海洋科教与风险投资对于海洋经济发展的重要性目前在学术界已达成共识，但鲜有学者深入研究二者的内在联系，并探讨二者对于海洋产业结构升级的影响机理。

基于理论与现实背景，本文提出以下研究问题：在我国海洋经济发展过程中，海洋科教是否对海洋产业结构升级有促进作用？风险投资在这一过程中是否发挥了中介效应？在风险投资的作用下，海洋科教对海洋产业结构升级的促进作用能否实现跃迁？关于这些问题的研究，对于促进我国海洋科教成果商品化及产业化转化，进而推动海洋产业结构升级具有重要意义。

一、理论框架构建

（一）概念解释

1. 海洋产业结构升级

根据配第-克拉克定理，随着一国经济的发展，资本、劳动力等生产要素会由第一产业向第二、第三产业逐步转移，推动产业结构向高级化演变。基于此，为了反映海洋经济三次产业在海洋经济生产总值中贡献率的变化，本文在已有研究④的基础上，采用产业结构变动值法构造海洋产业结构升级指数如下。

---

① Hubbard, Jennifer. Mediating the North Atlantic Environment: Fisheries Biologists, Technology, and Marine Spaces. Environmental History, 2013, 18 (1): 88-100.

Brun J F, Combes J L, Renard M F. Are there spillover effects between coastal and noncoastal regions in China?", China Economic Review. China Economic Review, 2002, 13 (2): 161-169.

Turek J G . Science and technology needs for marine fishery habitat restoration. Oceans. IEEE, 2000.

② 许林、赖倩茹、颜诚：《中国海洋经济发展的金融支持效率测算——基于三大海洋经济圈的实证》，《统计与信息论坛》2019 年第 34 卷第 3 期，第 64-75 页。

铁成：《区域金融发展对海洋经济增长的影响机制研究》，《华东经济管理》2017 年第 31 卷第 8 期，第 60-64 页。

③ Winskel M. Marine energy innovation in the UK energy system: financial capital, social capital and interactive learning. International Journal of Global Energy Issues, 2007, 27 (4): 472.

Corsatea T D. Increasing synergies between institutions and technology developers: Lessons from marine energy. Energy Policy, 2014, 74: 682.

④ 干春晖、郑若谷、余典范：《中国产业结构变迁对经济增长和波动的影响》，《经济研究》2011 年第 46 卷第 5 期，第 4-16，31 页。

$$STRU = \sum_{i=1}^{3} S_i \times i, \ i = 1, 2, 3$$

其中，S_i 表示第 i 产业生产总值占海洋生产总值的比重；$STRU$ 的取值范围为［1，3］，该指数能够反映海洋经济三次产业之间的升级状况。

2. 海洋科教

海洋科学教育事业的发展是建设海洋强国的重要保障。为综合衡量海洋科教在开发、利用以及保护海洋资源过程中所发挥的科研、教育以及管理服务等职能，本文参考已有研究①，选取海洋科研教育管理服务业增加值占海洋生产总值的比重衡量海洋科教水平。

3. 风险投资

从投资行为的角度而言，风险投资是把资本投向具有失败风险的高新技术及其产品研发领域，以促使高新技术成果的商品化、产业化，进而取得高资本收益的投资过程。为衡量区域风险投资水平，本文采用“清科研究中心”的风险投资金额，选取地区的风险投资金额占全社会固定资产投资的比重表示地区风险投资发展水平。

（二）理论依据和假设

1. 海洋科教对海洋产业结构升级的影响机理分析

海洋科教能够从科研、教育以及管理服务这三个方面为海洋产业结构升级提供技术保障。

第一，海洋科教为海洋产业结构升级提供技术进步与创新。海洋产业结构的高级化、知识化都离不开技术创新与产业发展的密切结合。一方面，技术进步是我国产业结构变化的直接影响因素，技术进步与创新能够促使海洋产业分工向专业化和精细化方向转变，从而带动新兴海洋产业发展，促进海洋产业结构升级。另一方面，偏向性技术进步能够对海洋产业结构产生差异化影响，改变生产要素的相对成本，使生产要素之间产生替代关系，从而促使海洋产业结构向高级化演变②。

第二，海洋科教为海洋产业结构升级提供大量人力资本。当下制约我国产业结构发展的根本原因是我国劳动力绝对数量较大和相对素质较差所造成的“低技术”均衡，因而提高人力资本水平是促进产业结构调整升级的重要举措③。人力资本对海洋产业结构升级的促进作用体现在供给和需求两个方面。从供给方面而言，人力资本的积累能够提高创新能力，促进海洋领域技术进步，形成良性循环，最终推动海洋产业结构优化升级。从需求方面而言，接受高等教育的人口比例越大，对高科技产品的需求也随之升高，进而促进海洋高新技术产业发展，拉动海洋产业结构升级。

---

① 王华、姚星垣：《海洋经济发展中的技术支撑与金融支持——基于沿海地区面板数据的实证研究》，《上海金融》2016 年第 9 期，第 20-26，37 页。

② 郑猛：《有偏技术进步下要素替代增长效应研究》，《数量经济技术经济研究》2016 年第 33 卷第 11 期，第 94-110 页。

王华、姚星垣：《海洋经济发展中的技术支撑与金融支持——基于沿海地区面板数据的实证研究》，《上海金融》2016 年第 9 期，第 20-26，37 页。

③ 张若雪：《人力资本、技术采用与产业结构升级》，《财经科学》2010 年第 2 期，第 66-74 页。

第三，海洋科教所提供的管理服务能够优化海洋资源配置，降低交易成本。知识密集型产业对交易成本较为敏感，相对较低的交易成本能够提升知识密集型产业的比重，促进区域产业结构高级化发展[①]。为企业提供海洋资源管理服务等业务，能够活化要素市场资源配置，减少寻租等机会主义行为，降低交易成本，为企业营造良好的发展环境，进而促进地区海洋产业结构升级。

基于上述海洋科教对海洋产业结构升级的影响机理分析，提出第一个假设：

H1：海洋科教水平与区域海洋产业结构正相关。

2. 风险投资的中介效应分析

海洋科教发展最直接的产物是基础科研成果，科研成果的商品化、产业化转化是支撑产业结构升级的最重要环节[②]。风险投资作为科技成果转化的催化剂，其发展状况决定着海洋科技成果商品化及产业化的速度与水平[③]，也影响着海洋产业结构升级的速度与质量。

风险投资可以从多个方面促进海洋经济研发成果的商品化转化。

第一，为海洋类科技企业，尤其是中小企业提供资金支持。王华等（2016）[④]指出我国海洋高新技术产业发展迟缓的原因之一是金融发展与技术进步的弱协同作用，针对海洋产业建立适应海洋经济发展需要的金融体系是解决这一问题的有效手段。传统的融资方式难以满足海洋产业的资金需求，风险投资基金作为直接融资方式，其优势主要体现在降低壁垒、降低风险、减少成本和信息透明等方面。

第二，风险投资为海洋经济科技企业提供经营管理经验，并且进一步激发创新企业的研发创新能力。一方面，风险投资能够监督企业创新并利用其丰富的经验对海洋科技类企业的创新方向予以指导和修正[⑤]；另一方面，风险投资所支持的企业更关注企业长期竞争力的构建与维持，研发投入强度更高，因而风险投资能够显著提高企业在技术创新上的表现[⑥]。

综上所述，本文认为风险投资可以通过推动海洋领域基础科技结果的商品化转化，对海洋科教促进海洋产业结构升级起到催化作用，由此提出第二个假设：

H2：风险投资在海洋科教促进海洋产业结构升级的过程中具有中介效应。

3. 风险投资的门限效应分析

当地区的风险资本总额较少时，风险投资以企业为基本对象，为基础科研成果的商品

---

① 原小能、唐成伟：《劳动力成本、交易成本与产业结构升级》，《浙江大学学报（人文社会科学版）》2015年第45卷第5期，第133-143页。

② 林卓玲、张雯、杨彦川：《广东公共研发机构基础研究成果转化影响因素关系研究——产业结构升级需求视角》，《科技进步与对策》2016年第33卷第22期，第43-49页。

③ 陈治、张所地：《我国风险投资对技术创新的效率研究》，《科技进步与对策》2010年第27卷第7期，第14-17页。

④ 王华、姚星垣：《海洋经济发展中的技术支撑与金融支持——基于沿海地区面板数据的实证研究》，《上海金融》2016年第9期，第20-26，37页。

⑤ Kaplan S N，Strömberg P. Financial contracting theory meets the real world：an empirical analysis of venture capital contracts. Review of Economic Studies，2003，70（2）：281-315.

⑥ 苟燕楠、董静：《风险投资背景对企业技术创新的影响研究》，《科研管理》2014年第35卷第2期，第35-42页。

化转换提供资金支持与企业运营经验；当风险资本达到适度规模时，则可实现资本的规模经济。资本的集聚经济效应主要通过以下两个渠道实现。

第一，规模效应。风险投资规模通过影响产业链前后向联系以及融资成本进而影响海洋研发成果产业化转化的效率。当地区风险投资规模低于最优规模时，风险投资规模的进一步扩大能够为产业链上各类高新技术企业提供更完善的资金支持及管理经验指导。这一方面能够加强信息披露，降低风险投资者的信息搜寻成本；另一方面则可降低高新技术企业的融资成本，使资本资源配置更有效率。

第二，结构效应。结构效应是指风险投资活动的专业化或多样化程度能够影响海洋研发成果的产业化转化效率。一方面，风险投资的专业化水平越高，越有利于市场的前后向联系及资本共享；另一方面，风险投资的多样化有利于不同行业间的知识溢出，即 Jacobs 溢出，从而促进经济增长。而无论是风险投资的专业化深化发展还是多样化广化发展，均需以风险投资达到一定的集聚规模为基础。因而风险投资集聚可通过结构效应加快海洋高新技术产业的发展，进而促进海洋产业结构升级。

综上所述，当风险投资达到一定规模时，可通过规模效应和结构效应两种渠道实现集聚经济效应，进而促进研发成果产业化转化，加速海洋产业结构升级。基于以上分析，提出第三个假设：

H3：当风险投资规模跨越某一门限时，海洋科教对海洋产业结构升级的促进作用加快。即在风险投资的门限效应下，海洋科教对海洋产业结构升级的促进作用能够实现跃迁。

（三）理论模型构建

本文的理论模型如图 1 所示。第一，海洋科教通过技术进步、人力资本以及降低交易成本三个维度对海洋产业结构升级产生影响，本文提出的假设认为海洋科教与区域海洋产业结构升级正相关。第二，风险投资是促进海洋科教基础研发成果商品化、产业化转化的重要媒介，本文提出的假设认为风险投资在海洋科教促进海洋产业结构升级的过程中具有中介效应。第三，由于资本具有规模集聚效应，本文提出的假设认为在风险投资规模集聚的作用下，海洋科教对于海洋产业结构升级的促进作用能够实现跃迁。

（四）研究设计

1. 样本选取与变量测度

受数据可获得性的限制，本文选取中国大陆地区沿海 11 个省、自治区和直辖市在 2006—2014 年间的面板数据进行实证分析。表 1 显示了本文的全部变量。除了核心变量之外，在已有研究①基础上，选取了自然资源等五个控制变量。由于 2006—2008 年风险投资金额数据缺失，以平均增长率估算。

① 常玉苗：《我国海洋经济发展的影响因素——基于沿海省市面板数据的实证研究》，《资源与产业》2011 年第 13 卷第 5 期，第 95-99 页。

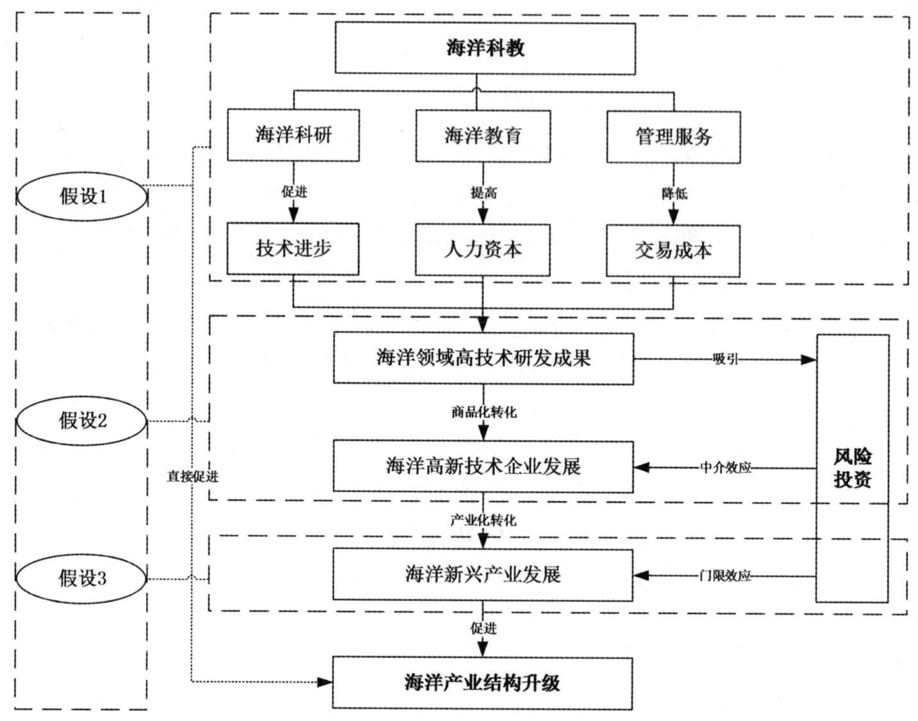

图1　理论模型框架

表1　变量的含义及公式

变量类型	变量名称（定义）	变量代码	变量公式	相关数据来源
被解释变量	海洋产业结构升级	STRU	海洋产业结构升级指数	《中国海洋统计年鉴》
解释变量	海洋科教投入	SE	海洋科研教育管理服务业增加值/海洋生产总值	《中国海洋统计年鉴》
中介变量	风险投资	VC	风险投资额/全社会固定资产投资	清科研究中心网站 国家统计局网站
控制变量	自然资源	SS	地区海域面积/沿海省市海域总面积	《中国海洋统计年鉴》
	信用贷款规模	FIN	地区存贷款余额/地区生产总值	Wind数据库 国家统计局网站
	海洋科研机构人员	LAB	海洋科研机构活动人员数/涉海就业人数	《中国海洋统计年鉴》
	政府干预强度	GOV	地区地方财政一般预算支出/地方财政一般预算收入	国家统计局网站
	市场化程度	MAR	1-（国有工业销售产值/规模以上工业销售产值）	国家统计局网站

2. 实证模型设定

为实证考察海洋科教投入（SE）对海洋产业结构升级（STRU）的影响以及风险投资

（VC）在这一过程中所施加的作用，本文构建以下三个模型。

第一，为检验假设1，即海洋科教是否对海洋产业结构升级施加影响，构建面板计量模型如式（1）所示：

$$STRU_{it} = \alpha_{1,\ it} + c\,SE_{it} + \delta_1\,Ctrl_{it} + \mu_{1,\ i} + \varepsilon_{1,\ it} \tag{1}$$

上式中 $Ctrl_{it}$ 为 i 省份 t 时期的控制变量，$\mu_{1,\ i}$ 为个体异质性，$\varepsilon_{1,\ it}$ 为扰动项，下同。

第二，为检验假设2，即风险投资在海洋科教影响海洋产业结构升级过程中所发挥的作用，将模型（1）扩充为中介效应模型如式（2）所示：

$$STRU_{it} = \alpha_{1,\ it} + c\,SE_{it} + \delta_1\,Ctrl_{it} + \mu_{1,\ i} + \varepsilon_{1,\ it} \tag{2 - 1}$$

$$VC_{it} = \alpha_{2,\ it} + a\,SE_{it} + \delta_2\,Ctrl_{it} + \mu_{2,\ i} + \varepsilon_{2,\ it} \tag{2 - 2}$$

$$STRU_{it} = \alpha_{3,\ it} + c'\,SE_{it} + b\,VC_{it} + \delta_2\,Ctrl_{it} + \mu_{3,\ i} + \varepsilon_{3,\ it} \tag{2 - 3}$$

第三，为检验假设3，即风险投资的中介效应是否具有规模集聚效应，构建面板数据门限回归（Threshold Regression）模型如式（3）所示：

$$\begin{cases} STRU_{it} = \mu_i + \beta_1\,SE_{it} + \theta\,Ctrl_{it} + \varepsilon_{it},\ 若VC_{it} \leqslant \varphi \\ STRU = \mu_i + \beta_2\,SE_{it} + \theta\,Ctrl_{it} + \varepsilon_{it},\ 若VC_{it} > \varphi \end{cases} \tag{3}$$

三、实证检验结果及分析

（一）风险投资对海洋科教与海洋产业结构升级的中介效应检验

本文参照温忠麟等（2014）[①] 提出的中介效应检验流程对风险投资的中介效应进行检验，表2是风险投资对海洋科教与海洋产业结构升级的中介效应检验结果。

式（2-1）的回归结果表明，海洋科教对海洋产业结构升级具有显著的促进作用，具体表现为海洋科教水平每上升1个单位，会相应提升海洋产业结构上升0.998个单位，假设1成立。

从回归结果总体来看，海洋科教与海洋产业结构升级显著正相关，即系数 c（0.988）显著。同理，系数 a（0.131）、b（0.387）以及系数 c'（0.855）均在10%的置信水平下显著，可判断即风险投资发挥了显著的中介效应，其中介效应量为0.05[②]，假设2成立。

表2　中介效应检验结果

变量	式（2-1）	式（2-2）	式（2-3）
	STRU	*VC*	*STRU*
VC			0.387* （0.212 5）
SE	0.988*** （0.168 4）	0.131*** （0.045 9）	0.855*** （0.171 4）

① 温忠麟、叶宝娟：《中介效应分析：方法和模型发展》，《心理科学进展》2014年第22卷第5期，第731-745页。

② 中介效应量 $=ab/c=0.131\times0.387/0.988=0.0513$。

续表

变量	式（2-1）	式（2-2）	式（2-3）
	STRU	*VC*	*STRU*
SS	-0.166（0.138 9）	0.000 264（0.017 2）	-0.156（0.107 5）
FIN	0.009 90（0.011 8）	0.011 4***（0.003 4）	0.006 21（0.011 9）
LAB	0.008 63（0.018 6）	0.011 0**（0.005 3）	0.003 86（0.018 6）
GOV	-0.068 4***（0.026 2）	0.009 41（0.006 7）	-0.070 2***（0.025 0）
MAR	0.133*（0.071 0）	-0.027 1（0.021 8）	0.141**（0.070 6）
CONS	2.230***（0.075 1）	-0.041 2（0.027 0）	2.254***（0.073 1）
Hausman	p=0.707 4	p=0.123 8	p=0.151 4
	随机效应	随机效应	随机效应
$Adj\text{-}R^2$	0.406 5	0.245 3	0.425 3
Obs	99	99	99

注：（1）***、**、*分别表示结果在1%、5%和10%的置信水平上显著；（2）CONS为截距项；（3）括号内为标准误。

中介效应效果量较小可能由以下两方面原因导致。第一，我国风险投资市场及运作机制尚不健全，尤其是海洋风险投资服务体系有待完善，在促进海洋科技成果商品化、产业化转化等方面发挥的作用有限。第二，海洋科教评价体系有待改进，科研课题、科技论著等指标占比过大，导致海洋科研成果的研发较少考虑产业化因素。

（二）风险投资对海洋科教与海洋产业结构升级影响的门限回归

对式（3）进行门限回归模拟，检验结果如表3所示。实证结果表明本模型中风险投资（VC）存在门限值，即0.014 4，且该门限值在1%的置信水平下显著。

表3　门限效应显著性检验结果

门限值	SSR	*F*统计量	*P*值
0.014 4***	0.054 2	12.012 1	0.002 0

注：***表示结果在1%的置信水平上显著。

各个解释变量系数回归结果详见表4。

表4　门限回归结果

变量	系数	稳健标准误	*t*统计量	*P*值
SS	0.001 2	0.001 3	0.904 9	0.368 2

续表

变量	系数	稳健标准误	t 统计量	P 值
FIN	-0.006 5	0.010 0	-0.647 5	0.519 1
LAB	-0.003 9	0.019 7	-0.198 4	0.843 2
GOV	-0.091 1****	0.023 4	-3.889 9	0.000 2
MAR	0.245 1****	0.072 7	3.371 6	0.001 1
SE（*VC*≤0.014 4）	1.043 3****	0.143 3	7.279 9	0.000 0
SE（*VC*>0.014 4）	1.202 9****	0.147 8	8.141 1	0.000 0

注：***表示在结果在1%的置信水平上显著。

从表4可得出如下结论：第一，在风险投资发展的不同阶段，海洋科教对于海洋产业结构升级的促进作用表现出非线性特征；第二，海洋科教对于海洋产业结构升级的作用机制可分为两个阶段，当风险投资低于0.01时，海洋科教对海洋产业结构升级的提升作用为1.04；当风险投资高于0.01时，海洋科教对海洋产业结构升级的提升作用为1.20。即随着风险投资跨越0.01的门限值，海洋科教对于海洋产业结构的促进作用实现了跃迁，即假设3成立。2014年，我国沿海11省市区中仅上海市、广东省和浙江省这3个省市的风险投资超过该门限值；为加快促进海洋产业结构升级，其余8个省市区应重视风险投资市场体系的建设。

四、主要研究结论与启示

本文基于2006—2014年中国大陆地区沿海11个省市区的省级面板数据，深入分析了海洋科教、风险投资对海洋产业结构升级的影响机制，并采用中介效应检验以及门限回归模型对上述机制进行了实证检验，弥补了理论空缺。

本文的研究结论如下：第一，海洋科教水平的提升对海洋产业结构升级具有显著促进作用；第二，在上述过程中，风险投资发挥了重要的中介效应，是海洋科教推动海洋产业结构高级化的传导路径，但风险投资的中介效应效果量仅为0.05，还具有很大的提升空间；第三，在风险投资的影响下，海洋科教对海洋产业结构升级的促进作用能够实现跃迁。

本研究的启示有以下三点：第一，重视海洋科教建设，发展蓝色科技，把“科教兴国”战略与“海洋强国”战略紧密结合，为海洋经济发展提供高素质人才及先进科研成果，从而促进海洋产业结构升级；第二，进一步完善海洋金融及风险投资市场机制，充分发挥风险投资的中介效应。政府在风险投资的发展过程中不能扮演“主办”的角色，应采取“民办官助”的发展模式，致力于为风险投资的发展营造健康有利的政策法规环境；第三，各沿海省份应大力发展海洋风险投资，从而提高海洋科教对海洋产业结构升级的带动作用。拓宽资金来源，实行投资主体多元化，大力扶持民间资本参与风险投资，是发展风险投资的必要条件。

论文来源：本文原刊于《科研管理》2020 年第 2 期，第 10–18 页。
项目资助：中国海洋发展研究会基金项目资助（CAMAZD201704）。

"一带一路"倡仪下我国水产品出口贸易研究

——以山东省为例

张瑛[①]　赵露[②]　陈雨生

摘要："一带一路"倡仪赋予新时期我国水产品出口贸易发展新的机遇。基于2010—2016年山东省与"一带一路"沿线30个国家的水产品贸易数据，运用引力模型，实证分析山东省与"一带一路"沿线国家的水产品出口贸易流量，结果发现，"一带一路"沿线国家GDP、人均居民消费支出、物流绩效指数、APEC成员国变量对山东省与"一带一路"沿线国家水产品出口贸易存在显著的正面影响，而进出口物流周转时间变量则对水产品出口贸易存在显著的负面影响。此外，根据山东省与"一带一路"沿线国家水产品出口质量潜力的测算结果，相关国家可分为贸易潜力再造型，贸易潜力开拓型与贸易潜力巨大型三类。因此，山东省应调整和优化出口结构，提高物流服务水平和效率，深化市场化改革，依托"海上粮仓"建设带动出口增长，进一步推进与"一带一路"沿线国家的水产品贸易。

关键词："一带一路"；水产品；出口贸易流量；贸易潜力；引力模型

2013年10月，国家主席习近平首次提出建设"丝绸之路经济带"和"21世纪海上丝绸之路"的伟大构想（简称"一带一路"）。自"一带一路"倡仪提出以来，极大地促进了我国与"一带一路"沿线国家的经贸合作。2017年1月，国家商务部《对外贸易发展"十三五"规划》强调，以推进"一带一路"建设统领对外开放，提升与"一带一路"沿线国家的贸易合作水平。2015年1月，山东省被正式确立为中国"一带一路"规划海上战略支点和新亚欧大陆桥经济走廊沿线重点地区。2015年3月发布的《推动共建丝绸之路经济带和21世纪海上丝绸之路的愿景与行动》文件，重点提出加强包括青岛、烟台在内的15个沿海城市的港口建设。山东作为水产大省，水产品贸易在其对外经济贸易中占

① 张瑛，女，中国海洋大学管理学院教授。主要研究方向：企业管理、渔业经济、市场营销。
② 赵露，女，中国海洋大学管理学院硕士研究生。主要研究方向：农业经济理论。

重要地位，是山东省重要的出口创汇产品之一，“一带一路”倡议赋予新时期山东省水产品出口贸易发展的新定位、新使命和新目标。据海关数据统计，2017 年山东省水产品出口数量 106.61 万吨，占全国水产品出口总量的 24.57%；水产品出口总额 47.85 亿美元，占全国水产品出口总额的 22.62%。随着“一带一路”倡议的实施，“一带一路”沿线国家逐渐成为山东省重要的水产品贸易伙伴。据山东省海洋与渔业厅数据统计，2017 年山东省与“一带一路”沿线国家水产品贸易额为 10 亿美元，其中对“一带一路”沿线国家水产品出口贸易额 3.56 亿美元，同比增长 8.87%。

目前，对中国与“一带一路”沿线国家的贸易研究主要集中在以下几个方面：第一，中国与“一带一路”沿线国家贸易现状研究。第二，中国与“一带一路”沿线国家贸易竞争性与互补性研究。第三，中国与“一带一路”沿线国家贸易影响因素及潜力研究。已有文献主要就中国与“一带一路”沿线国家贸易现状及“一带一路”背景下的贸易合作展开研究，大多数学者将视角放在国家层面，较少关注主产省与“一带一路”沿线国家的贸易问题。因此，本文基于 2010—2016 年山东省与“一带一路”沿线 30 个国家的水产品出口贸易数据，通过构建扩展的贸易引力模型，分析山东省与“一带一路”沿线 30 个国家开展水产品出口贸易的影响因素，并对水产品出口贸易潜力进行测算，依据实证结果为我国与“一带一路”沿线国家推进水产品贸易提供政策建议。

一、山东省与“一带一路”沿线国家水产品贸易现状

（一）水产品贸易总额

随着山东省与“一带一路”沿线国家经贸合作的不断加强，双边水产品贸易总额平稳变化（图 1），水产品贸易联系紧密。2010—2017 年，山东省与“一带一路”沿线国家水产品进口额总体呈下降趋势。2010—2011 年，水产品进口额由 8.83 亿美元上升至 10.84 亿美元，但自 2011 年之后，水产品进口额则一直呈下降趋势，2017 年进口额下降至 6.44 亿美元。2010—2017 年，山东省与“一带一路”沿线国家水产品出口额虽有波动，但总体呈上升趋势。2010 年水产品出口额仅为 2.50 亿美元，至 2017 年出口额达到 3.56 亿美元，年均增长 5.18%。山东省与“一带一路”沿线国家水产品进口额始终大于出口额，贸易差额呈逆差态势。2010 年贸易逆差额为 6.33 亿美元，随着山东省加大对“一带一路”沿线国家水产品出口力度，出口额与进口额的差值逐渐缩小，2017 年贸易逆差额缩小为 2.88 亿美元。

山东省与“一带一路”沿线国家水产品进出口贸易额占比显示，2010—2017 年，山东省与“一带一路”沿线国家水产品出口额占山东省水产品出口额的比重，由 2010 年的 6.27%增加至 2017 年的 7.59%，增长 1.32%，说明“一带一路”沿线国家对山东省水产品的需求增强。

山东省与“一带一路”沿线国家水产品进口额占山东省水产品进口额的比重，从 2010 年的 38.42%下降至 2017 年的 25.75%，减少 12.67%，说明山东省对“一带一路”沿线国家水产品的需求减弱。随着“一带一路”倡议的提出，“一带一路”沿线国家对山东省水产品市场的依赖程度增大，山东省应抓住有利契机，把握“一带一路”沿线国家消

费需求变化，进一步推动水产品出口贸易的发展。

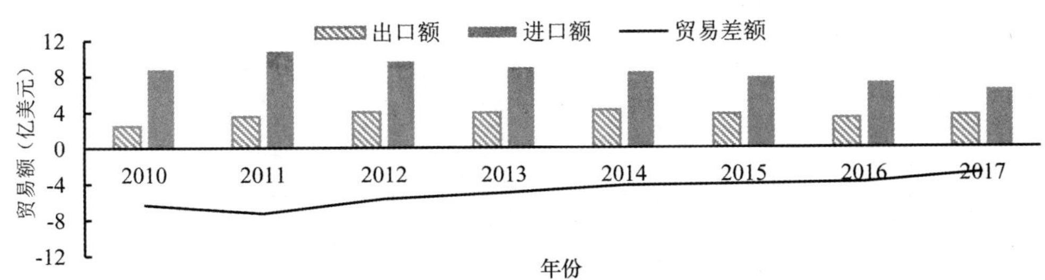

图 1 山东省与“一带一路”沿线国家水产品贸易额

数据来源：山东省海洋与渔业厅

（二）水产品贸易结构

2017 年山东省出口至“一带一路”沿线国家的水产品贸易额居前五位的品种是其他冻的墨鱼及鱿鱼、冻鳕鱼鱼片、其他冻鱼片、冻狭鳕鱼鱼片、未列名制作或保藏的鱼（整条或切块）。2017 年这五种水产品出口贸易额分别为 5.57 亿美元、4.67 亿美元、3.74 亿美元、3.36 亿美元、2.72 亿美元。2017 年山东省自“一带一路”沿线国家进口水产品贸易额居前五位的品种是冻鳕鱼、冻狭鳕鱼、其他冻大马哈鱼、其他冻北方长额小虾、其他未列名冻鱼。2017 年这五种水产品进口贸易额分别为 4.11 亿美元、2.36 亿美元、1.91 亿美元、1.75 亿美元、1.55 亿美元。海岸线长、滩涂面积广大等优越的地理条件为山东省水产品生产、贸易发展提供了难以替代的比较优势。因此，适合山东省水域条件生产的墨鱼及鱿鱼、鳕鱼、大马哈鱼、虾等主导产品，已经构成了山东省与“一带一路”沿线国家开展水产品贸易的主力产品。

（三）水产品贸易方式

根据山东省海洋与渔业厅数据（表 1），2017 年山东省与“一带一路”沿线国家以加工贸易方式实现水产品出口创汇 28.53 亿美元，占创汇总额的 59.62%。其中，一般贸易出口额为 19.13 亿美元，同比增长 11.94%；来料加工贸易出口额为 9.56 亿美元，同比增长 3.46%；进料加工贸易出口额为 18.97 亿美元，同比减少 1.76%。2017 年山东省与“一带一路”沿线国家以加工贸易方式实现水产品进口贸易额 16.67 亿美元，占进口总额的 66.65%。其中，一般贸易进口额为 3.75 亿美元，来料加工贸易进口额为 5.63 亿美元，进料加工贸易进口额为 11.04 亿美元，三种贸易方式分别同比增长 22.08%、12.38%、0.09%。因此，山东省与“一带一路”沿线国家的水产品贸易方式以加工贸易为主，一般贸易为辅。随着“一带一路”倡仪的实施，山东省与“一带一路”沿线国家通过双向投资的方式，进入双边水产品加工行业，支持着双边水产品进出口贸易通过加工贸易方式实现快速发展。

表 1　2017 年山东省水产品分贸易方式

贸易方式	出口		进口	
	数量（万吨）	金额（亿美元）	数量（万吨）	金额（亿美元）
一般贸易	49.15	19.13	11.53	3.75
来料加工贸易	14.53	9.56	18.34	5.63
进料加工贸易	42.20	18.97	48.17	11.04
保税监管场所进出境货物	0.71	0.19	21.95	4.42
海关特殊监管区域物流货物	0.003	0.000 6	0.50	0.17
其他贸易	—	—	0.002	0.001
合计	106.60	47.85	100.49	25.01

数据来源：山东省海洋与渔业厅

（四）水产品贸易集中度

从市场集中度来看，尽管“一带一路”沿线拥有 64 个国家，但与山东省进行水产品贸易的国家非常集中，主要是俄罗斯、泰国、马来西亚（表 2）。2017 年山东省水产品在“一带一路”沿线的主要出口市场是俄罗斯、泰国、马来西亚，分别占山东省对“一带一路”沿线国家水产品出口总额的 42.67%、12.36%、10.39%。2017 年山东省从“一带一路”沿线国家进口水产品的来源国主要是俄罗斯，占山东省自“一带一路”沿线国家水产品进口总额的 89.60%。

表 2　2017 年前五大水产品贸易进、出口国家

排序	出口			进口		
	国家	出口额（亿美元）	占比（%）	国家	进口额（亿美元）	占比（%）
1	俄罗斯	1.52	42.67	俄罗斯	5.77	89.60
2	泰国	0.44	12.36	越南	0.18	2.80
3	马来西亚	0.37	10.39	巴基斯坦	0.09	1.40
4	乌克兰	0.21	5.89	印度	0.08	1.24
5	新加坡	0.19	5.34	爱沙尼亚	0.07	1.09

数据来源：根据山东省海洋与渔业厅数据整理。

水产品贸易差额的市场集中度也非常高（表 3）。2017 年山东省与“一带一路”沿线国家水产品贸易顺差的主要是泰国、马来西亚，占顺差总额的 23.43%、18.86%；贸易逆差最主要的国家是俄罗斯，2017 年仅俄罗斯一国就占逆差总额的 92.00%。过高的水产品市场集中度和贸易差额集中度表明山东省与“一带一路”沿线国家水产品贸易存在较高的风险，过度依赖几个国家的情况急需改变，山东省与“一带一路”沿线国家水产品贸易现状应引起足够重视。

表 3　2017 年前五大水产品贸易逆、顺差国家

排序	顺差			逆差		
	国家	顺差额（亿美元）	占比（%）	国家	逆差额（亿美元）	占比（%）
1	泰国	0.41	23.43	俄罗斯	4.26	92.00
2	马来西亚	0.33	18.86	巴基斯坦	0.09	1.94
3	乌克兰	0.21	12	印度	0.084	1.81
4	新加坡	0.19	10.86	爱沙尼亚	0.080	1.72
5	波兰	0.16	9.14	越南	0.06	1.30

数据来源：根据山东省海洋与渔业厅数据整理。

二、山东省与“一带一路”沿线国家水产品出口贸易实证估测

（一）模型构建

贸易引力模型对贸易流量问题有着极强的解释力和说服力（Anderson and Wincoop，2009）。水产品贸易本质上亦是市场规模、地理距离等一系列变量的函数，因此本文选择贸易引力模型对山东省与“一带一路”沿线国家水产品出口贸易流量的影响因素进行分析。根据研究内容，本文对贸易引力模型基本形式进行修改，引入新的解释变量，得到以下扩展的引力模型方程：

$$\ln M_{ij} + \beta_0 \ln GDP_{jt} + \beta_2 \ln PoP_{jt} + \beta_3 CSP_{jt} + \beta_4 \ln Tim_{jt} + \beta_5 \ln WEF_{jt} + \beta_6 \ln DIS_{jt} + \beta_7 APEC_{ij} + u_{ij}$$

式中，M_{ij} 表示 t 年山东省 i 对“一带一路”沿线国家 j 的水产品出口额（万美元）；GDP_{jt} 表示 t 年“一带一路”沿线国家 j 的国内生产总值 GDP（亿美元，以 2010 年为基期），PoP_{jt} 表示 t 年“一带一路”沿线国家 j 的人口总数（亿人），CSP_{jt} 表示 t 年“一带一路”沿线国家 j 的人均居民消费支出（美元，以 2010 年为基期），Tim_{jt} 表示 t 年“一带一路”沿线国家 j 的进出口物流周转时间（天），WEF_{jt} 表示 t 年“一带一路”沿线国家 j 的物流绩效指数（综合分数：1=很低，5=很高），DIS_{jt} 表示山东省 i 与“一带一路”沿线国家 j 主要港口的距离（千米），$APEC_{ij}$ 为虚拟变量，表示“一带一路”沿线国家 j 是否属于亚太经济合作组织成员国（是取 1，否取 0），β_0 为常数项，u_{ij} 为残差项。

（二）样本选取与理论说明

基于数据的可得性及完整性，本文利用 2010—2016 年山东省与“一带一路”沿线30 个国家的数据为样本，30 个“一带一路”沿线国家具体包括俄罗斯、哈萨克斯坦、越南、泰国、马来西亚、新加坡、印度尼西亚、文莱、菲律宾、斯里兰卡、波兰、捷克、克罗地亚、罗马尼亚、保加利亚、塞尔维亚、立陶宛、拉脱维亚、乌克兰、摩尔多瓦、土耳其、伊朗、

沙特阿拉伯、卡塔尔、巴林、科威特、黎巴嫩、阿曼、以色列、埃及。2010—2016 年，山东省主要是与这 30 个国家开展水产品贸易，且这 30 个国家相关数据完整，样本代表性较好。

山东省历年对各个国家的水产品出口贸易额来源于山东省海洋与渔业厅，“一带一路”沿线国家的国内生产总值（*GDP*）、人口总数（*PoP*）、人均居民消费支出（*CSP*）、进出口物流周转时间（*Tim*）、物流绩效指数（*WEF*）均来源于世界银行数据库，山东省与“一带一路”沿线国家主要港口的距离来源于 www. Indo. com 网站的“距离计算器”。表 4 为解释变量的预期符号及理论说明。

表 4　解释变量的预期符号及理论说明

解释变量	预期符号	理论说明
M_{ij}		山东省对“一带一路”沿线国家的水产品出口额
GDP_{jt}	正	进口国的国内生产总值越大，经济越发达，水产品进口能力越强，贸易流量越大
PoP_{jt}	正	进口国人口越多，水产品需求总量越大，贸易流量越大
CSP_{jt}	正	进口国人均居民消费支出越多，代表消费水平越高，购买水产品可能性越大
Tim_{jt}	负	进出口物流周转时间越短，贸易效率越高，贸易流量越大
WEF_{jt}	正	物流绩效指数综合分数越高，整体物流状况越好，贸易流量越大
DIS_{jt}	负	距离越远，运输成本越高，开展贸易越困难，贸易流量越小
$APEC_{ij}$	正	亚太经济合作组织成员国之间贸易合作紧密，有利于开展国际贸易

（三）实证估测

笔者采用时间跨度为 6 年、横截面为 30 个国家的面板数据进行分析。引力模型的运算使用软件 Eviews 8. 0，模型的估计结果见表 5。

表 5　山东省与“一带一路”沿线国家水产品出口贸易的引力模型估测结果

	step1	step2	step3	step4	step5	step6	step7
GDP_{jt}	0. 832 * * *	0. 847 * * *	0. 369 * * *	0. 416 * * *	0. 291 * * *	0. 349 * * *	0. 239 * * *
PoP_{jt}		−0. 014	−0. 034	0. 013	0. 026	0. 145 * *	0. 085
CSP_{jt}			0. 494 * * *	0. 491 * * *	0. 471 * * *	0. 477 * * *	0. 520 * * *
Tim_{jt}				−0. 664 * * *	−0. 561 * * *	−0. 346 * * *	−0. 492 * * *
WEF_{jt}					0. 765 * * *	0. 617 * * *	0. 513 * * *
DIS_{jt}						−0. 161 * * *	−0. 064
$APEC_{ij}$							1. 028 * * *
R^2	0. 635	0. 635	0. 698	0. 736	0. 763	0. 778	0. 811
调整后 R^2	0. 635	0. 633	0. 696	0. 732	0. 758	0. 772	0. 805

注：*、* *、* * * 分别表示 10%、5% 和 1%水平上显著。

（四）结果分析

从回归结果可以看出以下几方面。①“一带一路”沿线国家 GDP 对山东省水产品出口贸易产生了显著的正向影响。“一带一路”沿线国家 GDP 的估计系数为 0.239，表示“一带一路”沿线国家国内生产总值的提高会极大地提升水产品进口能力，增大水产品进口需求，进而增加对山东省水产品的进口。目前“一带一路”沿线国家大多属于发展中国家，国内生产总值相对较低，GDP 具有巨大增长潜力，因此山东省应加大力度、寻找途径与 GDP 潜力增长型国家开展水产品贸易。②“一带一路”沿线国家人均居民消费支出对山东省水产品出口贸易产生了显著的正向影响。“一带一路”沿线国家人均居民消费支出的估计系数为 0.520，表示进口国居民的人均消费支出越多，对水产品的购买能力越高，其对水产品需求量也越高，越有利于进口国从山东省进口水产品，促进双边水产品贸易的发展。③“一带一路”沿线国家进出口物流周转时间对山东省水产品出口贸易产生了显著的负向影响，物流绩效指数对山东省水产品出口贸易产生了显著的正向影响。这表示进口国的物流周转时间越长，越会削弱山东省出口水产品在进口国国内市场的竞争力，越会阻碍双边水产品贸易往来。相反，进口国的整体物流指数越高，表示物流周转时间越短、清关程序效率越高、相关基础设施建设越完善、物流服务的质量越好，越有利于降低贸易成本，促进双边水产品贸易发展。④ 虚拟变量亚太经济合作组织 $APEC_{ij}$ 对山东省水产品出口贸易产生了显著的正向影响。这表示区域性经济合作组织对山东省与“一带一路”沿线国家水产品出口贸易的推动作用是非常明显的，促进了成员国之间贸易和投资的自由化、便利化，成员国之间一系列的贸易互惠政策也有力地促进了山东省对这些国家的水产品出口。⑤“一带一路”沿线国家人口数量对山东省水产品出口贸易无影响，与预期不符。可能原因是“一带一路”沿线大多数国家的人口数量不足 1 亿人，且“一带一路”沿线国家城镇化水平差距较大，人口规模不能反映其真实的水产品消费水平，在今后水产品出口贸易的发展过程中，山东省不仅应与人口规模较大的国家开展水产品出口贸易，如俄罗斯、印度尼西亚等国家，还应积极与人口规模相对较少、国内生产总值较高的国家如新加坡、马来西亚等国家开展水产品出口贸易。⑥ 山东省与“一带一路”沿线国家主要港口的距离对山东省水产品出口贸易影响不大，与预期不符。其原因可能在于：一方面，“一带一路”沿线国家中与山东省进行水产品贸易的国家较为集中，山东省与其主要港口的距离差别不大；另一方面，随着交通运输业以及物流水平的提高，运输成本越来越低，距离已不成为阻碍国际贸易往来的显著因素。

三、山东省与“一带一路”沿线国家水产品出口贸易潜力测算

（一）贸易潜力测算

根据上述引力模型结果，对山东省与“一带一路”沿线国家水产品出口贸易潜力进行测算。借鉴帅传敏（2009）的研究，即实际贸易额与引力模型模拟贸易额相比，若比值大于 1.2，则双边贸易属于贸易潜力再造型，说明双方的贸易潜力基本已完全发挥，贸易空间已较小，应在可持续发展的基础上，努力开拓其他能够促进双边贸易的因素区域。若比

值大于 0.8 而小于 1.2，则双边贸易属于潜力开拓型，说明双方的贸易潜力尚未充分发挥，仍存在一定贸易空间，应积极寻找途径补足市场缺口。若比值小于 0.8，则双边贸易属于潜力巨大型，说明双方贸易往来存在巨大发展空间，未来发展潜力巨大，应进一步推进水产品贸易开放程度。据此对 2016 年山东省与“一带一路”沿线国家水产品出口贸易潜力进行测算，测算结果见表 6。

表 6　2016 年山东省对“一带一路”沿线国家水产品出口贸易潜力　单位：万美元

国家	实际贸易额	模拟贸易额	比值	贸易类型
俄罗斯	12 940.28	4 847.02	2.670	潜力再造型
哈萨克斯坦	88.39	145.84	0.606	潜力巨大型
越南	1 624.73	656.11	2.476	潜力再造型
泰国	3 954.65	2 387.96	1.656	潜力再造型
马来西亚	3 692.54	1 477.70	2.499	潜力再造型
新加坡	1 865.13	1 633.10	1.142	潜力开拓型
印度尼西亚	569.02	721.49	0.789	潜力巨大型
文莱	52.47	48.84	1.074	潜力开拓型
菲律宾	611.78	210.28	2.909	潜力再造型
斯里兰卡	577.43	391.26	1.476	潜力再造型
波兰	2 663.98	1 684.51	1.581	潜力再造型
捷克	5.21	52.44	0.099	潜力巨大型
克罗地亚	118.71	14.73	8.060	潜力再造型
罗马尼亚	16.55	16.94	0.977	潜力开拓型
保加利亚	23.89	28.78	0.830	潜力开拓型
塞尔维亚	10.21	38.08	0.268	潜力巨大型
立陶宛	57.72	77.44	0.745	潜力巨大型
拉脱维亚	40.92	65.34	0.626	潜力巨大型
乌克兰	1 482.98	305.33	4.857	潜力再造型
摩尔多瓦	4.87	24.52	0.199	潜力巨大型
土耳其	602.21	862.04	0.699	潜力巨大型
伊朗	108.98	304.72	0.358	潜力巨大型
沙特阿拉伯	285.48	544.22	0.525	潜力巨大型
卡塔尔	50.43	17.99	2.804	潜力再造型
巴林	5.92	3.78	1.566	潜力再造型

续表

国家	实际贸易额	模拟贸易额	比值	贸易类型
科威特	15.47	22.87	0.676	潜力巨大型
黎巴嫩	68.70	239.71	0.287	潜力巨大型
阿曼	31.72	179.37	0.177	潜力巨大型
以色列	380.17	1 586.42	0.240	潜力巨大型
埃及	549.60	419.63	1.310	潜力再造型

注：根据引力模型回归结果计算而得。

（二）结果分析

从测算结果可以看出以下几点。① 属于贸易潜力再造型的国家有俄罗斯、越南、泰国、马来西亚、菲律宾、斯里兰卡、波兰、克罗地亚、乌克兰、卡塔尔、巴林、埃及。山东省对这些国家的水产品出口贸易处于“潜力衰退”状态，水产品出口能力过剩。其中，克罗地亚和乌克兰两国的出口潜力值均在4以上，表示山东省对其水产品出口贸易潜力已基本实现，在今后的水产品贸易出口中，山东省需要努力维护好与这些国家的水产品贸易关系，采取多种方式如关税优惠、贸易交流等与这些国家保持稳定的贸易联系。② 属于贸易潜力开拓型的国家有新加坡、文莱、罗马尼亚、保加利亚。山东省对这些国家的水产品出口贸易处于“潜力开发”状态，对其水产品出口贸易潜力尚未完全发挥。今后与这些国家开展水产品贸易时，山东省应着力提高水产品质量，增大水产品附加值；优化水产品结构，丰富水产品多样性；创新水产品贸易渠道，深化双边贸易关系，进一步促进双边水产品贸易的扩大。③ 属于贸易潜力巨大型的国家有哈萨克斯坦、印度尼西亚、捷克、塞尔维亚、立陶宛、拉脱维亚、摩尔多瓦、土耳其、伊朗、沙特阿拉伯、科威特、黎巴嫩、阿曼、以色列。山东省对这些国家的水产品出口贸易处于“潜力成长”状态，山东省对其水产品出口空间潜力巨大。今后山东省应将这些国家视为水产品贸易重点发展对象，积极开发新兴市场，打造优势水产品品牌，进一步发挥山东省对这些国家水产品出口的潜力。

根据山东省与“一带一路”沿线国家水产品贸易潜力测算结果来看，目前，山东省与“一带一路”沿线30个国家的水产品出口潜力主要集中于贸易潜力再造型和贸易潜力巨大型。表示山东省水产品的出口对一些“一带一路”国家过度依赖，造成这些国家的进口需求不足以支撑山东省水产品出口贸易流量的继续扩大，而与另一些国内生产总值较大、人口较少、市场开发潜力巨大的国家开展水产品贸易力度不足，如哈萨克斯坦、土耳其、以色列等国，在今后的水产品贸易中，山东省应针对这些国家制定相应的发展对策。

四、结论与政策建议

通过以上分析，本文得出如下主要结论。第一，贸易总额平稳变化、贸易结构相对单一、加工贸易占比较大、市场集中度和贸易差额集中度过高是目前山东省与“一带一路”沿线国家水产品贸易的主要特征。第二，“一带一路”沿线国家的GDP、人均居民消费支出、物流绩效指数、APEC成员国都会对山东省水产品出口贸易产生显著的正向影响，进出口物流周转时间则会阻碍山东省水产品的出口，而人口及距离因素则不构成山东省水产品出口贸易的影响因素。第三，“一带一路”沿线国家中与山东省水产品出口贸易属于贸易潜力再造型的国家有：俄罗斯、越南、泰国、马来西亚、菲律宾、斯里兰卡、波兰、克罗地亚、乌克兰、卡塔尔、巴林、埃及；属于贸易潜力开拓型的国家有：新加坡、文莱、罗马尼亚、保加利亚；属于贸易潜力巨大型的国家有：哈萨克斯坦、印度尼西亚、捷克、塞尔维亚、立陶宛、拉脱维亚、摩尔多瓦、土耳其、伊朗、沙特阿拉伯、科威特、黎巴嫩、阿曼、以色列。

根据已有结论，本文提出以下政策建议。

第一，调整和优化出口结构。在巩固和提升水产品出口竞争优势的同时，要结合“一带一路”倡议调整和优化水产品出口结构。一方面“一带一路”倡议为经济结构调整提供了全新的内容与环境，应结合“一带一路”沿线市场的需求结构特征，顺应沿线国家产业转型升级趋势，加快转换出口发展动力，培育出口竞争新优势。另一方面，深化“一带一路”倡议，抓住沿线国家基础设施建设机遇，通过建立出口贸易协会、各种工业园区、电子商务平台、商务展览等贸易交流方式，把握沿线国家消费需求的变化，为出口企业提供指导和建议，从而促进出口结构与消费需求的协调一致。

第二，提高物流服务水平和效率。对于“一带一路”沿线大多数发展中国家来说，物流服务水平和效率是限制其开展国际贸易的因素，物流基础设施对于提升贸易潜力、扩大市场范围具有重要作用。而“一带一路”倡议的主要着力点就是包括公路、铁路、港口和机场等在内的基础设施的互联互通，优先发展基础设施领域，从而解决“一带一路”沿线国家经济发展面临的实际问题，这有力地印证了“一带一路”倡议实施的必要性与准确性。“一带一路”倡议助推“一带一路”沿线国家提高物流服务水平和效率，无疑是拓宽水产品贸易市场、增大水产品贸易流量以及提升水产品贸易潜力的双赢战略。

第三，深化市场多元化战略。我国在与“一带一路”沿线国家开展水产品出口贸易时，一方面要重点关注那些经济发展水平快、居民消费水平高以及物流效率水平高的国家，并积极融入全球经济一体化的浪潮，优先同已与中国建立贸易自由化组织的国家开展水产品出口贸易，抓住有利的经贸契机，实现贸易资源的最优配置。另一方面，对于不同贸易潜力型国家应采取多元化、梯度化出口策略，在理性面对传统市场、保持与成熟市场可持续发展的同时，要定位于有潜力的新兴市场，积极在新兴市场上站住脚跟并打开销路，从而促进我国与“一带一路”沿线国家水产品贸易持续健康发展。

第四，依托“海上粮仓”建设带动出口增长。“海上粮仓”目前是我国正在推进的重要渔业经济工程。新时代我国水产品出口面临新形势和新任务。一方面，“海上粮仓”建设是融入“一带一路”倡议的重要通道，对扩大水产品出口具有强有力的带动作用。我国应积极推进海洋经济新旧动能转换以及渔业发展方式转换，着力发展绿色生态渔业；推进产业发展内涵转换，着力强化科技创新服务。另一方面，目前“一带一路”倡议已进入全面务实合作阶段，山东省仍面临着海洋与渔业发展不协调、不充分的重大挑战，必须依托“海上粮仓”建设，踏上加快建立海洋强省的新征程，提高本省水产品国际竞争力，提升经贸合作层次，在“一带一路”倡议下实现探索互利共赢的水产品贸易合作模式。

参考文献

何敏，张宁宁，黄泽群. 2016. 中国与“一带一路”国家农产品贸易竞争性和互补性分析. 农业经济问题，(11).

龚新蜀，乔姗姗，胡志高. 2016. 丝绸之路经济带：贸易竞争性、互补性和贸易潜力——基于随机前沿引力模型. 经济问题探索，(10).

李浩学，李盛辉. 2016. 中国与“一带一路”沿线国家农产品贸易潜力分析——基于 HM 指数及随机前沿引力模型. 价格月刊，(11).

桑百川，杨立卓. 2015. 拓展我国与“一带一路”国家的贸易关系——基于竞争性与互补性研究. 经济问题，(8).

帅传敏. 2009. 基于引力模型的中美农业贸易潜力分析. 中国农村经济，(7).

孙致陆，李先德. 2016.“一带一路”沿线国家与中国农产品贸易现状及农业经贸合作前景. 国际贸易，(11).

谭晶荣，王丝丝，陈生杰. 2016.“一带一路”背景下中国与中亚五国主要农产品贸易潜力研究. 商业经济与管理，(1).

王瑞，温怀德. 2016. 中国对“丝绸之路经济带”沿线国家农产品出口潜力研究——基于随机前沿引力模型的实证分析. 农业技术经济，(10).

Anderson J E, E V Wincoop. 2009.“Gravity with Gravitas: A Solution to the Border Puzzle”. *American Economic Review*, 93 (1), pp. 170-192.

Javaid U , R Javaid. 2016.“Strengthening Geo-strategic Bond of Pakistan and China through Geo-economic Configuration”. *Pakistan Economic and Social Review*, 54 (1), pp. 123-142.

Pencea S. 2017.“A look into the Complexities of the One Belt, One Road Strategy”. *Global Economic Observer*, 5, pp. 142-158.

论文来源：本文原刊于《厦门大学学报（哲学社会科学版）》2018 年第 4 期，第 135-144 页。

项目资助：中国海洋发展研究会基金项目资助（CAMAJJ201704）。

我国海洋战略性新兴产业国际化发展研究

毛伟[①] 杜军[②] 温秋靖

摘要：海洋战略性新兴产业的国际化发展对于建设海洋强国和发展海洋经济具有重要的理论和实际意义。文章分析我国海洋战略性新兴产业国际化起步晚和发展快、产业结构不断完善和区域发展水平存在差异的发展状况，提出目前存在的缺乏区域协调配合和交流合作以及政府支持政策亟须细化等主要问题，探索区域差异化发展模式、产业技术创新联盟合作模式、多元化投融资模式和国际合作模式等海洋战略性新兴产业国际化发展模式，在此基础上提出优化产业结构和布局、完善发展体制机制、加强国际交流合作、加大资金投入和加强人才培养以及强化示范项目建设的对策建议。

关键词：海洋战略性新兴产业；国际化发展；经济全球化；海洋经济；交流合作

我国是海洋大国，海洋经济是国民经济的重要组成部分，其持续增长仅依靠传统海洋产业是远远不够的。欧美海洋强国的经验表明，发展海洋经济迫切需要海洋战略性新兴产业发挥引擎作用。在全球经济一体化的背景下，我国海洋战略性新兴产业不能闭门造车，推进产业国际化发展势在必行，这对于建设海洋强国和发展海洋经济都具有重要的理论和实际意义[③]。

海洋战略性新兴产业的国际化是指以国际市场为对象，在全球范围内对海洋自然资源进行有效配置，通过人才、资金和技术等生产要素与世界各国开展各种竞争与合作，并按照国际市场的需求导向提供海洋产品和海洋资源的过程。2010 年我国出台《关于促进战略性新兴产业国际化发展的指导意见》，近年来“一带一路”建设不断推进，成为我国海洋战略性新兴产业国际化的重要引擎。产业的国际交流合作不仅能务实发展国内市场，而

---

① 毛伟，男，广东海洋大学经济学院副教授，博士。主要研究方向：数量经济。

② 杜军，男，广东海洋大学管理学院副教授。主要研究方向：海洋经济管理。

③ 刘大海、吕尤、连晨超等：《中国全球化海洋战略研究》，《海洋开发与管理》2017 年第 34 卷第 3 期，第20-28 页。

且在一定程度上能开拓国外市场①。

目前，我国海洋战略性新兴产业的研究成果较为丰富，学者们对其发展状况、支撑条件和产业集群形成机理等问题进行研究②。但关于海洋战略性新兴产业国际化的研究较少见：付秀梅等③分析海洋生物医药成果产业化的国际合作机制；姜秉国④对海洋战略性新兴产业的国际合作领域进行识别，并提出相应的国际合作模式；李彬⑤探讨政府在海洋工程装备制造产业国际化中的职能定位。因此，我国对于海洋战略性新兴产业国际化的研究尚处于起步阶段，研究成果难以满足快速发展的实践需求，海洋战略性新兴产业国际化的运行模式亟待归纳和完善。本研究在分析我国海洋战略性新兴产业国际化发展的现状和问题的基础上，探究适合我国国情的海洋战略性新兴产业国际化发展模式，提出促进海洋战略性新兴产业国际化发展的对策建议。

一、我国海洋战略性新兴产业国际化的发展状况

（一）起步晚，发展快

我国海洋战略性新兴产业的国家级发展规划于2010年才制定出台，但在“一带一路”倡议的推动下，海洋战略性新兴产业国际化发展迅速，各产业在产值和规模上都取得长足的进步。例如，海洋生物医药业国际化成果丰硕，生产总值呈不断上升的趋势，尤其从2011年起上升速度更快，到2016年生产总值高达336亿元⑥。可以预见，在国家的高度重视和大力支持下，我国海洋战略性新兴产业的国际化进程将出现井喷式发展。

（二）产业结构不断完善

我国海洋战略性新兴产业虽仍处于初级发展阶段，但自“九五”规划实施以来，产业结构不断优化和升级，以海洋渔业为代表的传统资源型海洋产业的增加额所占比重不断下降，而以海洋生物医药业为代表的新兴技术型海洋产业的增加额所占比重不断上升，此类型产业在国际市场的占有率也不断提高。我国重点海洋产业正在由资源开发型向技术创新

---

① 李靖宇、陈医：《中国海洋经济开发的战略性新兴产业成长导向》，《决策咨询》2012年第6期，第6-14页。

② 仲雯雯：《国内外战略性海洋新兴产业发展的比较与借鉴》，《中国海洋大学学报（社会科学版）》2013年第3期，第12-16页。

李晓璇、刘大海、李晨等：《海洋战略性新兴产业集群形成机理的初步探索》，《海洋开发与管理》2016年第33卷第11期，第3-8页。

李大海、韩立民：《青岛市海洋战略性新兴产业发展研究》，《海洋开发与管理》2016年第33卷第11期，第18-22页。

王秀海：《山东省海洋战略性新兴产业发展效应评价研究》，《经济论坛》2017年第3期，第28-30页。

刘海朋、陈东景：《我国海洋战略性新兴产业支撑条件时空差异分析》，《海洋开发与管理》2016年第33卷第11期，第9-17页。

③ 付秀梅、陈倩雯、王东亚等：《我国海洋生物医药研究成果产业化国际合作机制研究》，《太平洋学报》2015年第23卷第12期，第93-102页。

④ 姜秉国：《中国海洋战略性新兴产业国际合作领域识别与模式选择》，《中国海洋大学学报（社会科学版）》2013年第4期，第7-12页。

⑤ 李彬：《论政府在我国海洋工程装备制造产业“国际化”战略中的职能定位》，《经济研究导刊》2010年第23期，第74-75，78页。

⑥ 寇冠华：《山东省海洋生物医药业国际合作模式选择探究》，中国海洋大学，2015年版。

型转变，海洋战略性新兴产业国际化对完善产业结构的促进作用凸显①。

（三）区域发展水平存在差异

我国沿海地区的海洋资源丰度、经济发展状况和政府重视程度等不同，导致海洋战略性新兴产业的国际化发展程度不同，各地对不同产业的发展侧重点也不同。例如，海洋大省山东省的主要海洋产业是海洋渔业，高新科技类海洋产业发展相对缓慢、规模较小且分散，国际化发展优势较小；而同样拥有丰富海洋资源的广东省将海洋电力业和海水淡化业作为主要发展产业，在国际市场具有较广阔的发展前景。

二、存在的问题

（一）缺乏区域协调配合和交流合作

我国海洋战略性新兴产业的集聚程度较高且分布极不均衡，产业国际化发展缺少整体规划，各区域单打独斗，难以发挥“集团军”作用；海洋战略性新兴产业的国际化仅注重区域内部的发展，缺乏专业的区域产业分工机制和成型的区域产业合作机制，产业关联度较低，导致在国际市场的综合竞争力不强。

目前，我国海洋战略性新兴产业领域在国内不同区域间以及与其他海洋强国都缺乏深度的交流合作，抓住经济全球化机遇和寻求国际交流合作的主动性和积极性不足。与此同时，我国海洋战略性新兴产业的技术水平与其他海洋强国相比较落后，而各国都在不同程度上对其优势技术严加管控，其中很多国家对我国产业国际化还存在政治疑虑，这就要求我国强化与世界海洋战略性新兴产业的产业关联，通过共享经济利益和建立友好桥梁扫清客观障碍。

（二）政府支持政策亟须细化

政府的政策支持在促进我国所有产业国际化发展的进程中都发挥了重要作用。我国于1956年和2003年分别出台《海洋科学发展远景规划》和《全国海洋经济发展计划纲要》，但仅关注海洋战略性新兴产业的发展，而未关注产业国际化发展，因此长期以来我国海洋战略性新兴产业国际化并未获得有力的政策支持。直到2011年9月商务部颁发《关于海洋战略性新兴产业国际化发展的指导意见》，我国海洋战略性新兴产业国际化开始了新的发展阶段，其后便有了质的改变。但迄今为止我国关于海洋战略性新兴产业国际化发展的政策仍相对笼统和宏观，还需政府进一步明确和细化相关政策。

三、发展模式

（一）区域差异化发展模式

打铁还需自身硬，产品要想在国际市场上占有一席之地，首先应在国内市场上具有优势。我国在推进海洋战略性新兴产业国际化发展的进程中，提出以广东省、福建省、浙江省和山东省等为重心，实行全国协同创新和区域合作发展模式，即根据不同沿海地区的实

① 毛伟、居占杰：《广东省战略性新兴海洋产业布局研究》，《河北渔业》2013年第1期，第43-45页。

际情况选择优势产业作为主要发展产业，不仅促进产业布局更加均衡，而且实现产品规模化生产和降低生产成本，进一步提高我国海洋战略性新兴产业的国际竞争力。

（二）产业技术创新联盟合作模式

技术创新不足是目前制约海洋战略性新兴产业国际化发展的主因，可推广海水淡化业的运行模式，建立健全产业技术创新联盟合作模式，即以企业为主体，以市场为导向，产、学、研相结合开展技术协作，突破产业核心技术，从而提升产业技术创新能力。该模式主要包括三个部分：①建设公共技术平台，完成创新资源的有效分工和合理配置，实现知识产权共享；②鼓励技术转移，加快科技成果的实用化和商业化，提升产业国际竞争力；③培养复合型人才，增强人才交流互动，为产业技术创新提供有效的人才保障。

（三）多元化投融资模式

我国海洋战略性新兴产业在资金利用方式上不断创新，逐步实行多元化的投融资模式。政府应不断完善海洋战略性新兴产业国际化的投融资政策，积极引导和鼓励外商投资，为我国相关跨国企业提供政策优惠。随着市场准入机制和退出机制的不断完善，中外企业将获得更大的投融资方式选择空间，“一带一路”建设的实施更是促进了我国投融资方式的多元化发展。

（四）国际合作模式

我国拥有广阔的国内市场和雄厚的资金力量，加上“一带一路”建设的实施，我国与多个国家的贸易往来更加密切。海洋战略性新兴产业也应紧紧抓住“一带一路”建设的机遇，一方面，从海洋强国引进先进的技术、设备和复合型人才，之后开展自主创新，研发更加适合我国现状的技术和设备；另一方面，基于国家“十三五”规划，结合我国海洋战略性新兴产业的发展情况，制定相关法律法规，建设并完善外资引入平台，以高新技术产业为桥梁，通过外资引擎带动我国海洋战略性新兴产业的国际化发展。在选择国际合作伙伴时，应综合评估其国内外环境和条件，合理测算合作项目的经济效益，提高我国海洋战略性新兴产业国际化发展的质量。

四、对策建议

在经济全球化和一体化的背景下，各地区的经济发展都须积极融入全球经济的大体系，产业的国际化是必然选择。经济全球化和一体化的最终结果，就是在全球范围有效利用资源，使资源配置达到帕累托最优状态。

（一）优化产业结构和布局

最大限度地加强国内区域合作，实现区域协调发展，不断优化产业结构和布局。在优化产业结构和布局的基础上，对优势产业实行规模化发展，建设一系列优势产品基地，从而降低其国际化的成本，同时提高海洋战略性新兴产业的国际竞争力。

（二）完善发展体制机制

以政府为坚强后盾、以市场化为运行手段，不断完善我国海洋战略性新兴产业国际化发展的体制机制。加强政府的扶持和监督力度，根据发展形势适时出台优惠政策，为海洋战略性新兴产业的国际化发展提供持续动力和方向。探索建立适合我国国情的海洋科技创新体系，在相关政策的支持下，将科研成果及时转化为现实生产力。政府可根据我国海洋经济总体发展的需要、相关产业国际化战略在不同时期的需求以及国内相关领域的科技水平，制定产业政策、区域政策、优惠政策和科技创新政策等长远和稳定的政策规划，促进相关产业的国际化发展。

（三）加强国际交流合作

在国际一体化合作模式的基础上，积极加强与其他海洋强国的交流合作，缩短产业发展差距，最大限度地与国际接轨。通过国际交流合作以及学习、消化和创新，不断提高我国海洋战略性新兴产业的综合素质和国际竞争力。例如，对于海洋生物医药业这种资金密集型和科技密集型产业而言，必要的国际交流合作不但能降低其研发成本，而且能在很大程度上提高我国技术创新能力，应积极参加国际海洋生物医药联合项目，了解和掌握最先进的技术、设备和管理方法，促进产业国际化发展。

（四）加大资金投入和加强人才培养

目前，我国海洋战略性新兴产业的各分支产业都存在人才引进和培养不足以及研发投入较少等问题，而资金投入和人才培养对于海洋战略性新兴产业的国际化发展必不可少，可有力地保障产业研发成果的不断涌现。应建设多渠道、多形式的资金平台，建立以个人投资为主、以国家财政投资为引导、以信贷资金为支持、以外资和证券市场资金等各类资金为补充的多元化投资平台①；同时培养建立专业广、层次高和结构合理的海洋科技复合型人才队伍。

（五）强化示范项目建设

政府可通过建设海洋高新技术开发基地或示范区的方式，培育一系列具有自主知识产权的海洋高新技术产业，使其成为我国海洋战略性新兴产业国际化发展的龙头力量，带动提升产业的国际竞争力。例如，青岛市、天津市和河北省等地近年来陆续建成具有自主知识产权的低温多效海水淡化示范工程，位于天津滨海新区的我国最大的海水淡化示范基地等示范项目在很大程度上提高了我国海水淡化业的发展速度，为其国际化发展打下坚实基础。

论文来源：本文原刊于《海洋开发与管理》2018 年第 2 期，第 7-10 页。
项目资助：中国海洋发展研究会基金项目资助（CAMAJJ201604）。

① 扈丹平：《我国海洋新兴产业国际竞争力研究》，哈尔滨工程大学，2010 年。

海陆经济一体化对海洋产业高质量发展的影响研究

郑鹏[①] 胡亚琼[②]

摘要：在人类的复杂经济活动中，海洋产业和陆域产业在生产过程是相互联系、相互影响的，因此，本文选择海陆经济一体化作为研究视角，以海陆产业的关联度影响为切入点，基于海陆经济一体化的理论基础提出海陆相关产业的关联布局，同时运用灰色关联法对我国海陆产业关联度进行产值总量实证研究，运用K值指标法对我国海陆产业关联度进行产业结构实证研究，提出以海陆经济一体化推动海洋产业高质量发展的战略构想。

关键词：海洋产业；陆域产业；海陆经济一体化；高质量发展

国务院在2008年制定的《中华人民共和国国民经济和社会发展第十二个五年规划纲要》中首次提出了建设海洋强国战略，强调了陆海统筹对建设海洋强国的重要性。2018年习近平总书记在多个场合都提到建设海洋强国，必须进一步关心海洋、认识海洋、经略海洋，海洋经济发展前途无量离不开海洋产业的高质量发展。海洋产业的高质量发展不仅是数量的增长、规模的扩张，更是质量的提升。

因此，我国政府将海陆经济一体化发展作为优化海洋产业整体布局的指导思想，但目前，学术界对于“海陆经济一体化”与“海洋产业”高质量发展的关系研究尚未完全理清，因此，研究海陆经济一体化对海陆产业关联度的影响对促进海洋产业发展具有重要的理论指导意义，对推动海洋产业高质量发展，保障稳定发展和可持续发展也具有重要的实践运用价值。本文以海陆经济一体化相关理论为指导，整合基于高质量发展的海陆经济一体化与海洋产业的要素及影响，重点分析在海陆经济一体化过程中海洋三次产业与国民生产总值及陆域三次产业间的产值相互性和结构交叉性。

一、文献综述

美国学者Dyck A Y通过测度13个海洋产业投入产出效率分析了新英格兰经济发展的

---

① 郑鹏，男，大连海洋大学经济管理学院副院长、副教授，工商管理博士。研究方向：海洋经济管理。

② 胡亚琼，女，就读于大连海洋大学经济管理学院。研究方向：海洋经济管理。

受影响状况。Jiang D K 等在研究韩国海洋产业发展的过程中发现：海洋产业与国民经济中的 32 个产业部门都存在关联效应，并在其中占据重要份额。郑铁桥（2014）研究发现欧盟成员国无不依据海洋经济发展的方向及国民生产总值状况，选择海洋产业作为带动相关海陆经济发展的载体；日本通过海陆产业集群化、海陆产业联动化，为日本海陆经济持续发展注入动力；美国在推行海陆经济一体化过程中，对海洋产业的综合管治给予高度的重视。

20 世纪以前我国的产业系统通常指的是陆域产业系统，在陆域科技水平不断提升以及陆域资源环境不断下降等背景下，产业系统开始逐步向海洋延伸。范清敏等（2014）通过研究陆域产业在海洋区域经济中的运用机理，将陆域产业的优势辐射到海洋产业中，以带动海洋产业的经济活动容量；高源等（2015）研究发现海洋产业的高质量发展能够间接提升陆域经济的综合效益，在此基础上延伸了海陆经济一体化对海洋产业的作用范围；殷克东等（2016）对海洋产业布局的影响因素及演化途径进行研究，提出海洋产业集聚和扩散的每一阶段都与陆域产业发生互动关系；王波等（2017）依据我国海洋经济高质量发展的潜力，概括出海洋产业与陆域产业的基本对应关系。

从文献可以看出，海洋产业是陆域产业在海洋上的延伸，海洋和陆域三次产业间存在着密切的关联关系，通过对沿海地区产业的优化布局，实现以海洋经济带动陆域经济，通过发展成熟的海洋经济科学技术经验促进陆域经济的发展，实现沿海地区主导产业的合理选择和结构的优化升级，最终实现海洋产业的高质量发展。

二、理论整合

（一）海陆经济一体化理论

1. 系统论

系统论认为，系统整体性、部门关联性、等级结构性等是所有系统共有的基本特征。海陆经济一体化本身就是系统论在海陆产业领域的特征体现。海陆经济一体化的实质是构建海洋产业和陆域产业一体化的系统，对整体进行调控管理从而达到协调状态，集中优化配置生产资料，实现海洋产业的规模经济效益。

设 E_s 为海陆经济一体化系统所包含的总势能，E_m 为海洋产业系统所包含的势能，E_l 为陆域系统所包含的势能，E_o 为两系统势能相加之和，即 $E_o=E_m+E_l$，则海陆经济一体化的要求就是实现 $E_s>E_o$，实现最大化的经济效益，促进海洋产业系统的平稳、高质量、可持续发展。

2. 产业关联理论

产业关联理论，也称为投入产出理论，对产业投入与产出间的依存关系进行着重研究。海陆经济一体化的基础是海陆产业系统间资源与服务的互补，核心内容是海陆产业系统的关联。从产业关联角度看，海陆经济一体化本质上是陆域产业与海洋产业的联动发展，使得海陆产业系统的要素能够自由流动。因此，产业关联理论在海陆经济一体化推动海洋产业高质量发展的过程中扮演着重要的指导角色。

随着海陆经济一体化的发展，资源、技术、劳动力在海陆产业间形成转移和扩散的态势，一方面海洋产业依托陆域现有产业的经济技术提高其技术附加值；另一方面陆域产业将自身优势延伸至海洋产业更有利于发展外向型经济，两者相互作用，更好地融合海洋资源和陆域资源，结合海洋产业与陆域产业及相关产业，带动经济的可持续发展。

（二）海洋产业高质量发展理论

海洋产业高质量发展是资本、技术、人力资本与制度等内生要素数量增加、结构优化、产值提高、环境改善的结果。海洋产业高质量发展是海洋经济高效益的直观体现。推动海洋产业高质量发展关键在于提高全要素的生产率，使海洋产业获得较高的资本效率、劳动效率、资源效率和环境效率。海洋产业高质量发展是海洋经济稳定发展的重要动力。海洋产业增长总体平衡，空间结构和产业结构稳中趋优，都带动海洋经济各项指标的总体协调，海洋产业高质量发展是海洋经济可持续发展的基础。

2018 年全国海洋生产总值 83 415 亿元，比上年增长 6.7%，海洋生产总值占国内生产总值的比重为 9.3%。其中，海洋第一产业增加值 3 640 亿元，第二产业增加值 30 858 亿元，第三产业增加值 48 916 亿元，海洋三次产业增加值占海洋生产总值的比重分别为 4.4%、37.0%和 58.6%（图 1）。

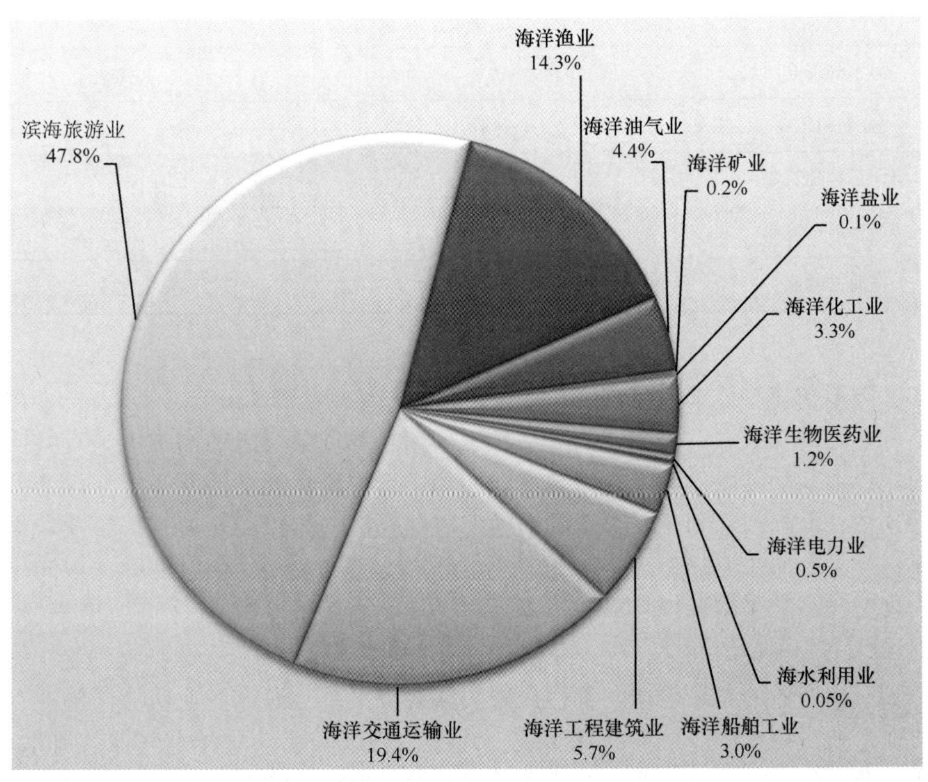

图 1　2018 年主要海洋产业增加值比重构成

2018 年，我国主要海洋产业保持稳步增长，全年实现增加值 33 609 亿元，比上年增长4.0%（表1）。滨海旅游业、海洋交通运输业和海洋渔业作为海洋经济发展的支柱产业，其增加值占主要海洋产业增加值的比重分别为47.8%、19.4%和14.3%。海洋生物医药业、海洋电力业等新兴产业增速领先，分别为9.6%、12.8%。

表1　2018年我国海洋产业总值

	总量（亿元）	增速（%）
海洋生产总值	83 415	6.7
海洋产业	52 965	6.2
海洋渔业	4 801	-0.2
海洋油气业	1 477	3.3
海洋矿业	71	0.5
海洋盐业	39	-16.6
海洋化工业	1 119	3.1
海洋生物医药业	413	9.6
海洋电力业	172	12.8
海水利用业	17	7.9
海洋船舶工业	997	-9.8
海洋工程建筑业	1 905	-3.8
海洋交通运输业	6 522	5.5
滨海旅游业	16 078	8.3

（三）基于海陆经济一体化的海陆产业关联布局

海陆产业之间在资源、资金、人力、技术、信息等资源要素的需求上具有共同性，这些要素通过产业间的关联作用，在海陆产业布局中形成错综复杂的联系。海洋产业的高质量运行必须依托海陆产业间生产要素的转换，海陆经济一体化的发展直接影响着生产要素间的交流与互补。基于海陆经济一体化建立海陆产业布局关联，促进海陆产业间生产要素互动，实现海洋与陆域资源的共享，推动海洋产业的高质量发展。

根据海陆产业布局的划分，无论是海洋产业服务于陆域产业还是陆域产业作用于海洋产业，海陆三次产业的布局结构间都存在着关联对应关系。海洋产业：海洋渔业、海洋油气业、海洋盐业、海洋矿业、海洋化工业、海洋生物医药业、海洋电气业、海水利用业、海洋船舶工业、海洋工程建筑业、海洋交通运输业、滨海旅游业、海洋信息服务业与陆域三次产业：农林牧渔业、采矿业、电力工业、石油工业、建筑业、化学工业、电子机械业、交通运输业、旅游业、信息服务业形成产业关联（表2）。

表 2　海陆各主要产业关联列表

产业结构	陆域产业	对应的海洋产业
第一产业	农林渔业	海洋渔业
第二产业	采矿业 电力工业 石油工业 化学工业 电子机械业 建筑业	海洋盐业 海洋矿业 海洋油气业 海洋化工业 海洋电气业 海水利用业 海洋工程建筑业 海洋船舶工业 海洋生物医药业
第三产业	交通运输业 旅游业 信息服务业	海洋交通运输业 滨海旅游业 海洋信息服务

三、海陆经济一体化与海洋产业高质量发展的关联分析

(一) 数据处理与研究方法

考虑到数据的连续性、完整性、准确性和可获得性，取海洋产业及陆域产业生产总值数据进行实证研究，主要来源于《中国海洋年鉴》（2011—2015 年）、《中国统计年鉴》（2011—2015 年）和中国海洋与渔业厅网站、国家海洋信息中心地区统计公报等。

灰色关联分析：在两个及两个以上系统之间进行互动交流的要素，随系统间紧密关系的变化其关联性大小的量度也随之发生改变，将此称为关联度。若该要素的变化趋于一致性，则关联程度较高；反之，关联程度趋低。受现实条件的限制，海洋数据一般都具有小样本特征和不确定的问题，借助灰色关联分析法能对海陆产业关联关系进行精准描述，目前在研究海陆产业关联效应中应用最为广泛。因此，收集陆域与海洋各主要产业因素的数据作为研究基准，用灰色关联度来衡量随时间变化海陆各主要产业间全要素关系的强弱。

运用灰色综合关联分析法逐步研究海洋三次产业与国民生产总值与陆域三次产业产值总量的关联度大小。设主要素的时间序列为 $\{A_i, t\}$，次要素的时间序列为 $\{A_j, t\}$，则主要素 A_i 对子要素 A_j 在 t 时刻表现出的灰色关联度为：

$$P_{ij},\ t = \frac{(C_{\min} + k\,C_{\max})}{(C_{ij},\ t + k\,C_{\max})},\ t = 1,\ 2,\ \cdots,\ 15 \qquad (1)$$

P_{ij}，t 是主要素 A_i 对次要素 A_j 在 t 时刻的灰色关联度大小。$C_{\min} = \min\{C_{ij}, t\}$，$C_{\max} = \max\{C_{ij}, t\}$，$C_{ij}$，$t = |A_i, t - A_j, t|$，$k$ 为介于 [0，1] 的灰数，本研究取 0.5。因此，主要素 A_i 对次要素 A_j 的灰色关联度 P_{ij} 就可以表示为：

$$P_{ij} = \frac{1}{n}\sum_{t=1}^{15} C_{ij},\ t \qquad (2)$$

海陆产业结构变动分析主要采用 K 值指标法。K 值指标法是分析海陆产业结构变化的一种基本方法，主要考察某一时期内海陆三次产业结构的变动速度，用即期产业构成比与基期产业构成比差额绝对值的总和来度量。

$$K = \sum_{i-1}^{i} | q_{it} - q_{i\partial} | \tag{3}$$

式中，K 为产业结构变动速度；q_{it} 是即期第 i 产业占国内生产总值比率；$q_{i\partial}$ 是基期第 i 产业占国内生产总值比率。K 越小，海陆产业结构变动速度越慢，K 越大，海陆产业结构变动速度越快。

（二）实证研究

1. 产值总量对海陆产业关联度的影响

整理海洋三次产业的产值总量作为原始数据的关联方，收集陆域三次产业以及国内生产总值的数据作为被关联方的引入对象，计算得出海洋三次产业与陆域三次产业以及国内生产总值的灰色综合关联度并进行关联分析（表 3）。

表 3　海洋三次产业与陆域三次产业及国内生产总值灰色综合关联度结果

	国内生产总值	陆域第一产业	陆域第二产业	陆域第三产业
海洋第一产业	0. 711 32	0. 695 63	0. 702 08	0. 697 40
海洋第二产业	0. 706 11	0. 761 25	0. 729 93	0. 737 35
海洋第三产业	0. 738 98	0. 776 69	0. 764 10	0. 772 33

由表 3 数据可知海洋三次产业与国内生产总值的关联度均在 0. 7 左右，通过对比可以明显看出海洋第三产业与国内生产总值关联度最高（0. 738 98），并且海洋第三产业与陆域三次产业间的联系紧密程度（0. 776 69、0. 764 10、0. 772 33）明显高于海洋第一、第二产业。海洋第二产业与陆域三次产业的关联度（0. 761 25、0. 729 93、0. 737 35）均大于与国内生产总值（0. 706 11）的关联度，但低于海洋第三产业与陆域三次产业（0. 776 69、0. 764 10、0. 772 33）以及与国内生产总值（0. 738 98）的关联度。海洋第一产业与国内生产总值（0. 711 32）的关联度大于与陆域三次产业（0. 695 63、0. 702 08、0. 697 40）的关联度，但明显不如海洋第一、第二产业与陆域三次产业的关联度大。

为了更深入地分析海洋产业与陆域产业之间的关系，本文选取了具有代表性且数据较为完整的海洋渔业、海洋油气业、海洋矿业、海洋盐业、船舶制造业、海洋化工业、海洋生物、海洋电力、海洋工程建筑、海水利用、海洋运输以及滨海旅游十二大产业作为原始数据序列的关联方分别与国内生产总值以及陆域三次产业进行灰色综合关联度分析，结果与排序见表 4。

表 4　海洋产业与国内生产总值灰色综合关联度计算结果及排名

主要海洋产业	国内生产总值	排序	陆域第一产业	排序	陆域第二产业	排序	陆域第三产业	排序
海洋渔业	0. 684 39	2	0. 726 90	1	0. 676 92	4	0. 672 94	4

续表

主要海洋产业	国内生产总值	排序	陆域第一产业	排序	陆域第二产业	排序	陆域第三产业	排序
海洋油气业	0.612 82	5	0.578 87	6	0.619 77	5	0.622 91	5
海洋矿业	0.516 99	13	0.510 74	13	0.517 93	13	0.518 39	13
海洋盐业	0.571 65	10	0.617 76	5	0.568 06	10	0.566 39	10
海洋船舶工业	0.581 77	8	0.558 50	8	0.586 93	8	0.589 23	8
海洋化工业	0.577 71	9	0.552 75	10	0.582 35	9	0.584 49	9
海洋生物医药业	0.543 11	11	0.527 13	11	0.545 48	11	0.546 64	11
海洋电力业	0.542 60	12	0.526 24	12	0.544 89	12	0.546 02	12
海洋工程建筑业	0.603 03	6	0.569 62	7	0.609 15	6	0.611 99	6
海水利用业	0.591 16	7	0.555 64	9	0.596 01	7	0.598 43	7
海洋交通运输业	0.702 86	1	0.717 80	2	0.695 38	1	0.691 13	3
滨海旅游业	0.681 21	4	0.648 71	3	0.694 47	3	0.699 83	1
海洋信息服务业	0.683 25	3	0.625 74	4	0.695 10	2	0.695 74	2

依照表 4 显示的主要海洋主要产业与国内生产总值的关联度强弱以及排名顺序的高低，可以得出，海洋交通运输业（0.702 86）居于首位，海洋渔业（0.684 39）次之，而传统海洋产业发展最早的海洋矿业（0.516 99）却位列最后，滨海旅游业（0.681 21）、海洋油气业（0.612 82）、海洋工程建筑业（0.603 03）都具有较高的关联性。海洋产业与陆域第一产业的灰色综合关联度大小为：第一位海洋渔业（0.726 90），第二位海洋交通运输业（0.717 80），海洋矿业（0.510 74）仍然处于最后位置。海洋产业与陆域第二产业的灰色综合关联度排序，第一位海洋交通运输业（0.695 38），第二位滨海旅游业（0.694 47）。海洋整体产业与陆域第三产业关联度整体处于 0.6 左右，与陆域第三产业关联度最高的是滨海旅游业（0.699 83），排在第二位的是海洋交通运输业（0.691 13）。

2. 产业结构对海陆产业关联度的影响

本文以 2006 年为基期，2015 年为即期，以全国沿海地区为研究对象，进行海陆产业结构变动速度的比较（表 5）。

表 5 2006 年、2015 年全国及沿海省市海陆三次产业产值比重

比重 / 海陆	第一产业比重（%）		第二产业比重（%）		第三产业比重（%）	
	2006 年	2015 年	2006 年	2015 年	2006 年	2015 年
海洋	27.304	16.244	28.780	22.488	43.916	61.268
陆域	9.835	7.410	49.972	41.588	40.193	51.002

数据来源：2006 年、2015 年中国海洋统计年鉴。

根据公式3，计算2006—2015年全国及沿海地区海陆三次产业结构变动速度值，结果如表6所示。

表6　2006—2015年全国海陆第一、第二、第三产业结构变动速度

产业	第一产业	第二产业	第三产业
海洋	0.110 6	0.063 3	0.173 5
陆域	0.024 2	0.083 8	0.108 1

从表6可以看出，海洋第一产业结构变动速度值为0.110 6，相比较陆域第一产业结构变动速度明显较慢（0.024 2），海洋第二产业结构变动速度值为0.063 3，而陆域第二产业（0.083 8）相对来说拥有更成熟的结构框架、产业计划，能够及时应对风险及突发状况，因此，陆域第二产业结构变动的速度相对于海洋第二产业要更为灵活，海洋第二产业结构还需进一步优化升级，海洋第三产业结构变动速度值为0.173 5，陆域第三产业结构变动速度值为0.108 1，全面深化海洋经济改革推进海洋新兴产业的对外开拓，直接导致海洋第三产业与陆域第三产业的结构变动差距的拉大。说明在2006—2015年间，海陆第一产业结构调整稳步进行，海陆第二产业结构调整处于三次产业的最后，作为海陆新兴产业占比较大的第三产业结构调整相对较快。需要进一步加快推进海陆产业结构的优化升级，提升海陆产业整体水平。

四、海陆经济一体化对海洋产业高质量发展的影响分析

（一）产值相互性

自然条件与行业特征都决定了海洋第一产业与陆域第一产业的紧密关系，海洋渔业发展所需的捕捞、养殖技术以及饲料、肥料等均需要来自陆域第一产业的支持，相对应的海洋渔业丰富的资源也对陆域第一产业的发展起到极大的促进作用。海洋第二产业在发展初期就对陆域三次产业表现出较强的依赖性，在发展的中期与陆域产业的互动更为频繁、交集也更为融合，由陆域产业相关部门转移的劳动力、技术和生产资料、生产能力等支撑了海洋第二产业的建设。海洋第三产业是陆域三次产业的延伸，陆域第三产业的信息服务业、交通运输业、旅游业和科学研究、技术服务业与海洋产业互为补充、互为转化，其成熟的科学技术和管理经验，增加了海洋第三产业的部门门类，推动了海洋第三产业要素流动，提高了海洋第三产业竞争力。同时，海洋第三产业的发展也在一定程度上促进了陆域第三产业的兴盛，通过经济扩散效应使高附加值海洋产业的高质量发展带动沿海地区周边发展，促进内陆区域经济的对外延伸、拓展。

（二）结构交叉性

陆域第一产业开辟海外市场离不开优质、低成本、高效率的货流运输，海洋交通运输业刚好解决了陆域第一产业的难题。陆域第二产业中的核心产业：我国建筑业历史悠久，是我国经济发展的支柱产业之一，工业、机械工业、能源工业等技术先进、资源集中、人

才众多，都为海洋产业提供了机械装备、基础设施、能源配置等支撑条件，推动海洋产业的高质量发展。陆域第三产业主要包括服务部门和流通部门，海洋三次产业生产过程中的运输、仓储、信息、技术等职能离不开流通部门的配合、协作，通过职能间的密切协作推动海洋产业的产品流向陆域市场，服务部门为海洋产业提供金融、资讯、科技服务等职能，助推海洋传统产业的结构升级、海洋高技术产业的理念创新。滨海旅游业的发展需要信息与制度的双重支持，此正是陆域第三产业的优势所在，滨海旅游业为传统的陆域旅游业开拓了优质、新鲜的旅游资源，加强了产业间的关联性，增加了前、后关联产业的部门门类。

综上所述，海洋产业具有涉及面广、关联度大、辐射性强的特点，海洋产业的高质量发展为陆域社会经济带来了强劲的竞争力，增强了内陆产业的辐射力，优化了海陆资源配置；陆域产业通过与海洋产业通力合作，实现了劳动力、资本、经济等生产要素的整体流动，推动海洋产业产生乘数效果和发生规模效应，更有效率的实现海洋产业的高质量发展，拉动陆域产业的高附加值发展。

五、结论

（一）坚持海陆结构联动

海陆产业间通过建立综合的管理机构，能有效地改善海洋与陆域产业各自为政、部门混乱、界限模糊等问题，增强海洋产业与陆域产业之间的衔接力度与紧密程度，以此能够增强海陆产业的相互联动能力，使海洋产业丰富的资源能够精准转移并在陆域产业中得到良好的运用，同时陆域产业积累的优势技术、资金能够延伸至海洋产业，为海洋经济的增长保持源源不断的动力。

（二）构建海陆产业链

海洋产业的实质是陆域产业向海域空间的延伸，协同海陆发展、整合海陆资源、集聚海陆优势，以海陆产业的互补性及其相互依赖关系为出发点，构建海陆复合产业链。海洋三次产业以及许多陆域产业相互转化、相互联系，相互作用的过程中要注重产业链的重构与延伸，以提高资源的配置效益与利用效率。

参考文献

陈秋玲，于丽丽 . 2015. 中国海陆一体化理论与实践研究动态［J］. 江淮论坛，（03）：60-66.

高源，韩增林，杨俊，等 . 2015. 中国海洋产业空间集聚及其协调发展研究［J］. 地理科学，35（08）：946-951.

韩增林，胡伟，李彬，等 . 2016. 中国海洋产业研究进展与展望［J］. 经济地理，36（01）：89-96.

韩增林，李博，陈明宝，等 . 2019. “海洋经济高质量发展”笔谈［J］. 中国海洋大学学报（社会科学版），（05）：13-21.

何广顺 . 2018. 海洋经济稳中向好，结构调整继续深化——解读《2017 年中国海洋经济统计公报》［J］. 海洋经济，8（02）：3-6.

黄英明，支大林 . 2018. 南海地区海洋产业高质量发展研究——基于海陆经济一体化视角［J］. 当代经济研究，(09)：55-62.
李宏 . 2018. 海洋经济高质量发展的路径选择［J］. 山东广播电视大学学报，(03)：63-66.
刘伟光，盖美 . 2013. 耗散结构视角下我国海陆经济一体化发展研究［J］. 资源开发与市场，29（04）：385-389.
马仁锋，李加林，赵建吉，等 . 2013. 中国海洋产业的结构与布局研究展望［J］. 地理研究，32（05）：902-914.
宋剑，闫亚梅，席增雷 . 2019. 基于灰色关联分析的区域海洋产业发展测度分析［J］. 唐山师范学院学报，41（02）：96-101.
王波，韩立民 . 2017. 中国海洋产业结构变动对海洋经济增长的影响——基于沿海 11 省市的面板门槛效应回归分析［J］. 资源科学，39（06）：1 182-1 193.
殷克东，金雪 . 2016. 我国陆海经济发展现状、问题及对策分析［J］. 中国渔业经济，34（06）：13-21.
苑清敏，杨蕊 . 2014. 我国海洋产业与陆域产业协同共生分析［J］. 海洋环境科学，33（02）：192-197.
张兰婷 . 2018. 充分发挥海洋在高质量发展中的战略要地作用［N］. 中国海洋报，(002).
郑铁桥 . 2014. 美国海陆经济一体化经验［J］. 现代商业，(18)：280-282.
郑铁桥 . 2014. 欧盟及其成员国海陆经济一体化经验［J］. 现代经济信息，(11)：172-173.
郑铁桥 . 2014. 日本海陆经济一体化经验［J］. 中外企业家，(16)：269-271.
Dyck A Y，Sumaila U R. 2010. Economic Impact of Ocean Fish Populationns in the Global Fishery［J］. Journal of Bioeconomics，12（3）：227-243.
Jiang D K，Chen Z，Dai G. 2016. Evaluation of the Carrying Capacity of Marine Industrial Parks：A Case Study in China［J］. Marine Policy，77：111-119.
John B，Alistair L，Courtney H，et al. 2016. An Assessment of the Economic Contribution of EU Aquaculture Production and the Influence of Policies its Sustainable Development［J］. Aquaculture International，24：699-733.
Morrissey K，O'Donoghue C. 2013. The Role of the Marine Sector in the Irish National economy：An Input-Output Analysis［J］. Marine Policy，37：230-238.

论文来源：本文原刊于《海洋开发与管理》2018 年第 2 期，第 7-10 页。
项目资助：中国海洋发展研究会基金项目资助（CAMAJJ201809）。

世界海洋捕捞业发展概况、趋势及对我国的启示

史磊[①] 秦宏[②] 刘龙腾

摘要：由于海洋渔业资源的衰退，目前世界海洋捕捞业进入“零增长”的徘徊期。当前世界海洋捕捞业呈现以下发展趋势：海洋渔业资源争夺日益激烈，海洋捕捞业管理制度日益严格，世界海洋捕捞业产业转移趋势日趋明显，海洋捕捞业技术装备要求越来越高，国际社会越来越重视海洋捕捞业可持续发展。面对世界海洋捕捞业的发展趋势，我国应当继续发展资源养护型海洋渔业，从生态系统角度考虑海洋捕捞业管理措施，积极稳妥地发展远洋渔业，参与国际渔业资源的开发，重视海洋捕捞业装备技术水平的提高。

关键词：海洋捕捞业；发展趋势；启示

随着全球人口数量的增加和人们生活水平的提高，特别是近些年来全球性粮食价格快速上涨，全球对水产品的需求持续增长。据 FAO 估计，2016 年全球捕捞渔业和水产养殖业产量 1.71 亿吨，世界人口动物蛋白摄入量 17%来自水产品。作为人类海洋开发史中最古老的产业之一，海洋捕捞业一直是水产品的重要来源。2016 年世界海洋捕捞产量为 7 930 万吨，占世界水产品总产量 46.4%[③]，海洋捕捞业仍然是渔业的主要支柱。

一、世界海洋捕捞业发展概况

（一）海洋捕捞总产量变化

20 世纪初世界海洋捕捞业产量只有 350 万吨左右。进入 20 世纪 50 年代后，随着捕捞技术进步和大规模商业捕捞发展，世界海洋捕捞业开始进入快速发展期。2016 年世界海洋捕捞总产量同比 1950 年大约增长了 3.7 倍。据联合国粮农组织（FAO）Fishstat Plus 数据库资料（图 1）显示，从 20 世纪 50 年代到 80 年代，世界海洋捕捞产量经历了一个高速增

---

① 史磊（1982—），男，中国海洋大学管理学院，讲师，硕士生导师。研究方向：渔业经济研究。

② 秦宏（1976—），女，中国海洋大学管理学院，教授。研究方向：海洋与渔业经济。

③ FAO Fisheries and Aquaculture Department . The State of World Fisheries and Aquaculture 2018. Roman：FAO ，2018.

长期，然而进入 20 世纪 90 年代后，随着世界海洋捕捞压力的持续增加，渔业资源过度捕捞状况日益严重，导致海洋渔业资源不断衰退，海洋捕捞总产量进入接近“零增长”的徘徊期［图 1，资料来源：联合国粮农组织（FAO）Fishstat Plus 数据库］。

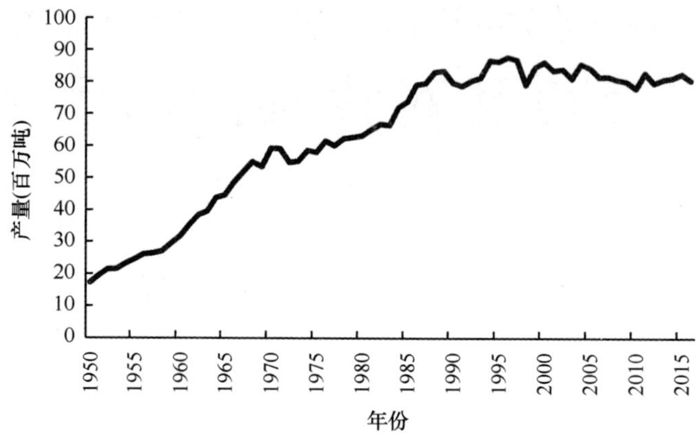

图 1　世界海洋捕捞业产量变化

（二）主要海洋捕捞国变化

海洋捕捞业具有工业性质，其捕捞水平的高低，与一个国家或地区工业发达程度有着密切关系。从世界范围看，海洋捕捞业传统大国一般都是工业化发展程度比较高的国家。20 世纪 50 年代，海洋捕捞业主要以日本、美国、挪威、苏联、英国、加拿大、西班牙、德国等发达国家为主，其捕捞产量约占世界海洋捕捞总产量的 70%。进入 20 世纪 80 年代，随着《联合国海洋法公约》的实施，沿海各国纷纷建立经济专属区，一些发展中国家开始发展海洋捕捞业，其产量占世界海洋捕捞产量的比重逐渐上升。2016 年，世界前 10 位海洋捕捞国分别为中国、印度尼西亚、美国、俄罗斯、秘鲁、印度、日本、越南、挪威和菲律宾（表 1）。

表 1　世界主要海洋捕捞国变化情况

排名	1950 年	1960 年	1970 年	1980 年	1990 年	2000 年	2010 年	2016 年
1	日本	日本	秘鲁	日本	日本	中国	中国	中国
2	美国	秘鲁	日本	苏联	俄罗斯	秘鲁	印度尼西亚	印度尼西亚
3	挪威	美国	苏联	美国	秘鲁	日本	美国	美国
4	苏联	苏联	挪威	智利	中国	美国	秘鲁	俄罗斯
5	英国	中国	美国	中国	美国	智利	日本	秘鲁
6	加拿大	挪威	中国	秘鲁	智利	印度尼西亚	俄罗斯	印度
7	中国	英国	西班牙	挪威	韩国	俄罗斯	印度	日本
8	西班牙	西班牙	加拿大	丹麦	泰国	挪威	智利	越南

续表

排名	1950 年	1960 年	1970 年	1980 年	1990 年	2000 年	2010 年	2016 年
9	德国	印度	南非	韩国	印度尼西亚	印度	挪威	挪威
10	印度	南非	泰国	泰国	印度	泰国	菲律宾	菲律宾

资料来源：联合国粮农组织（FAO）Fishstat Plus 数据库。

（三）海洋捕捞业生产分布现状

根据各海域的地理位置、鱼类分布特点及历史上形成的捕捞范围等，国际上大致把世界海洋划分为 16 个大渔区，其中太平洋和大西洋各分西北、东北、中西、中东、西南、东南几部分，印度洋分为东、西两部分，此外还有地中海和黑海及南极海区［图 2，资料来源：联合国粮农组织（FAO）Fishstat Plus 数据库］。从海洋捕捞业分布区域看，西北太平洋产量最高，2016 年约为 2 241 万吨（约占全球海洋捕捞渔业产量的 28%），其次是中西太平洋，为 1 274 万吨（约 16%），东北大西洋为 831 万吨（约占 10%）以及东印度洋为 639 万吨（约占 8%）。

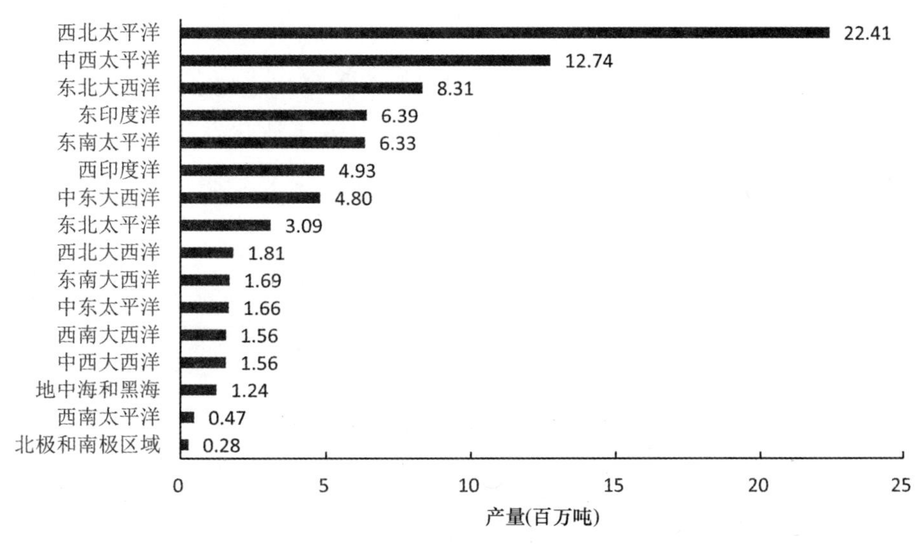

图 2 2016 年全球主要渔区海洋捕捞产量

受不同渔区渔业生态系统生产力、渔业资源状况以及渔业捕捞强度和渔业管理的影响，从 20 世纪 50 年代以来，各渔区的捕捞产量表现出三种不同的发展趋势[①]。中西太平洋、中东大西洋、东印度洋和西印度洋等渔区表现为持续上升趋势（图 3、图 4 至图 7 数据来源同，资料来源：联合国粮农组织（FAO）Fishstat Plus 数据库），西北太平洋、中东太平洋、西南大西洋、东北太平洋等渔区表现为高位波动趋势（图 4、图 5），而东北大西洋、西北大西洋、东南太平洋、东南大西洋、中西大西洋、西南太平洋以及地中海和黑海

① FAO Fisheries and Aquaculture Department . The State of World Fisheries and Aquaculture 2018. Roman：FAO ，2018.

渔区等渔区则表现为峰值后下降趋势（图 6、图 7）。

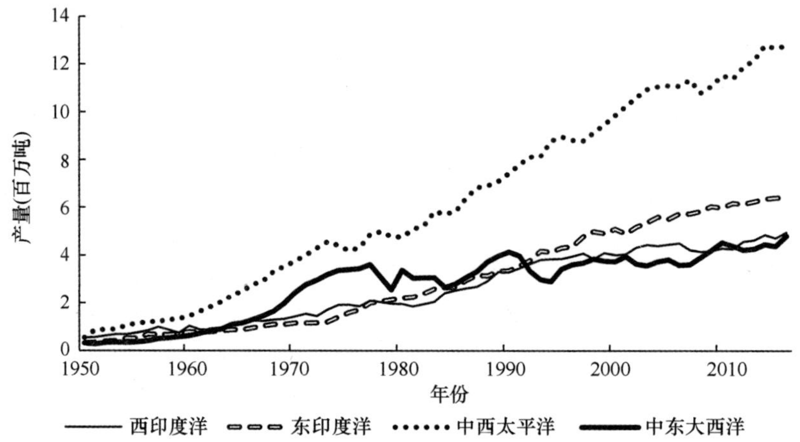

图 3　西印度洋、东印度洋、中西太平洋、中东大西洋渔区捕捞产量变动趋势

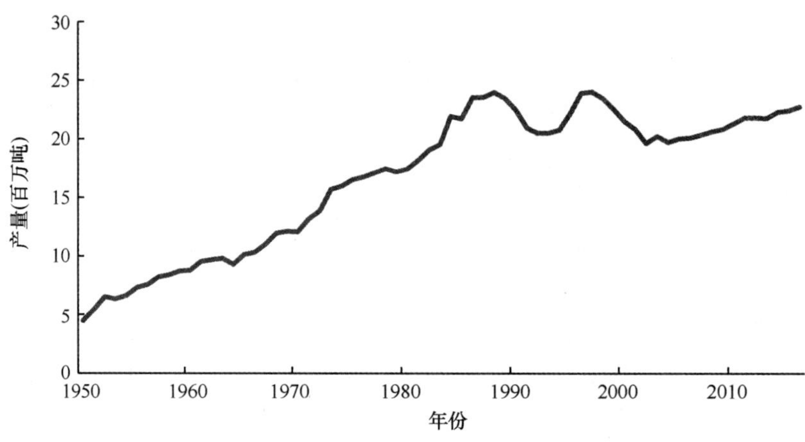

图 4　西北太平洋渔区捕捞产量变动趋势

（四）海洋捕捞业主要对象

FAO 对世界海洋渔业资源年可捕量总体估计是经济鱼类为 1.04 亿吨，经济甲壳类为 230 万吨，头足类为 1 000 万吨至 1 亿吨，灯笼鱼类为 1 亿吨，南极磷虾为 1 亿吨以上。2016 年世界海洋渔业捕捞中，百万吨级以上种类为阿拉斯加鳕、秘鲁鳀、鲣鱼、沙丁鱼、竹荚鱼、大西洋鲱、太平洋白腹鲭、黄鳍金枪鱼、大西洋鳕鱼、日本鳀、鲹鱼、欧洲沙丁鱼、白带鱼、蓝鳕、鲭鱼，这 15 种类鱼捕获量约占世界海洋捕捞渔业产量的 34%，其中大部分已被完全或过度开发，未来不具备增产潜力（图 8）。①

自 20 世纪 70 年代起，全球在生物可持续限度内的鱼类种群比例呈下降趋势。根据 FAO 统计，在生物不可持续水平上捕捞的鱼类种群比例从 1974 年的 10%增加到 2015 年的

① FAO Fisheries and Aquaculture Department . The State of World Fisheries and Aquaculture 2018. Roman: FAO, 2018.

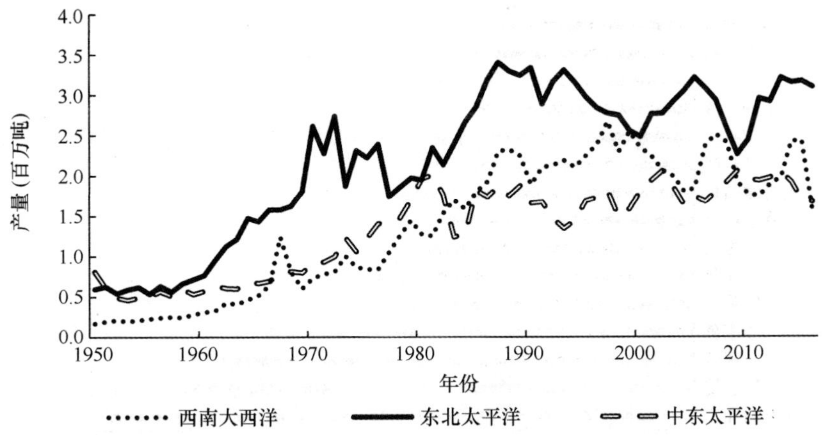

图5　西南大西洋、东北太平洋、中东太平洋渔区捕捞产量变动趋势

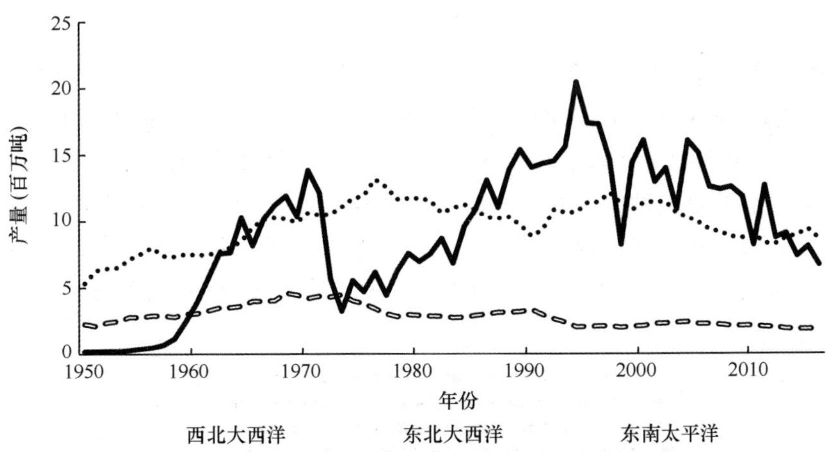

图6　西北大西洋、东北大西洋、东南太平洋渔区捕捞产量变动趋势

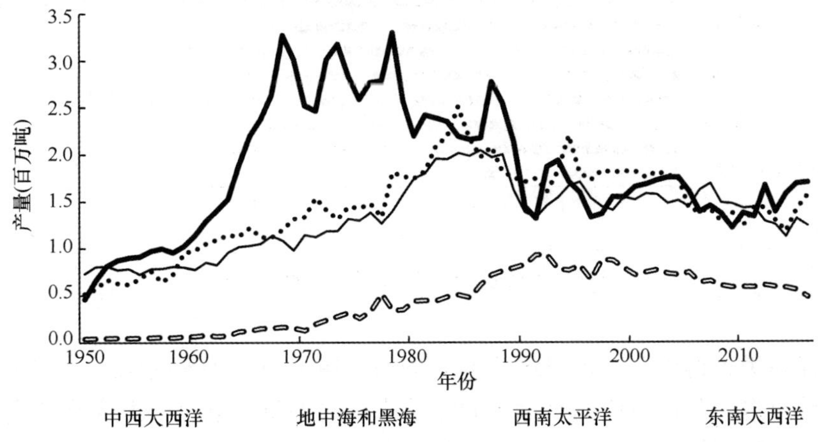

图7　中西大西洋、地中海和黑海、西南太平洋和东南大西洋渔区捕捞产量变动趋势

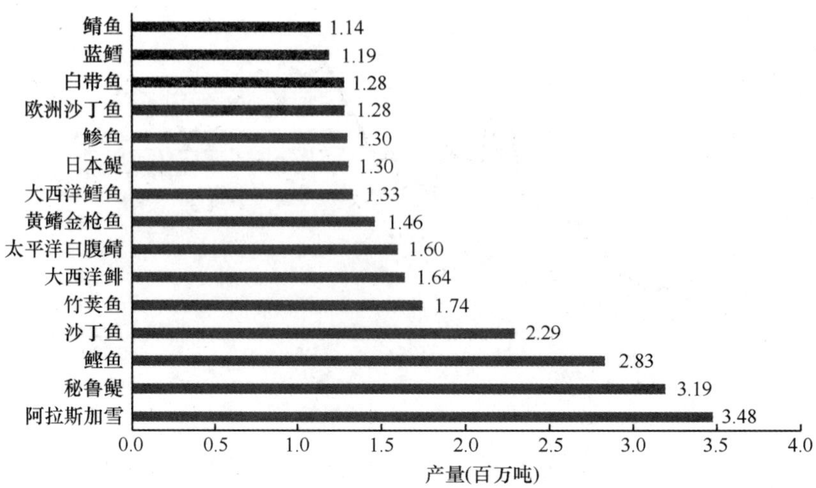

图 8　2016 年世界海洋渔业捕捞产量前 15 位物种

33.1%。其中地中海和黑海不可持续种群比例最高（62.2%），其后是东南太平洋的 61.5%和西南大西洋的 58.8%（图 9，资料来源：《世界渔业和水产养殖状况 2018》，FAO，2018 年）。如西北太平洋日本鳀和东南太平洋智利竹荚鱼被认为已遭过度开发，东南太平洋的两个主要鳀鱼种群、北太平洋的阿拉斯加狭鳕和大西洋的蓝鳕被完全开发，大西洋鲱鱼种群在东北和西北大西洋被完全开发，东太平洋和西北太平洋的日本鲭种群被完全开发。在目前 23 个金枪鱼种群中，60%以上被认为完全开发，而 35%被认为已过度开发或处于衰退中。

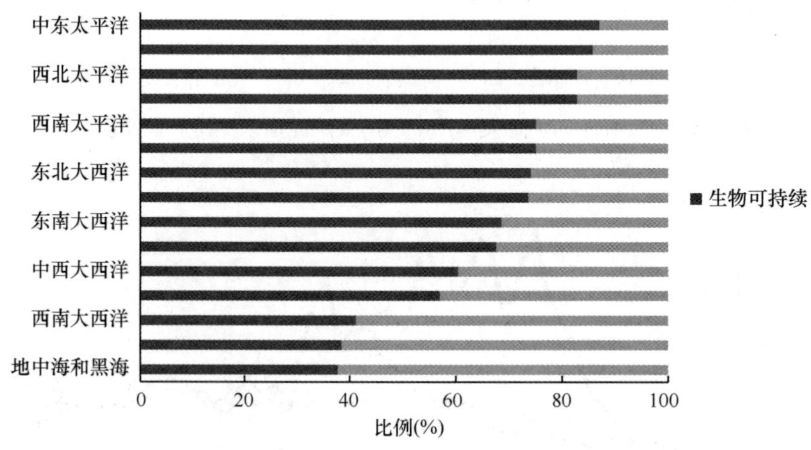

图 9　全球主要渔区鱼类种群可持续水平种群百分比

世界海洋鱼类种群生物不可持续比例的增加传递出一个明显的信号，即世界海洋渔业资源状况持续衰退。与此对应的是世界海洋捕捞量的下降，也说明海洋渔业资源的衰退对海洋捕捞业发展的消极影响。这种影响不仅导致消极的生态后果，还会减少渔业产量，进一步产生消极的社会和经济后果。如纽芬兰渔场，曾经是世界四大渔场之一，在经历几个世纪的过度捕捞后，特别是 20 世纪五六十年代大规模拖网渔船进入，到 1992 年鳕鱼资源枯竭引发当地海洋捕捞业倒闭，由此导致 4 万渔民失业。

（五）海洋捕捞船队情况

2016 年世界渔船总数大约为 460 万艘，其中亚洲大约 350 万艘，占全球渔船总数的 75%，其次是非洲（14%）、拉丁美洲和加勒比区域（6.4%）、欧洲（2.1%）和北美洲（1.8%）。在全球船队中，机动渔船占渔船总数的 61%。欧洲和北美洲发达地区渔船中机动渔船的比例远远高于其他地区，亚洲以及太平洋和大洋洲的机动渔船比例接近于世界平均水平，非洲水平最低，仅仅只有不到 30% 的海洋渔船为机动渔船（图 10，资料来源：《世界渔业和水产养殖状况 2018》，FAO，2018 年）。虽然欧洲和北美洲渔船总数占世界比例较低，但是其海洋捕捞的产量占世界比例远远高于其渔船比例。这反映了欧美国家海洋捕捞业的共同特点，依靠强大的现代工业基础发展海洋捕捞业。

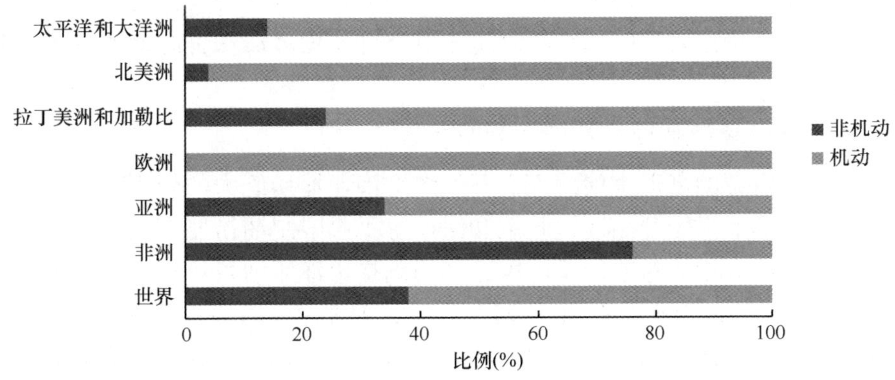

图 10　2016 年各区域机动和非机动渔船比例

二、世界海洋捕捞业发展趋势

（一）海洋渔业资源争夺日益激烈

从当前水产品消费情况来看，发达国家一直是水产品的主要消费市场。然而随着发展中国家对水产品需求的增加，世界水产品需求仍会继续增长。但是限于海洋渔业资源衰退的现实，世界水产品市场预计将会出现供不应求的状况。目前海洋捕捞渔获量的 80% 以上来自水深不到 180 米的大陆架海区，由于沿海各国的近海渔业资源基本上处于过度或者饱和开发阶段，这将促使海洋捕捞大国将目光投到公海，公海渔业资源的争夺将会日益激烈，一些尚有潜力的大洋渔业资源如南极磷虾将成为世界各主要海洋捕捞大国的关注重点。

（二）海洋捕捞业管理制度日益严格

《联合国海洋法公约》赋予了沿海国在专属经济区内享有对渔业的专属管辖权，海洋渔业资源的加速恶化促使越来越多的国家在本国经济专属区采取保护性措施[①]。为了调和现存捕捞能力绝对过剩和海洋生物资源日益衰退之间的矛盾，各国有关渔业的法律制度渐趋完备，防止对资源过度开发的限制性措施也越来越严格。如国际上呼吁采取生态系统的方法，维系海洋的生物多样性和生态平衡，并主张建立限制捕捞活动的海洋保护区以及特别措施海区；建立海洋环境现状的全球报告和评估系统（GMA）；要求主要渔业国加入和执行 1995 年协定和粮农组织的负责任捕鱼行为守则，对有关鱼类种群加强养护和管理，限制滥捕和过度捕捞，实现渔业的可持续发展；甚至一些激进的国家和非政府组织提出要在全球范围内禁止海底拖网作业。

此外，为了弥补专属经济区制度的有限性，并进一步规范各国的公海捕鱼行为，20 世纪 90 年代，一系列公海渔业管理制度的国际法文件相继诞生，公海渔业资源养护和管理日趋严格。目前，各区域性渔业管理组织相继成立，几乎涵盖了所有公海作业海域，区域性渔业管理组织在限制公海捕鱼自由，养护渔业资源方面将发挥越来越大的作用。大洋性和公海渔业进入全面管理时代意味着未来有条件发展大洋和公海渔业的国家将面临越来越高的进入壁垒。

（三）海洋捕捞业产业转移趋势日趋明显

世界海洋渔业资源的衰退也促使人们开始考虑渔业捕捞能力的管理。从 20 世纪 90 年代开始，许多传统渔业强国开始通过政策和法律等手段限制捕捞能力的增长，以期实现海洋渔业资源的可持续利用。目前一些国家已经明确提出渔船削减目标来解决捕捞能力过度问题。欧盟 2003 年开始实施“进-出计划”政策，即要求所有新渔船立即由退出的渔船按相等捕捞能力补偿，并建立船舶注册制度。此外，欧盟还要求各成员国渔船数量每年递减 3%、吨位递减 2%。日本从 1981 年到 2004 年，共销毁 1 615 艘大中型渔船，2005 年，日本拥有 308 810 艘注册海洋渔船，总功率为 1 244 万千瓦，到 2007 年，船舶数量下降为 296 576 艘，总功率为 1 284 万千瓦[②]。

随着沿海国家专属经济区制度的确定，许多传统海洋捕捞大国纷纷退出过洋性远洋渔业，加大了大洋性远洋渔业的投入。大洋性渔业虽然在渔船装备、从业人员上有着比近海捕捞更高的要求，但其本质上仍属于劳动密集型行业。随着劳动力成本的上升以及发达国家渔业从业人员数量减少，大洋性渔业将出现由发达国家向发展中国家转移的趋势（表 2）。

---

① 王德才：《〈联合国海洋法公约〉海洋渔业资源养护制度评析》，《中国海洋大学学报（社科版）》2015 年第 6 期，第 10-16 页。

② FAO Fisheries and Aquaculture Department . The State of World Fisheries and Aquaculture 2018. Roman：FAO ，2018.

表 2　若干国家捕捞渔民数量变化　　单位：万人

区域	1990 年	1995 年	2000 年	2005 年	2010 年	2015 年
世界	2 707.2	2 817.4	3 421.3	3 630.4	3 915.5	4 078.1
中国	943.2	875.9	921.3	838.9	901.3	948.4
印度尼西亚	199.5	246.3	310.5	259	262	270.3
日本	37	30.1	26	22.2	20.3	16.7
挪威	2.7	2.4	2	1.5	1.3	1.1

资料来源：《世界渔业和水产养殖状况 2018》，FAO，2018 年。

（四）海洋捕捞业技术装备要求越来越高

传统的渔业强国如美国、日本及欧盟的海洋捕捞业发展依托于先进的装备制造业，其海洋捕捞的大型作业船只装备和助渔仪器具有一定的先进性和系统配套上的完整性，如大型围网作业机械、延绳钓机、鱿钓机械等，作业性能、自动化程度、工作稳定性等都达到相当高的水平。

由于海洋捕捞装备涉及海洋生物、船舶工程、电子信息、材料科学等多学科领域，随着科学技术的发展，新型海洋捕捞技术装备的发展更加注重多学科领域的联合开发。如目前一些渔业发达国家在海洋捕捞机械中应用先进的自动驱动系统和电子监视器、小型船用雷达等探鱼仪器以降低劳动强度和生产成本，在渔机产品方面注重采用新材料以提高渔机产品的寿命和可靠性，应用遥感、全球定位系统、地理信息系统等高新技术以提高海洋生物育种和渔业资源管理水平。发达国家在渔船技术和装备上的先进水平为其在世界海洋捕捞业中占据优势地位奠定了基础。

（五）国际社会越来越重视海洋捕捞的可持续发展

1995 年 10 月 FAO 第 28 次会议通过了《负责任渔业行为守则》，列举了负责任渔业应遵循的大量规则，其中特别包括捕鱼业从事捕捞的经济条件应有助于其履行负责任捕捞的责任。2001 年 11 月，世界贸易组织第四届部长级会议《多哈宣言》中特别指出，该组织的贸易与环境委员会针对渔业补贴问题已开展了长达数年的研究表明“渔业补贴可能有害于环境”，呼吁各成员国减少直至取消渔业补贴。2005 年，FAO 在罗马举行的专家磋商会上出台了《海洋捕捞渔业鱼和渔产品生态标签国际准则》，正式确定了国际渔业生态标签制度的基本准则。目前国际海洋理事会（MSC）制度是以 FAO 准则为依据的水产品生态标签中唯一的国际标准，其主要支持者为欧洲及美国的主要零售商、制造商以及食品服务运营机构①。随着人们对海洋过度捕捞现象的日益关注，世界上有关保护过度捕捞鱼种的组织日渐增加，越来越多的有关保护过度捕捞鱼种组织要求加入海洋管理理事会（MSC），以取得该理事会的认证。如 2006 年，美国零售业巨头沃尔玛宣称，其未来销售的捕捞水

① 王萌、慕永通：《渔业生态标签制度的发展与问题》，《中国渔业经济》2011 年第 29 卷第 1 期，第 102－106 页。

产品将全部得到 MSC 认证的产品。2017 年全球有 35 个国家超过 300 个渔场已经获得 MSC 认证，水产品产量接近 1 000 万吨，约占全球野生捕捞水产品的 12%。目前通过该认证的产品多为发达国家的某一区域优势渔业，以英国、挪威、新西兰、澳大利亚、美国为多。随着生态标签产品要求的增加并扩大到与发展中国家捕捞渔民有关的渔业物种，发展中国家生产者将面临参与生态标签计划的压力。

为解决非法、不报告和不管制捕鱼问题，首个具有约束力的国际协定《预防、制止和消除非法、不报告和不管制捕鱼港口国措施协定》于 2016 年 6 月 5 日生效。该协议通过实施有效的港口国措施来预防、制止并消除非法、不报告和不管制捕鱼活动，作为确保海洋生物资源获得长期养护和可持续利用的手段。此外，2016 年正式启动的《2030 年可持续发展议程》也明确提出“保护和可持续利用海洋和海洋资源促进可持续发展”的发展目标，呼吁各国采取有效管制捕捞，终止过度捕捞、非法、未报告和无管制的捕捞活动以及破坏性捕捞做法。这意味着国际社会对渔业资源和生态环境的保护越来越重视，合理开发利用、注重保护与改善海洋鱼类资源，争取海洋捕捞业的可持续发展已经成为世界各国的共识。

三、世界海洋捕捞业发展对我国的启示

（一）继续发展资源养护型海洋渔业

尽管全球海洋捕捞业面临的形势令人担忧，但一些地区已经通过有效的管理措施，在降低开发强度和恢复过度开发的渔业种群及海洋生态系统方面取得了良好进展，一些发达国家渔业管理和种群状况有所改善①。如美国在生物可持续限度内捕捞的种群比例从 2005 年的 53%增加到 2016 年的 74%，澳大利亚从 2004 年的 27%增加到 2015 年的 69%。这些措施和成功案例说明实施有效的渔业管理资源制度，可以有望恢复已经衰退的海洋渔业资源。

受海洋环境污染和过度捕捞影响，自 20 世纪 70 年代以来，我国近海渔业资源衰退趋势持续加重。不少传统上的捕捞种类数量急剧下降，对捕捞业发展造成了巨大打击。近些年来，我国在海洋渔业捕捞中实施“零增长制度”、捕捞许可证制度、伏季休渔制度、转产转业制度、双控制度等海洋渔业制度，但从实际效果看尚未达到预期管理目标，海洋渔业资源的恢复仍任重而道远。未来在严格执行现有渔业管理制度的同时，应积极完善捕捞业准入制度，开展近海捕捞限额试点，严格控制近海捕捞强度。继续发展资源养护型海洋渔业，大力推进近海渔业资源养护，加大海洋生物增殖放流力度，加强人工鱼礁和海洋牧场建设，通过建设一批近海海洋生态修复示范区，保护重要水产种质资源和珍稀濒危海洋生物，实现海洋渔业资源的生态修复。积极推广渔业生态标签制度，从市场一端诱导生产者采用环境友好型作业方式，达到养护资源和保护环境的目的，促进渔业可持续发展。

① Ye Y, Barange M, Beveridge M, et al. FAO's statistic data and sustainability of fisheries and aquaculture: comments on Pauly and Zeller. Marine Policy, 2017, 81: 401-405.

（二）从生态系统角度考虑海洋捕捞管理措施

海洋生态系统错综复杂，系统中不同物种之间的相互关系也同样复杂。很多物种在生命周期不同阶段占据着不同的营养层次，而同一营养层次的物种个体大小往往又占据着不同的栖息地和生态位。如果渔业活动无法均衡地影响不同营养层次，就可能会改变生态系统的结构，导致产量下降。目前，我国海洋捕捞管理措施大都为单一的管理措施，最常见的方法就是避免生长型捕捞过度和补充型捕捞过度，如避免生长型捕捞过度的典型做法一直是采用网目尺寸或其他渔具限制性措施来减少对幼鱼的影响，对补充型捕捞过度通常是通过设置禁渔期的做法。

早在20世纪90年代，美国就建议各渔业管理区域在制订渔业生态系统计划时，要包括有关渔业以及渔业活动所处生态系统的结构和运作情况的详细信息。注重目标物种的可持续性是不够的，还必须考虑捕捞活动给更大范围生态系统带来的影响。因此，有必要在渔业管理过程中考虑不同物种之间的相互依赖关系和海洋生态系统的运作。这意味着在今后选择具体管理措施时，应该从保护生态系统的健康与完整性的角度考虑不同类型的渔业、均衡捕捞相关的问题①。

（三）积极稳妥发展远洋渔业，参与国际渔业资源的开发

受益于人口增长、城镇化建设的推进、收入增长和消费升级等因素，未来我国对海产品的需求仍将保持较高增速。我国海洋捕捞产量绝大部分来自沿海和近岸，然而我国近海渔业资源面临枯竭，在渔业资源和环境尚未取得根本性好转之前，大力发展远洋渔业，参与国际渔业资源开发是我国海洋捕捞业发展一项重要举措。2016年，我国远洋渔业产量198.75万吨，占世界海洋捕捞总产量的2.5%，我国远洋渔业发展空间仍然巨大。我国既拥有优于一般发展中国家的物质装备水平和技术能力，又拥有比发达国家和地区更为丰富的人力资源和较低廉的劳动力，在参与国际渔业资源开发竞争中具有比较优势。

从一些发达国家和地区的远洋渔业发展历程不难发现，凡是运作比较成功的项目，从考察到报批，所有前期工作都是由政府部门组织实施的②。如韩国2007年制定了一项以加强国际竞争力为主要内容的远洋渔业发展方案，在全球建立地区或行业管理公司，负责对远洋捕捞的海产品进行统一的销售和管理，同时政府给予相应的税收优惠措施。由于我国远洋渔业起步较晚，鉴于国际社会对渔业资源"先占先得"的历史分配格局，我国在国际渔业资源的竞争中处于劣势，未来我国在大洋性远洋渔业上要积极参与公海渔业国际规则的制定，加大对大洋、极地等公海渔业资源的开发和利用，争夺海洋渔业资源的话语权。在过洋性渔业上，推动境外远洋渔业基地建设，加强与"21世纪海上丝绸之路"沿线国家的渔业交流与合作。鉴于国际社会对公海捕捞的管理日趋严格，在开发利用公海渔业资源时，还需要政府、企业加强对渔船的监管和控制，特别是在出现个别渔船被发现违规捕捞时，需要政府采取及时、有效的惩罚措施，从而保护其他合法生产渔船的利益以及维护

① 黄硕琳、邵化斌：《全球海洋渔业治理的发展趋势与特点》，《太平洋学报》2018年第26卷第4期，第65-78页。

② 杨培举：《中国远洋渔业直面海洋寒冰》，《中国船检》2005年第8期，第26-29页。

我国形象。

（四）重视海洋捕捞业装备技术水平的提高

从捕捞渔船来看，目前我国渔船的数量占到了世界渔船总量的1/4，但其构成情况与世界渔业发达国家差别很大。在我国现有的渔船中，85%是木质渔船，只有2%是玻璃钢渔船，而在世界渔业发达国家，玻璃钢渔船往往占其渔船总数的80%甚至90%以上。我国渔船的整体品质与世界先进渔业国家相比差距较大。在渔业资源调查和探捕领域，日本政府联合有关企业利用海洋遥感技术进行三大海域的海况分析和渔情预报工作，提高寻找渔场的准确度，从而大幅度降低生产成本。相比之下，我国对主要渔业合作国和公海海域渔业资源的信息缺乏，对资源和渔场掌握不准。据农业部统计，我国现有公海作业渔船中有50%以上的超低温金枪鱼延绳钓船、大型拖网加工船和金枪鱼围网船船龄超过20年，过洋性作业的渔船大部分是20世纪70—80年代设计建造的近海船舶，总体性能落后，船体状况较差，安全设施不可靠，能耗高，缺乏竞争力①。虽然我国是世界海洋捕捞大国，海洋渔获量占世界第一。但是相比较投入来看，我国海洋捕捞业效率较低。如何改变渔船装备水平整体落后，提高生产效率是我国成为海洋捕捞强国的关键所在。

论文来源：本文原刊于《海洋科学》2018年第11期，第126-134页。
项目资助：中国海洋发展研究中心青年项目资助（AOCQN201224）。

① 佘远安、吴昊、孙昭宁等：《中国海洋渔业：成就、问题和发展思路》，《中国渔业经济》2012年第30卷第3期，第97-102页。

基于产业链分析的海洋能装备产业培育策略研究

马哲[①]　何乃波[②]　朱喆　曹飞飞

摘要：在全球能源供需格局变化和国内经济新常态背景下，海洋能的产业化应用作为新动能，将带来新产业、培育新技术，找到新的经济增长点。为了突破我国海洋能产业发展障碍，本文选取海洋能装备产业作为研究对象，并引入产业链理论。首先建立了海洋能装备产业链模型。其次，通过分析产业链培育环境，表明产业链受市场、政策等外部条件的影响；通过分析产业链战略环节，表明设计研发和定制设备生产是产业链发展的侧重点。最后结合我国海洋能装备产业发展现状和目前面临的问题提出产业培育策略。

关键词：海洋能装备；产业链；培育环境；战略环节；培育策略

一、研究背景

海洋能装备是人类将海水中依附的能量（潮汐能、潮流能、波浪能、温差能、盐差能等）转化为电能的过程中使用的装备的总称，是实现海洋能开发利用的主要技术手段。

随着越来越多国际知名企业进军海洋能产业，海洋能装备正向着高效、可靠、低成本、模块化及环境友好等方向发展，海洋能将成为未来能源供给的重要组成部分和海洋经济的重要增长点。我国岛屿众多，海洋能资源丰富，具备规模化开发利用的条件，但目前海洋能装备产业仍处在有需要，但不成规模；有技术基础，但创新能力不足；有从业生产商，但不成体系的初级阶段。有鉴于此，注重产业培育、明晰发展方向是突破我国海洋能商业化应用瓶颈，实现海洋能跨越式发展的关键。

为了提出科学的培育策略，本文引入产业链理论。产业链是以生产相同或相近产品的企业集合所在产业为单位形成的价值链，是承担着不同价值创造职能相互联系的产业围绕核心产业，通过对信息流、物流、资金流的控制，在采购原材料、制成中间产品以及最终

---

① 马哲，女，青岛国家海洋科学研究中心助理研究员。主要研究方向：海洋科技战略研究、海洋能开发与利用。

② 何乃波，男，青岛国家海洋科学研究中心处长。主要研究方向：科技管理与战略研究。

产品、通过销售网络把产品送到消费者手中的过程中形成的，由供应商、制造商、分销商、零售商、最终用户构成的一个功能链结构模式①。形成产业链的优势体现在：① 提高技术创新效率；② 降低企业面临的全球经济一体化带来的风险；③ 财务、经营、管理方面的协同效应提高企业的竞争优势；④ 帮助传统企业拓展新市场。促进产业链的形成，明晰产业链运行模式，对政府制定产业政策、区域发展规划和企业制定自身发展战略均具有重要意义②。

近几年，我国有关产业链和海洋能产业开发战略研究的成果较多。针对产业链，研究者对其定义和内涵、构建整合、运行驱动和某产业模式选择③④⑤⑥⑦⑧等做了大量研究；针对海洋能应用，研究者多着眼于海洋能前景分析、国外开发经验分析、法律法规研究、国际合作评析、政策规划解析、开发标准制定⑨⑩⑪⑫⑬等方面，缺少从海洋能装备产业链角度对产业发展的纠偏诊断。本文通过建立海洋能装备产业链模型，着重分析了海洋能装备产业链形成的关键和未来发展侧重，并结合国内海洋能装备产业发展现状和面临问题，给出适合我国海洋能装备产业的培育策略，具体研究思路如图 1 所示。

二、海洋能装备产业链分析

（一）海洋能装备产业链模型建立

在建立海洋能装备产业链之前，本文先引入海洋能产业链（图 2）。海洋能作为水能

① 张铁男、罗晓梅：《产业链分析及其战略环节的确定研究》，《工业技术经济》2005 年第 24 卷第 6 期，第 77-78 页。

② 王欣、王珊珊、高攀：《信息产业链形成动因研究》，《东北电力大学学报》2011 年第 31 卷第 3 期，第 84-88 页。

③ Ju J U，Yu X D. Productivity，Profitability，Production and Export Structures Along the Value Chain in China. Journal of Comparative Economics，2015，43：33-54.

④ Zhang F，Kelly S G. Innovation and Technology Transfer Through Global Value Chains：Evidence From China's PV Industry. Energy Policy，2016，94：191-203.

⑤ 袁艳平：《战略性新兴产业链构建整合研究——基于光伏产业的分析》，西南财经大学，2012 年。

⑥ Li C B，Chen H Y，Zhu J，et al. Comprehensive Assessment of Flexibility of the Wind Power Industry Chain. Renewable Energy，2015，74：18-26.

⑦ 王祎、李志、李芝凤等：《基于产业链分析的海洋工程装备制造业发展研究》，《海洋开发与管理》2015 年第 7 期，第 40-43 页。

⑧ Teng Y，Mao C，Liu G W，et al. Analysis of Stakeholder Relationships in the Industry Chain of Industrialized Building in China. Journal of Cleaner Production，2017，152：387-398.

⑨ Zhang D H，Wang J Q，Lin Y G，et al. Present situation and future prospect of renewable energy in China. Renewable and Sustainable Energy Reviews，2017，76：865-871.

⑩ Chang Y C，Wang N N. Legal System for the Development of Marine Renewable Energy in China. Renewable and Sustainable Energy Reviews，2017，75：192-196.

⑪ 王欣、唐萁、谢文超等：《促进我国海洋可再生能源发展的政策路线研究》，《海洋开发与管理》2016 年第 33 卷第 6 期，第 79-83 页。

⑫ 刘贺青：《英国海洋能源产业全球布局背景下的中英海洋能源合作评析与对策》，《太平洋学报》2016 年第 24 卷第 10 期，第 39-46 页。

⑬ 芦颖、杨立：《国外标准〈海洋能转换装置认证流程指南〉对我国的启示及适用性》，《中国标准化》2016 年第 11 期，第 115-119 页。

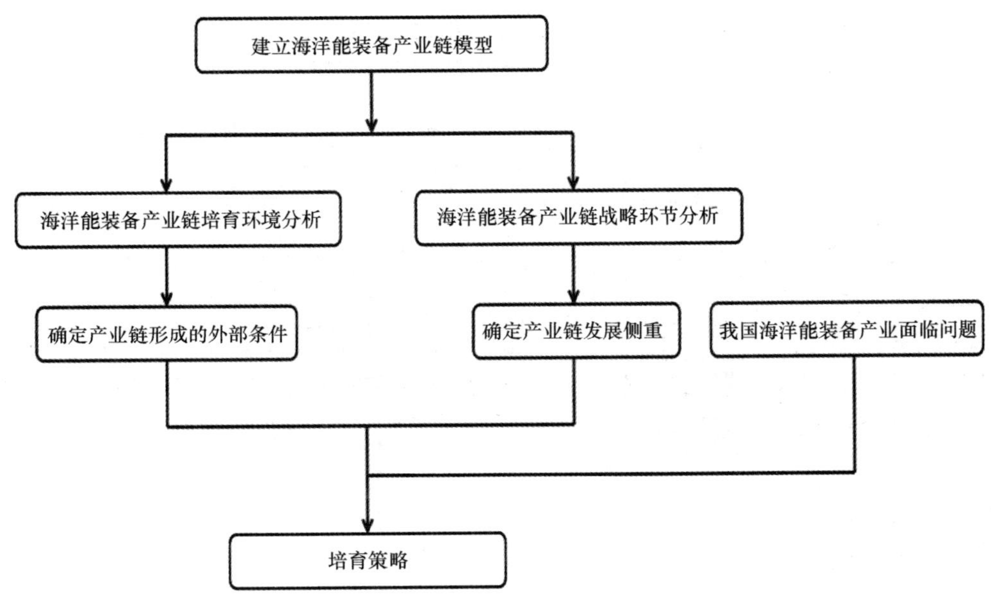

图 1　研究思路

的一种，其应用是人类通过特定设备将依附于海水中的能量（潮汐能、潮流能、波浪能、温差能、盐差能等）转化为电能的过程。海洋能产业链形成了两级能源产业，即初级能源投入品形成的海洋能装备产业和发电企业与用户组成的电力产业。成熟的海洋能产业链，两级能源产业产出的产品分别是海洋能转换装置和电力。两级能源产业相互制约相互促进，电力产业需求促进海洋能装备产业的创新发展，海洋能装备产业的蓬勃发展带动电力产业的可持续化。该链条始于自然资源终于用户，其中包括：能源装备制造服务商、发电企业、电网企业等。具体来说：能源装备制造服务商根据发电企业和用户①的需求设计制造能源转换装置；发电企业负责将自然资源统一转换为电能，解决好高效转换自然资源和减少废弃物排放等问题；电网企业需要将电能以稳定、低成本输电等方式将电能配送给用户。

本文主要研究对象海洋能装备产业链（以下简称产业链）如图 3 所示，包括设计研发、装备生产、配套服务三个环节。设计研发是指依据用户需求开展的海洋能发电装置的总体设计研发。装置生产环节主要包括主体结构、专业设备、通用设备、基础建设施工和系统控制软件五大类。其中，主体结构指装置的基础结构、锚固系统等；专业设备指高强度电缆、特制水轮机，发电机，液压设备，水下电力枢纽等；通用设备指防腐材料、蓄电池、水下工具和仪表等；基础建设指岸上变电站建设；系统软件指根据实际海洋环境和网上用电的情况实时控制设备的调控软件。配套服务包括海洋能装备的检测认证、试运行调试、监测、运输、总装、维修以及改造。

① 离网式用户的需求包括独立海岛供电或大小型海洋工程装备能源补给等。

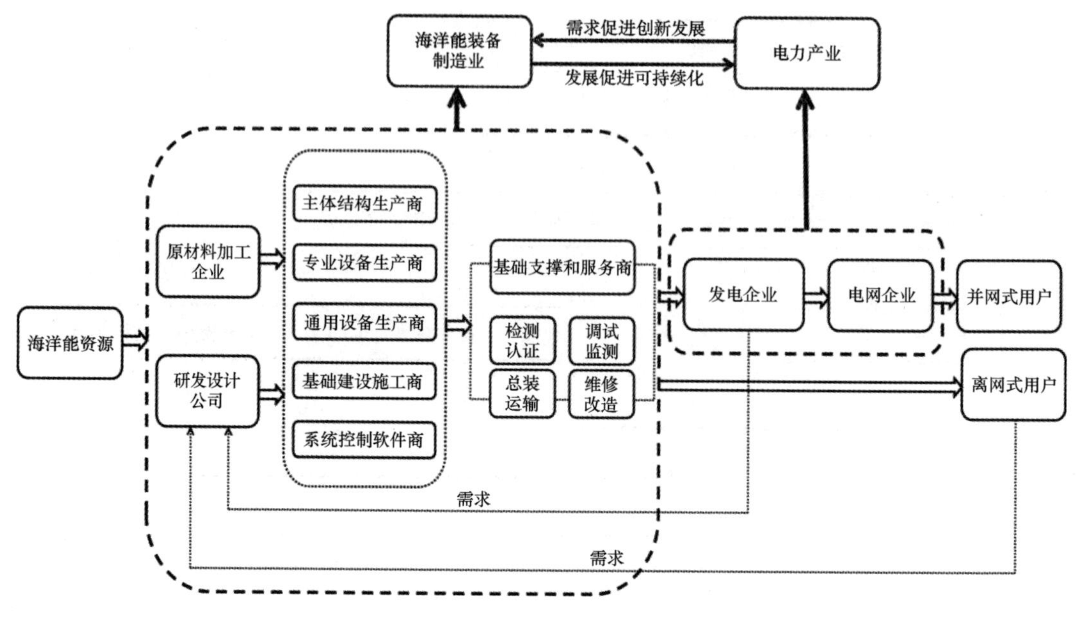

图 2　海洋能产业链

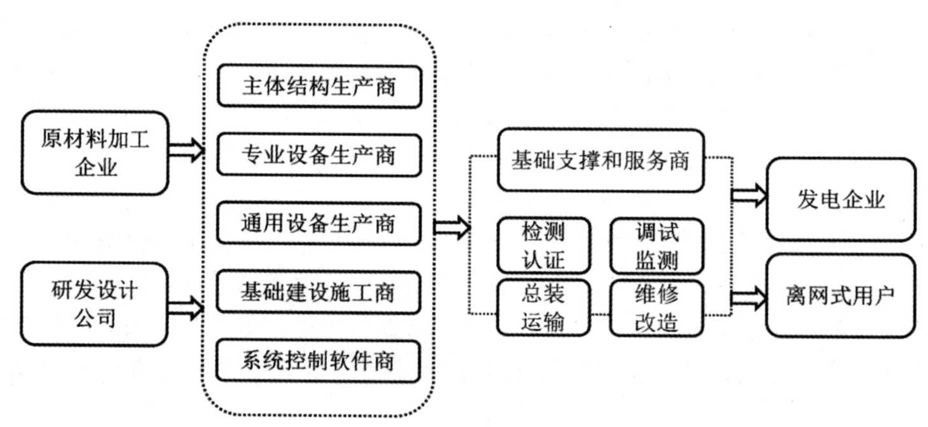

图 3　海洋能装备产业链

（二）产业链培育环境分析

产业链的形成除受自我强化的动力机制和学习创新机制影响之外，诸多外生动力也发挥着积极作用①。市场需求直接诱导产业链的形成，但由于海洋能装备产业本身处于初级起步阶段，市场需求不稳定，市场机制不健全，产业链的培育过程离不开政策的良性引导。

市场需求　市场需求是产业发展的原始驱动力，是产业价值链形成、演化和调整的核心依据。海洋能装备研发生产目的的单一性、过程的繁复性和应用的创新性等特点更加突

① 袁艳平：《战略性新兴产业链构建整合研究——基于光伏产业的分析》，西南财经大学，2012 年。

出了市场需求对产业链形成的关键性作用。当市场发出对海洋能装备的需求信号，同时传递给产业链上的各个环节企业，设计企业根据需求创新研发，加工企业会按照需求组织生产，配套服务企业再跟进需求提供相应服务，最终使信号变成连续的市场机会。正是在市场需求—满足市场需求—新的市场需求—满足新的市场需求的循环下产业链才得以成长完善①。

政策支持　在市场需求、资金链和人才链投入不稳定的情况下，为了保障产业链各环节合理的获利水平，政府通过财政补贴、税收减免等财税政策可以有效地分担部分成本，从而保证产业向前发展的积极性。海洋能装备产业风险性较大，为了降低企业融资难度，政府通过金融政策如：加大信贷支持力度、拓宽融资渠道、引入基金等可以助力企业发展。在产业链运行过程中，为避免各环节对接失衡，政府通过对产业链横向环节的市场结构和市场行为进行调节使各环节实现顺畅对接。

（三）产业链战略环节分析（表1）

在市场环境下，每条产业链上都存在具有强单项带动性、高盈利性、强增值性、不唯一性等特点的核心产业，称为战略环节②。找到战略环节对政府制定产业发展政策、企业了解自身在产业链中的地位、确定战略规划都有着重要的意义。本文通过分析海洋能装备产业链战略环节，确定海洋能产业发展侧重点。根据以往研究，选取介入门槛高、强单向带动性和强增值性作为识别海洋能装备产业链战略环节的依据③。

介入门槛高指产业链中的某些环节，由于资源、技术等原因要求企业具备特殊的能力，业内竞争压力小，相邻环节对其供货和销售依赖性强。

强单向带动性指产业链中的某个或某几个环节的能力直接代表着整个产业的发展能力，同时上述环节的发展对其他环节起到显著的带动作用，且带动性是单向的，即其他环节对战略环节的带动作用相对较弱。

强增值性指战略环节创造产品既得的价值要远远高于投入的价值，即盈利水平高。由于战略环节介入门槛高并具有单向带动性，使得战略环节中的企业与其他环节企业谈判时主动权更大，也就能带来更大的利润。

表1　海洋能装备产业链战略环节分析

产业环节	主要特征	战略环节判断
原材料加工	为装置加工的各环节提供原材料。海洋能装备对材料寿命、质量要求较高，企业入行门槛高；发展水平不代表海洋能装备产业的整体水平；由于现有海洋工程材料市场多被国外企业垄断，故价值增值性强	否

① 肖小虹：《农业产业链成长要素研究》，《东北师大学报（哲学社会科学版）》2013年第1期，第44-47页。

② 张铁男、罗晓梅：《产业链分析及其战略环节的确定研究》，《工业技术经济》2005年第24卷第6期，第77-78页。

③ 陆挺、刘璇、张艳飞等：《基于产业链分析的中国铟锗镓产业发展战略研究》，《资源科学》2015年第37卷第5期，第1 008-1 017页。

续表

产业环节	主要特征	战略环节判断
研发设计	根据用户需求设计研发，创新能力强，拥有自主知识产权，企业介入难度大，发展水平代表整个产业链的发展水平，附加值高，盈利水平高	是
定制设备生产	根据用户需求和设计要求定制专业设备。包括主体结构、专业设备的生产和系统控制软件。该环节对生产设备和技术要求高，企业介入难度大；是产业链生产能力的主导；掌握生产标准，价值增值性强	是
通用设备生产和基础建设	为装置生产供应通用设备、完成土建工程。与海洋工程相通装备对通用设备精度和稳定性要求较高，知识产权多被国外企业垄断，企业介入难度大，价值增值性强；但该环节不具有强单向带动性	否
基础支撑服务	按用户需求提供检测认证、试运行调试、监测、运输、总装、维修和改造等服务。该环节需要专业的技术和设备，故介入难度大，但它的发展需要设计研发和生产能力的带动，不具备强单向带动性；由于附加值高，该环节可以带来较大的盈利	否

根据以上分析可知，设计研发和定制设备生产是海洋能装备产业链中的战略环节，是整个产业发展的侧重环节。

三、我国海洋能装备产业发展现状及存在问题

（一）我国海洋能装备产业外部环境现状及问题

1. 我国海洋能装备产业政策环境现状及问题

从20世纪90年代开始我国政府就十分重视海洋能的开发利用，2006年颁布的《可再生能源法》明确将“海洋可再生能源”纳入可再生能源范畴，并确定了专项资金的支持方向。随后的国家“十一五”“十二五”海洋科学和技术发展规划纲要明确了海洋能发展目标。进入“十三五”，《国民经济和社会发展第十三个五年规划纲要》将发展可再生能源作为推动能源结构优化升级的重点。《海洋可再生能源发展“十三五”规划》明确指出到2020年海洋能产业链条基本形成。纵观上述法律规划，宏观层面的支持力度逐渐加大，但微观层面有的放矢的产业化应用政策不详，存在金融政策体系不完整、财税政策力度不够、海洋能产业要素投入缺乏延续性和多元性等短板。导致海洋能的商业化开发对企业的吸引力不足；科技成果转化资金和人才投入多跟着项目走，后续研究缺乏保障；资金仅靠政府投入，人员都来自高校和科研院所，技术研发的目的更倾向于解决科学问题而不是商业化应用。

2. 我国海洋能装备产业市场环境现状及问题

调查研究显示我国沿岸和近海及毗邻海域的各类海洋能资源储量丰富①，具有相当可观的开发潜力。“十三五”期间新旧动能转换和供给侧机构性改革对能源产业提出更高要求，也带来了前所未有的海洋能产业化发展需求。但目前我国海洋能装备产业市场仍不成规模：一方面，海洋能作为电网电力来源，我国尚未实施鼓励海洋能网上发电的政策，发电企业需求有限；另一方面，作为特殊地区（如偏远海岛等）和海洋工程设施补给能源，开发模式单一，能量用途缺乏灵活性。

（二）我国海洋能装备产业环节发展现状及问题

1. 我国海洋能装备产业战略环节发展现状及问题

研发设计环节积累了一定的技术储备，但远未体现商业化应用的先进性。国内相关科研院所及大专院校自“十一五”规划开始对海洋能进行研究，取得了一定进展。潮汐能应用技术方面，我国已具备低水头大容量潮汐水轮机组设计及加工能力，能在低水位差条件下高效运行，大大提升了潮汐能的利用效率。正在运行和研建的电站包括：福建江厦（装机容量 4.1 兆瓦，世界第四大潮汐电站）、浙江瓯飞（装机容量拟定为 400 兆瓦，规模为世界第一）、山东乳山口（装机容量 40 兆瓦）、福建八尺门（装机容量 30 兆瓦）、福建马銮湾（装机容量 24 兆瓦）潮汐电站②。潮流能应用技术方面，我国研发的 10 余项潮流能试验装置已全面进入海试阶段，基本解决了潮流能发电的关键技术问题，发电机组的关键部件已基本实现了国产化。波浪能应用技术方面，主要开展了功率在 100 千瓦以下装置的研发试验，目前有超过 15 个波浪能装置开展了海试③。温差能应用技术方面，我国尚处于起步阶段。同时也存在着许多问题，如：海区能源规模预估和发电量预测技术等共性技术不成熟；波浪能发电设备的多模块开发和阵列布置等瓶颈问题尚未解决；潮流能发电设备的机、电、液多场耦合作用下的平稳输电技术尚有缺陷；风险估计不清，结构安全无法保障等④。

定制设备生产环节具备生产能力，但缺乏标准化生产体系。近 5 年，随着国家政策支持力度的不断加大，更多的造船企业和陆上重型装备企业有涉足该领域的意向，据不完全统计，尝试过海洋能源装备生产的单位涉及国有及私营企业等超过 70 家，其中包括能够进行大型和超大型海洋装备制造、运输等业务的大型国企和民营企业⑤。这些企业本身具有多年工程机械制造研发的先天优势，但海洋装备不同于船舶和传统海洋工程制造业，不仅需要根据客户要求和装备工况要求进行“量身定制”，还需要经历多次的模型试验和样

① 史宏达、王传崑：《我国海洋能技术的进展与展望》，《太阳能》，2017 年第 3 期，第 30-37 页。

② 郑金海、张继生：《海洋能利用工程的研究进展与关键科技问题》，《河海大学学报（自然科学版）》2015 年第 43 卷第 5 期，第 450-455 页。

③ Shi H D, Cao F F, Qu N. The Latest Progress in Wave Energy Conversions in China and the Analysis of a Heaving Buoy Considering Pto Damping［J］. Journal of Marine Science and Technology, 2015, 23（6）: 888-892.

④ 史宏达、王传崑：《我国海洋能技术的进展与展望》，《太阳能》，2017 年第 3 期，第 30-37 页。

⑤ 陆挺、刘璇、张艳飞等：《基于产业链分析的中国铟锗镓产业发展战略研究》，《资源科学》2015 年第 37 卷第 5 期，第 1 008-1 017 页。

机修改过程。就其目前的发展状况来看，定制设备生产商多以与科研项目合作的形式参与生产，后续商业化开发积极性不高，产业化发展所需的标准化制造和市场化应用无法得到实现。

2. 我国海洋能装备非产业战略环节发展现状及问题

原材料加工、通用设备和基础建设环节与海洋工程相通，目前原材料、通用设备国产率低，主要依靠进口。由于海洋能装备原材料和通用设备往往对材料、精度、寿命、可靠性等方面要求较高，具有规格种类多、技术要求高、研制难度大等特点①。目前该环节的核心技术被国外供应商垄断，我国仅在中低端产业占有一定市场。基础建设中涉及变电站的设计和建造，其中设计阶段的电路设计知识产权被如 EMEC 等相对成熟的海洋能开发企业掌握，不具备自主研发的能力。我国工程企业的基础建设能力则相对较成熟。

基础支撑服务环节自“十二五”规划开始国家加强了海洋能装备测试的重视，为满足多比例尺装置的水槽试验，建设了多个试验水槽，为满足规定时间的海试要求，搭建了多个海洋动力环境模拟试验平台，规划了包括威海、舟山、万山在内的三个海洋能测试场②。但目前该环节仍存在问题，包括装置试运行监测和检测认证阶段缺乏检测认证体系和行之有效的评估方法；装置运行阶段涉及的总装、运输、维修和改造等工作都是科研单位自行安排临时组队，缺乏成熟的作业规范和流程。

四、我国海洋能装备产业培育策略

针对产业链分析和我国海洋能装备产业面临的主要问题，本文提出培育策略如下。

（一）加强顶层设计，发挥市场力量

针对我国缺乏海洋能市场的国情，加强顶层设计，制定引导海洋能市场化发展的政策，充分发挥市场的力量。首先，制定行之有效的财税政策，通过辩证地引进西方已有政策逐步调整海洋能在电力供应中的比重，激励能源企业探寻新模式；制定有效的税收奖励和补偿政策，吸引有实力的工程制造企业投入新产业，创造新业态。其次，拓宽产业发展的金融环境，以信贷、科技银行、基金等方式在保护金融机构利益的前提下助力产业融资。

（二）营造创新生态环境，突破海洋能技术瓶颈

创新发展是打破产业技术瓶颈的有效途径。海洋能装备制造的本质是多技术系统集成，针对战略环节中的设计研发和专用设备生产阶段涉及的关键技术，应加大专业化的创新人才培养和资金投入。一方面，在经费投入上对基础研究、样机示范项目有所倾斜，助力科研机构提高创新能力、开发新技术；另一方面，建立有效的创新奖励机制，激发科研人员和企业的创新积极性。对于非战略环节设计的原材料加工和通用设备生产，可以在引进学习国外先进技术经验基础上进行符合我国产业发展要求的再创新，形成引进消化吸收

① 赵金楼、徐鑫亮：《中国海洋工程装备制造业发展问题研究》，《学习与探索》2014 年第 4 期，第 110-112 页。

② 芦颖、杨立：《国外标准〈海洋能转换装置认证流程指南〉对我国的启示及适用性》，《中国标准化》2016 年第 11 期，第 115-119 页。

再创新的综合创新发展模式。

（三）推动制造业发展，构建海洋能装备制造产业集群

近年来，我国新兴产业培育经验证明，产业集群作为新兴的产业组织形式，在融资、资源整合以及规避负面效应的能力上表现出绝对的优势。我国目前，一方面应有效利用我国海洋工程装备制造业基础较好的优势，引导老牌海工装备制造企业介入新领域；另一方面组织构建企业、科研单位和大学为创新主体的“产-学-研”自主创新体系，规划布局，择优选址，引入社会资金，积极开展发电装置的工程示范，为海洋能装备制造基地建设铺路。

（四）推进平台建设，建立支撑与服务保障体系

以海洋能源测试场为代表的产业化开发平台已经成为海洋能装备产业链的必要保障。发达海洋能国家的经验证明，海上试验场建设与运行极大地促进了国际海洋能技术的成熟与发展，同时也为企业进入海洋能产业领域开展技术定型、设备制造、发电场建设等提供了重要的参考①。我国一方面应该积极推进海洋能测试场的建设，形成标准化和具有前瞻性的独立第三方认证机构（符合国家相关空间规划并拥有战略性环境评估过程）；另一方面，应整合已有技术人才力量构建国际认可并符合我国海区特征的开发、测试、评估海洋能源技术标准，使装置的商业化开发有据可依。

论文来源：本文原刊于《科技管理研究》2018年第15期，第155-160页。
项目资助：中国海洋发展研究会基金项目资助（CAMAJJ201608）。

① 麻常雷、夏登文：《海洋能开发利用发展对策研究》，《海洋开发与管理》2016年第33卷第3期，第51-56页。